U0306203

2019年于书房（89岁），审核《网络化的融合信息农业模式》（信息农业）第一稿

2019年6月9日在浙江大学“西湖学术论坛”的报告：论我国农业模式转型、解决国民经济建设中的“短板”问题

王人潮教授从教50周年庆典活动全体代表合影（2004年10月14日）

▲前一排中王人潮教授，中左1、夫人吴曼丽副教授，中左2、老院长黄昌勇教授，中左3、院党委书记朱利中院士，中左4、院党委副书记赵启泉，中左5、6，副院长徐建明、吴次芳教授，中左7、山东农大院长赵庚星教授；中右1、浙大副校长（原浙农大校长）程家安教授，中右2、中国土壤学会土壤遥感与信息专业委员会首任主任曾志远教授，中右4、中国土壤学会土壤遥感与信息专业委员会主任，江西农大校长赵小敏教授

2004年10月14日王人潮教授在“王人潮教授从教50周年庆典活动”作学术报告：中国农业信息技术现状及其发展战略

浙江大学教育基金会向设立王人潮教育基金赠送证书（左）

2014年6月6日

结婚照片（1959年，杭州）

小学教师

（1951年，东阳）

高中毕业

（1953年，杭州）

大学毕业

（1957年，南京）

王人潮文选续集（2）

WANGRENCHAO WENXUAN XUJI（2）

王人潮　著

中国农业科学技术出版社

图书在版编目（CIP）数据

王人潮文选续集．2 / 王人潮著．—北京：中国农业科学技术出版社，2020.4
ISBN 978-7-5116-4672-9

Ⅰ．①王…　Ⅱ．①王…　Ⅲ．①遥感技术-应用-农业-文集　Ⅳ．①S127-53

中国版本图书馆 CIP 数据核字（2020）第 048683 号

责任编辑　闫庆健　杨从科
责任校对　马广洋

出 版 者　中国农业科学技术出版社
北京市中关村南大街 12 号　邮编：100081
电　　话　(010)82106632(编辑室)　(010)82109702(发行部)
(010)82109709(读者服务部)
传　　真　(010) 82106625
网　　址　http://www.castp.cn
经 销 者　各地新华书店
印 刷 者　北京富泰印刷有限责任公司
开　　本　787 mm×1 092 mm　1/16
印　　张　15.5　彩插　6 面
字　　数　294 千字
版　　次　2020 年 4 月第 1 版　2020 年 4 月第 1 次印刷
定　　价　78.00 元

版权所有・翻印必究

王人潮教授是我国著名的农业遥感与信息技术专家、土壤学家，在农业遥感与信息技术、土壤和作物营养诊断、土壤地理和土地资源等方面做出了杰出贡献。

摘自中国土壤学会
给“王人潮教授从教50周年庆典活动”的贺信（2004年10月12日）

王先生学养深湛，成就卓越，学界共仰，今逢从教五旬，其门生好友，共聚一堂，举觞同庆，乃遥感之光彩，杏坛盛事。

摘自中国地理学会环境遥感分会
给“王人潮教授从教50周年庆典活动”的贺电（2004年10月12日）

仁者乐山，智者乐水，铎声如流，颂歌如潮。

摘自中国遥感事业开拓者和奠基人，中国科学院院士陈述彭先生
给“王人潮教授从教50周年庆典活动”的手书贺词（2004年10月）

王先生是我国最早开展农业遥感技术应用研究者之一。他在取得系列科研成果的基础上，创建了农业遥感与信息技术新学科。王老师不追求名利，坚持围绕农业，竭尽全力地促进农业科技、教育的发展。

摘自浙江大学副校长、原浙江农业大学校长程家安教授
在“王人潮教授从教50周年庆典活动”上的讲话（2004年10月14日）

王老师是非常著名的、在国际上有相当影响的农业遥感与信息技术专家、土壤学家，王老师思想敏捷，具有善于抓住学术前沿领域，新知识，新思想的能力，是我们所有弟子的好榜样。

摘自中国土壤学会土壤遥感与信息专业委员会主任赵小敏教授
在“王人潮教授从教50周年庆典活动”上的讲话（2004年10月14日）

我是王老师1994届博士研究生，受到王老师在业务学习、科学研究、撰写论文等方面的悉心指导。王老师具有极其敏锐的科学洞察力、实事求是的科学作风、一丝不苟的工作作风，对我影响至深，受益终生。我把王老师的科学精神、优良作风传给我的学生，继续发扬光大。

摘自山东农业大学资源与环境学院院长赵庚星教授
在“王人潮教授从教50周年庆典活动”上的讲话（2004年10月14日）

王人潮教授不仅有很强的事业心，五十年如一日地敬业奉献，而且学风非常正派，治学严谨，对学生严格要求，并在生活上关心备至，培养了一批高素质的创新型人才，桃李满天下。他是我们学院，也是我本人最尊敬和爱戴的老教授。

摘自中共浙江大学环资学院党委书记朱利中教授（院士）
在“王人潮教授从教50周年庆典活动”上的讲话（2004年10月14日）

王老师是一位有感情、热情、激情的老教授。他在学院工作期间呕心沥血，默默耕耘，取得了丰硕成果，为学院的发展做出了巨大贡献。王老师为人才培养贡献自己毕生力量，堪称我们后生晚辈学习的楷模。

摘自中共浙江大学环资学院党委书记姚信副院长
在设立“浙江大学环资学院王人潮教授奖学金”仪式上的讲话
（2014年6月6日）

自序

1931 年，我出生在浙江省中部的半山区农村，6 岁参加劳动。小学毕业后，在家务农三年。1948 年，我初中毕业后，再务农半年，对农业因灾害频发收入不稳定，对农民的艰累劳动和艰苦生活，深有体会。1949 年东阳县解放，新中国成立，我有机会从事小学教师工作。1952 年，我参加国家政务院“同等学历考试”，核定为高二文化程度，保送宗文中学（现杭十中）读一年，1953 年毕业。我立志学农，以第一志愿考取南京农学院土壤农化专业学习。我深知只有在新中国才有机会上大学。我努力学习，1957 年以优异成绩毕业参加农业科教工作。我开始逐步树立起要改变农民的艰苦状况，以及终身要为农业找出路的心愿。

我经历 60 年的农业科教，下乡蹲点科研，科技成果推广，以及农业农村调查等工作，确实遇到影响农业生产及其发展的很多问题。我也有过改变农业、农民状况的一些想法，特别在农业经营方式及其相关政策方面，也曾向各级领导提过一些建议，但都因为不系统、不完整，或脱离社会实际，而没有结果。

2005 年，我正式退休后，我的学农初心以及为农民、农业找出路的心愿，没有忘记。多年来，我一直不停地思考。2014 年，我才看到习近平在 2007 年主政浙江省工作时提出：“努力走出一条经济高效、产品安全、资源节约、环境友好、技术密集、凸显人才资源优势的新型农业现代化的道路”（简称新型农业现代化道路），对我的启发非常大，极大地激发起我的“初心”和“心愿”。我开始结合习主席对“三农”工作的讲话，系统深入学习习近平新时代中国特色社会主义思想。其中对标做好“三农”工作有关的讲话，体会最深的还有：“信息化为中华民族带来千载难逢的机遇，必须抓住信息化发展的历史机遇，发挥信息化对经济社会的引领作用”；“要着眼于加快农业现代化步伐，在稳定粮食和重要农产品产量、保障国家粮食安全和重要农产品有效供给的同时，加快转变农业发展方式，加快农业技术创新步伐，走出一条集约、高效、安全、持续的现代农业发展道路”（简称现代农业发展道路）。以及“我们坚持以深化改革激发创新活力”“不断释放创新活力”“加强创新驱动系统能力整合，打通科技和经济社会发展道路，不断释放创新潜能，加速聚集创新要素，提升国家创新体系整体效能”等。我经过联系我国农业、农村的现状，以及农业生产的五大特征带来的困难，深入研究后，明确习近平主席提出的“两条道路”是农业生产及其发展的改革目标和方向；明确运用农业信息技术等高新技术，推动农业新技术革命和农业农村的社会变革，才能走出“新型农业现代化道路”和“现代农业发展道路”（简称“两条道路”）。

我是一个从事农业高等教育和科技工作60年，其中农业信息化研究为主的40年，并已取得多项科技成果的农业科教工作者。根据习近平主席提出的“绿水青山就是金山银山”的绿色发展理念，我有责任运用以农业信息化为主的高新技术走出“两条道路”。2016年我组织梁建设研究员，系统总结、提升农业信息化研究成果。2018年，我们完成并出版《浙江大学农业遥感与信息技术研究进展》。经过进一步研究，我提出适合信息时代、新时代中国特色社会主义、能发挥社会主义优势的、适应农业生产四大特征的《网络化的融合信息农业模式》简称信息农业，及其“网络化的‘四级五融’信息农业管理体系”。“四级”是指国家、省区市、县市和乡镇，“五融”是指领导、科技、推广、培训和生产发展融为一体，上下联动构成全国农业生产“一盘大棋”的农业模式的构想。我国在实施“乡村振兴”战略和“扶贫脱贫”伟大工程的同时，实施信息农业就一定能全面走出习主席提出的“两条道路”，能改变农业在国民经济发展中的“短板”，而且还能防止扶贫后的“返贫”等。2018年8月，我完成了《网络化的融合信息农业模式》专著第一稿。

我国现行的农业模式，大大落后于信息时代、新时代中国特色社会主义，严重阻碍农业的大发展。我国农业要想快速转型为信息农业，就必须经过一次新的农业技术革命和农业农村的社会变革。因此，必须在党政统一领导下，发挥社会主义制度的优势，还要通过“省级试点”等。为此，我又写出《我国现行农业模式快速转型为信息农业的紧迫性及其“试点”可行性报告》。3年多来，我一直在争取各级领导、农技工作者的认同、支持和采用。以上就是《文选续集（2）》收录的主要内容包括《我国现行农业模式转型为信息农业的紧迫性及其“试点”可行性报告》《网络化的融合信息农业模式》第一稿和推动现行农业模式快速转型为信息农业所做的工作等3部分。

《文选续集（2）》还收录以下内容。

一是《浙江大学农业遥感与信息技术研究进展》的“前言”和“尾声”。“前言”介绍了研究建立农业遥感与信息技术新学科的创建过程和现状，新学科的研究成绩和水平，以及新学科的研究方向和目标。指出我国农业的出路是发动一次新的农业技术革命和农村社会变革，促使我国现行农业模式快速转型为信息农业。“尾声”介绍8篇与创建新学科及其应用相关的、在国内学术会议上的特邀报告论文；应国家科技部的邀请，起草《国家农业科技发展规划》专项：农业信息技术及产业化，应国家遥感中心的建议，起草《中国农业遥感与信息技术十年发展纲要〈国家农业信息化建设，2010—2020年〉》征求意见稿（3）；撰写出版《农业信息科学与农业信息技术》新的科技专著，提出信息农业模式的理论基础；中标主编全新的农林院校统用教材：《农业资源信息系统》和指导史舟教授编写《农业资源信息系统实验指导书》，都是教育部批准的“面向21世纪课程教材”等。最后，创建完成国家学科目录中没有的“农业遥感与信息技术”新学科的建设。2002年，国务院学位委员会批准在我校国家一级重点学科：农业资源利用（现已改名为农业资源与环境）下面设立农业遥感与信息技术二级学科。

二是王人潮教授口述历史访谈记和我一生的教学与科研工作概要。其中“访谈记”包括幼年和青年时期，“文革”前后期，“文革”后的改革开放时期，4个重点问题补充采访。“工作总结概要”包括教学工作总结概要，科研工作总结概要，培养接班人工作概要，退休后的工作与活动概要，结束语。

三是我4次申报中国工程院院士的资料选录。第一次申报院士是1994年8月，是时任校长提出建议，由名誉校长、中国科学院院士朱祖祥教授写推荐意见。申报后没有回音，我也没有去打听，后来我也忘记了。第二次是1998年12月，“四校”合并后，原浙农大校长、时任浙江大学副校长程家安教授建议，中国工程院院士、中国农业大学辛德惠教授建议并推荐。结果也失败了。第三次是2000年12月，我的学业成果更系统了、水平也高了，但第一轮就失败了。第四次是2002年，由我带领创建的新学科，国务院学位委员会批准了。我的申报资料也比上次好多了。只因我的年龄超过70周岁，新的规定要有3位院士的书面推荐。尽管如此，但我仍在尽最大努力，参见《我国现行农业模式转型为信息农业的紧迫性及其“试点”可行性报告》和“推动现行农业模式快速转型为信息农业所做的工作”及其多次学术报告等。

我是一个退休16年、已是89岁高龄的老农业科技工作者。我克服多种困难，编写《文选续集（2）》的目的，就是希望《文选续集（2）》的出版，能为“农业遥感与信息技术”新学科、研究所的发展，能上升一个新台阶、提高一个新层次，特别能在推动我国现行农业模式快速转型为信息农业的过程中发挥重要作用。这也可能是我这个老科技工作者、坚持25年申请入党的老党员的最后努力，把它用作我给最敬爱的祖国新中国成立70周年、中国共产党建党98周年的献礼。

王人潮

2019年10月1日于浙江大学

目 录

我国现行农业模式快速转型为信息农业的紧迫性及其“试点”可行性报告

［提要］

总结60年的农业科教、农技推广、农业农村调查，以及40年的农业遥感与信息技术研究成果，找到我国农业在国民经济发展中形成“短板”；在同步推进“四个现代化”建设中是薄弱环节的原因是：我国现行农业模式（含经营管理）大大落后于社会和科技进步，已严重阻碍农业的大发展。从而导致影响农民的经济增收和生活的快速改善。报告提出了有效的解决途径。

引　言

（对标做好国家重中之重“三农”工作的关键环节）

我国在共产党的坚强英明领导下，经过70年的建设，特别是1978年改革开放40多年来，农业（一产）、工业（二产）、服务业（三产）都有突飞猛进的快速发展。但是，我国农业的发展相对缓慢。它在我国的国民经济发展中形成“短板”；在同步推进新型工业化、信息化、城镇化、农业现代化的“四化”建设中，农业现代化是“薄弱环节”，在我国开展农业信息化的研究及其成果的推广都很困难。农业收入在GDP中的比重是越来越轻。据2018年12月18日的《浙江日报》报道：1978年，浙江省城镇居民人均可支配收入是332元；农村居民人均收入是165元，是城镇居民的49.7%；到2017年，城镇居民人均可支配收入增至51 261元；农村居民人均收入增至24 956元，是城镇居民的48.7%。经过改革开放40年以后，农村居民人均可支配收入比城镇居民还降低一个百分点，从49.7%降到48.7%。

如何解决农业在国民经济建设中的“短板”；改变和克服“四个现代化”建设中的“薄弱环节”，是国家的急需，也是时代的召唤；是人民的需要，也是广大农民的迫切要求，更是要对标做好国家重中之重“三农”工作的关键环节。我国正在实施“乡村振兴”战略和“扶贫脱贫”伟大工程，必将获得极大成功。促使现行农业模式转型，实施信息农业能因地制宜地挖掘农业农村创造财富的内在潜力。因此，它有助于“乡村振兴”战略和“扶贫脱贫”伟大工程的实施，结出巨大的丰硕成果，更有利于“丰硕成果”的可持续地发挥作用，并可防止脱贫后返贫等。

一、我国农业生产的现状、存在问题及其原因分析

科学技术和生产技能的不断进步，是人类研究自然、认识自然和利用自然，促进国民经济发展和提高创造美好生活能力的强大动力。

创建优化适应社会时代、遵循农业产业特征的经营模式及其科学管理（含政策），是农业经济发展和提高美好生活的强大动力的保证。

（一）举三个亲自经历的实例，说明农业生产的现状和问题

实例1. 1958—1959年，我在衢县千塘畈低产田改良研究。

全畈17 000亩（1亩≈667m²，下同）农田，1957年的水稻平均亩产100千克左右，高的也只有150~200千克；绿肥只有50~100千克，甚至绝收。

经综合措施改良以后，（原亩产以125千克计），试验基地（生产大队）亩产365千克，增产240千克，增产1.9倍；两块试验田亩产490千克，增产365千克，增产2.9倍。绿肥亩产4 000多千克，原亩产以100千克计，增产40倍。

但是，在4年后的调查，全畈平均亩产从365千克降到230千克，4年下降135千克；若以490千克计，减产260千克。

此例说明：①当时的科技水平，已经有可能达到亩产500千克。②科技成果推广效果没有能持久。特别是现在，国家用财政补贴推进“种绿肥沃土工程”，还在推广60年前的“种绿肥为主”的低产田改良成果。这是为什么？

实例2. 1971—1978年，浙江省富阳县省肥高产栽培试验。

在“文革”期间，我应邀到富阳县蹲点。我先经过低产田改良和缺素诊断与防治研究后，再做省肥高产栽培试验的。

1970年，全县平均粮食亩产只有350多千克，没有超过“纲要”（400千克）。浙江省在1966年全省平均亩产437千克，在全国第一个省超“纲要”了。这对富阳的生产条件好、生产成本高的压力很大。

经过8年的低产田改良及省肥高产栽培试验研究后，取得极大成功：

①1978年，全县平均亩产从350多千克提高到800多千克，增产1倍多。②试验基地（大队）亩产达到930千克，增产2倍多。这个试验的科学研究，还获得每千克硫铵增产稻谷从4.56千克提高到10.44千克，打破当时我国最高纪录7.0千克。省肥高产效果明显，还具有节水、减药的效果。

这是一项运用综合性技术取得“科学化的，综合性的水稻省肥、节水、减药的高产栽培模式”的研究成果。

这项科研成果先后获得浙江省科技进步奖二等奖2项（1979年度的推广二等奖，是当时省府批准公布的最高奖励），三等奖2项；我编写的《水稻营养综合诊断及其应用》专著，获全国优秀科技图书二等奖。我还应邀主编我国第一套《诊断施肥新技术丛书》（13分册，103万字），1993年12月至1994年5月，浙江科学技术出版社出版。

国家农业部在富阳县召开了两次现场会，这是少见的。农业部还委托省农业厅主办、原浙农大承办“全国农作物诊断施肥”培训班；浙江省、杭州市曾举办多次培训班。遗憾的是国家农业部、浙江省都没有能创造条件，组织全面推广，只把它简化为“测土配方施肥”技术在全国推广，现在还在全国推广。

据统计：浙江省推广4 000万亩，增产粮食10亿千克；节省标氮1.81亿千克。

全国推广4亿亩，增幅在10%~15%，总增产粮食74.4亿千克。因为这项成果，浙江省农业厅土肥组组长，负责推广，获浙江省劳模称号；朱祖祥教授用此项成果为主申报中科院学部委员（院士）；富阳县参加协作的农技员，破格晋升高级农技师；我获得浙江农业大学先进工作者，省科委给5万元科研奖励金。

但是，经过39年以后的发展，2017年，富阳县的粮食亩产降到475千克，与1978年全县800多千克比较，降低325千克（减产40.6%）；如果与试验基地（大队）的930千克比较，降低455千克（减产56.9%）

此例说明：①当时的科技水平，已经有可能达到亩产1 000千克。②综合性的科技成果，未能全部转化为生产力；科技成果转化效益也不能持久。特别是国家现在还在设立“省肥减药工程”专项研究。这是为什么？

实例3. 1979—2018年，农业遥感与信息技术应用（农业信息化）研究。

经过连续40年的研究，取得一系列的创新性成果。我所曾获省部级以上科技进步奖19项（含合作），其中国家科技进步奖3项，省部级科技进步奖一等奖3项，二、三等奖13项；创新性的科技专著10部；高校统编（规划）教材5册等。但科技成果面向社会推广，除省政府拨款立项，农业厅持续支持的，由在职博士带题去省农科院执行的“农区管理信息系统”，在农业高科技示范园区信息管理系统及其应用研究时，获得成功以外，其他科技成果，在农业部门几乎无法推广应用。但土地信息化的研究成果，在土地部门推广应用很好，取得显著效果。这是为什么？

以上的例子是：①1960年“文革”以前；②1979年改革开放以前的“文革”期间；③2018年改革开放以后的阶段，说明我国科学技术的发展速度比农业生产的发展速度要快得多，科技成果转化为生产力的难度越来越大。

3个实例说明：我国的农业生产十分需要农业科技的支持，随着时代的发展，随着农业生产的发展，农业生产对科技支持的需求更迫切。但我国现行的农业模式，严重落后于农业科技的进步。长期以来，已严重阻碍农业经济的发展，使得科技成果很难转化为生产力。农业信息化技术，在农业生产部门甚至难以推广应用。

（二）我国农业生产存在问题的原因分析

1. 从农业生产特征分析

农业生产是在地球表面露天进行的有生命的社会性的生产活动。它伴随着农业生产的分散性、时空的变异性、灾害的突发性、市场的多变性，以及农业种类及其动植物生长发育的复杂性等5个人们难以调控和克服的困难。这就是形成农业生产靠天的被动局面的自然原因。所以农业生产是非常复杂的、很难经营好的古老的产业。它需要很强的宏观的和微观的多种科学理论和技能，而且需要很强的综合性的生产技能；更需要能大范围调控的以卫星遥感为主的农业遥感与信息技术。

但是，我国现在的农业生产方式主要还是以农户为单位、农民为主体的农业经营方式。即使有些改进，例如农民专业户、家庭农场、农民合作社等。这些只能是政策性改善取得效果，，还不能从根本上改变落后的、以农民为主体经营的农业模式，它还存在严重的缺陷，有着多种不足的地方。

（1）农民缺乏农业科学知识，没有机会进行全面的、持续的、相关的生产技能的培训，对农业科学缺乏全面的认识，吸收农业科学成果就会缺乏自觉性和能力。

（2）农民个体经营的技术经济实力不够，即使农业合作社的技术经济实力也不会很强，吸收先进技术和先进农业器具都有困难。更没有能力调控农业的“5个基本困难”。这是农业成为“短板”的自然原因。

(3) 个体农民、即使农民合作社，也是以农民为主体经营的。他不可能全面掌握极其复杂的综合技能；没有能力接受综合性的科技成果，更不可能接受信息技术等高新技术和先进技能。这是农业成为“短板”的人为原因。

2. 从人们对农业的认识分析

古老的农业，自古以来，都是以农户为单位、以农民为主体的个体经营，而且都是传带式跟着做，没有专门培训；人们把农业生产看得很简单，谁都能做；农作物种下去，养殖鸡鸭鹅，饲养猪牛羊，只要没有特大自然灾害都会有收成，只是收多收少的问题。农民对农产品有个好收成就好了。农产品在社会上也没有竞争性，不怕被淘汰，只怕没有粮食、没有地种等，形成的习惯势力很顽固。

(1) 人们普遍认为务农最简单。务农不需要技术，跟着做，谁都能干，人们都把务农看作是最后的出路。还认为务农是最低级的艰苦职业等。

(2) 农业领导干部存在循规蹈矩，保守思想。多数农业领导干部在口头上重视农业，在行动上往往不重视农业技术进步的。例如，在“文革”期间，农业科教系统的破坏最大、最严重。特别是农业技术推广站出现“线断网破”的现象。

以上说明：①农业生产很复杂，十分需要科学技术和先进的生产技能；②社会时代的发展与科技进步及其落后程度密切相关，我国农业经营方式落后于时代发展、落后于科技进步是阻碍农业发展的重要原因；③农业形成“短板”是经营方式落后、人们的思想滞后等人为原因；农业生产极其复杂、很难，人们运用常规技术难以调控、无法克服农业“5个基本困难”是自然原因。

试问该怎么办？农业要大发展，出路在哪里？

二、我国农业大发展的出路：现行农业模式转型为信息农业

(一) 农业大发展的出路方向及其主要技术

早在2007年，习近平主席主政浙江省工作时提出：“努力走出一条经济高效、产品安全、资源节约、环境友好、技术密集、凸显人才资源优势的新型农业现代化道路”（简称“新型农业现代化道路”）。我的体会这是一条指出农

业生产过程的现代化发展道路。

2015年，习近平主席在华东七省市党委主要负责同志座谈会上提出："同步推进新型工业化、信息化、城镇化、农业现代化，薄弱环节是农业现代化。要着眼于加快农业现代化步伐，在稳定粮食和重要农产品产量，保障国家粮食安全和重要农产品有效供给的同时，加快转变农业发展方式，加快农业技术创新步伐，走出一条集约、高效、安全、持续的现代农业发展道路"（简称"现代农业发展道路）"。我的体会这是一条指出现代农业的现代化发展道路。

2018年，习近平主席在全国网络安全与信息工作会议上提出："信息化为中华民族带来千载难逢的机遇，必须敏锐地抓住信息化发展的历史机遇，发挥信息化对经济社会发展的引领作用。"其实农业发展更需要抓住能达到农业信息化的高新技术。

2018年，习近平主席在中国科学院第十九次院士大会、中国工程院第十四次院士大会上说："加强创新驱动系统能力整合，打通科技和经济社会建设发展通道，不断释放创新潜能，加速聚集创新要素，提升国家创新体系效能。"其中"打通科技和经济社会建设发展通道""加速聚集创新要素，提升国家创新体系效能"是农业大发展、可持续发展的关键。

走出"新型农业现代化道路"和"现代农业发展道路"（简称"两条道路"）是解决"问题"的目标和方向。后两条是解决"问题"的技术手段。说明要解决"短板"和"薄弱环节"问题。初步结论：就是要运用农业遥感与信息技术，研制出适应信息时代、中国特色社会主义新时代的新的农业模式，并要打通领导、科技、推广、培训与农业生产、发展的通道，努力走出"两条道路"。

（二）现行农业模式急需转型，研制出信息农业

1. 从我国农业模式几次转型的巨大作用，看现行农业模式转型的紧迫性

农业模式是随着科技进步，社会的发展而转型的，每次转型后的土地承载力（土地产值）都有极大地提高。早在远古时代的氏族社会，人们是徒手采摘野果和渔猎为食，可以说还没有农业（或者叫原始农业）。

（1）到石器时代，进入奴隶社会的农业模式是刀耕火种渔猎农业模式，每500公顷土地养活不到50人。

（2）到铁器时代，进入封建社会的农业模式是连续种植圈养农业模式，每500公顷土地养活1 000人以上，提高20多倍。

（3）到工业化时代，进入资本主义社会的农业模式是工业化的集约经营农业模式，每500公顷土地养活5 000人以上，又提高5倍多。但工业化后的农业，带来严重的环境污染。

我国农业，几千年来的三次转型后的作用都是很大的，土地的承载能力是几倍到几十倍的增长（5倍到20倍），但农业模式的转型时期是很长的。

（4）现在，我国已经进入工业化的信息时代、中国特色社会主义新时代。农业科学技术有巨大进步和发展。但是，我国现行的农业模式，还处在封建社会和资本主义社会两种模式的混合型农业模式，极大地落后于时代、极大地落后于农业科技的进步。因此，它已严重阻碍农业的大发展；特别是污染环境，对人们带来危害。

实施信息农业，有可能走出“新型农业现代化道路”和“现代农业发展道路”。我国农业会有一个大发展，而且可以防止对环境的面污染、防止脱贫后返贫等。

2. “两条道路”的共同点是农业高效。要找出农业高效的途径

“新型农业现代化道路”的主要目的是农业高效、产品安全；“现代农业发展道路”的主要目的是农业高效、农业可持续发展。它们的共同点是农业高效。农业高效的主要途径就是要抓住农业农村的“根”，或称基础是土地，包括生态环境和人文社会，以及地理区位等土地因素的优势。这就要求我们能够不断地、最大地、持续发挥土地生产财富的潜力。其途径归纳起来有3条。

一是依靠科学技术进步，不断提高农作物的产量与质量。这是持久的。

二是依靠生产技能和科学管理，提高土地产出率和农业劳动生产力。这也是持久的。

三是挖掘和开发农业农村的人文社会、环境生态、人才三大资源优势，以及发挥地理区位优势，调动一切生产要素的活力，实现具有农业农村特色的“三业”融合发展的信息化大农业，因地制宜地全面挖掘土地生产潜力，具有突发性效果。

我国当前，快速提高经济效益的关键是因地制宜地挖掘土地潜在优势，发展特色产业和高效产业；而可持续发展的关键是依靠科学技术进步、生产技能进步和科学管理、优化经营模式等，不断提高农作物的产量和质量，以及不断提高土地产出率和农业劳动生产力，即改善农业经营的内容和降低农业产业的成本。

3. 研究提出信息农业

（1）2016 年，我开始组织力量，请副所长梁建设研究员任主编，我任顾问，开展系统总结和提升浙江大学近 40 年的农业遥感与信息技术应用研究。2017 年完成《浙江大学农业遥感与信息技术研究进展》（1979—2016）科技专著（42.3 万字），2018 年 5 月由浙江大学出版社出版。

这本专著中提出并确定"网络化的融合信息农业模式"，简称信息农业。它是促进我国现行农业模式转型为信息农业的理论依据。专著包括①新学科的创建过程和现状；②新学科的科研成果和水平；③新学科的研究方向和目标。研制出并确定信息农业是信息时代、中国特色社会主义新时代的最佳农业模式。

实施信息农业，就有可能走出"新型农业现代化道路"和"现代农业发展道路"。详请查阅《浙江大学农业遥感与信息技术研究进展》（1979—2016）。

（2）2017 年，在系统总结、提升 40 年的农业遥感与信息技术应用研究的基础上，我根据"绿水青山就是金山银山"的绿色发展理念，以及"乡村振兴"、信息化、大农业的发展思路；吸取我 60 年的高等农业科教、下乡蹲点科研、农村调查、农业技术推广和生产劳动的经验教训和体会；运用高新技术吸取绿色（生态）农业、数字农业、精准（确）农业等现代农业的优点；查考并结合我国几千年来的多次农业经营模式演变与效益，以及我国现在农业农村的实际情况等。我们运用以卫星遥感为主的农业遥感与信息技术，研发出"网络化的融合信息农业模式"及其网络化的"四级五融"信息农业管理体系（简称信息农业管理系统）。2018 年 8 月完成《网络化的融合信息农业模式》科技专著第一稿，并由"研究所"和"省重点研究实验室"组织付印。内容包括：序言，总论，信息农业的理论研究与设计，信息农业的技术体系及其关键技术，信息农业管理体系，农业信息化（工程）建设试点及其高新技术产业，信息农业的优势及其发展趋势，信息农业的专业应用系统及其实例，著后语等。请查阅《网络化的融合信息农业模式》第一稿，专著中提出了现行农业模式急需转型的观点；提出了信息农业的概念及其以种植业为主的农业信息系统概念框图（图 1）和农业信息系统总数据库概念框图（图 2）。

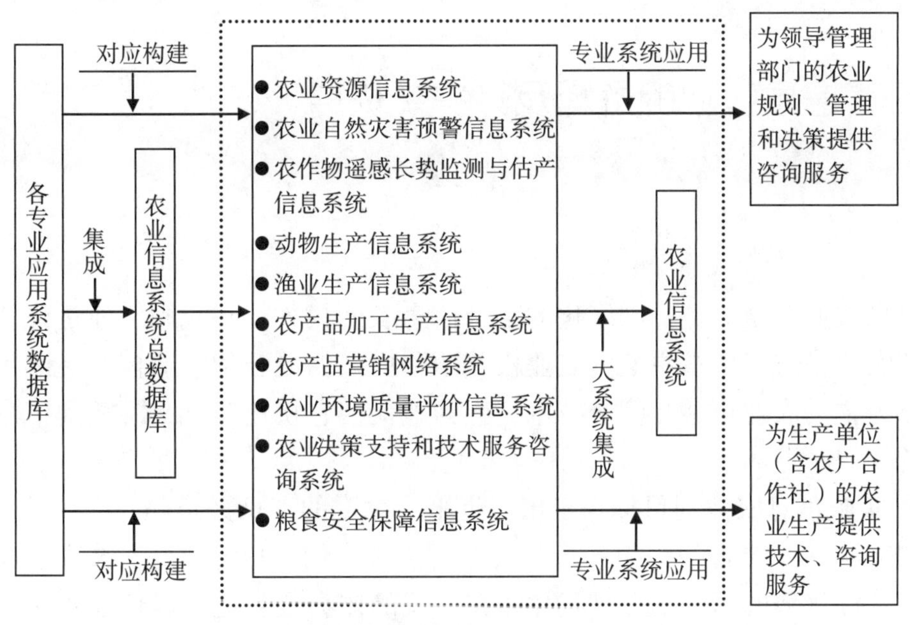

图1　农业信息系统概念（以种植业为主）

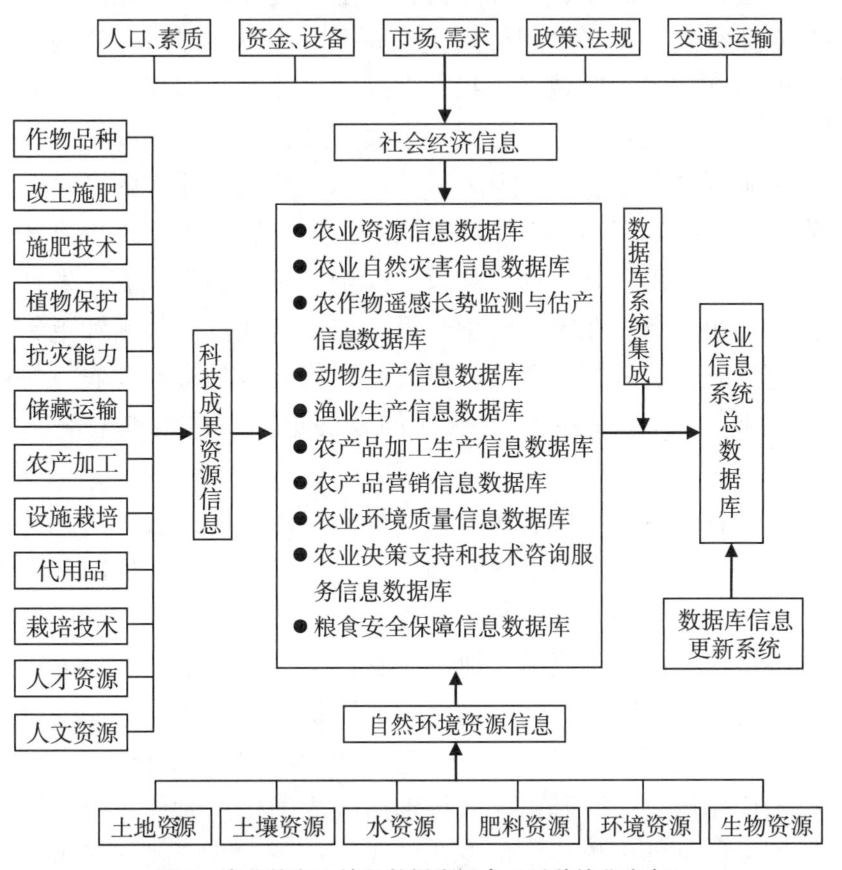

图2　农业信息系统总数据库概念（以种植业为主）

三、信息农业的解释及其主要优势

（一）信息农业的解释

信息农业的全称是：网络化的融合信息农业模式。在我国，他是要从封建社会的农业模式和资本主义的农业模式两种模式的混合型农业模式，运用以卫星遥感为主的农业遥感与信息技术，人为地促使它快速转型，跳跃到信息农业模式的。

1. 实施信息农业的目标：走出习近平主席提的“两条道路”

（1）走出一条经济高效、产品安全、资源节约、环境友好、技术密集、凸显人才资源优势的新型农业现代化道路。我的体会是：走出最佳技术密集和优化组合的、信息化、专业化、规模经营农业生产过程的现代化道路。我国农业生产才能与农业科学技术、生产技能进步同步，从根本上改变农业生产简单、不需要复杂的高新技术的旧观点。我有把握地预测：我国现有积蓄的科技成果的全面应用，也能促进农业生产会有一个大发展，农业产值可成倍增长。

（2）要着眼于加快农业现代化步伐，在稳定粮食和重要农产品产量，保障国家粮食安全和重要农产品有效供给的同时，加快转变农业发展方式，加快农业技术创新步伐，走出一条集约、高效、安全、持续的现代农业发展道路。我的体会是：要加快现行农业模式转型升级，加快农业技术创新和革新速度，走出一条适应信息时代、中国特色社会主义新时代的、具有农业农村特色的、因地制宜的“三业”融合发展的现代农业的发展道路，从根本上解决农业“短板”问题。

农业生产的特征是在地球表面露天进行的有生命的社会性生产活动，它伴随着农业生产的分散性、时空的变异性、灾害的突发性、市场的多变性，以及农业种类及其动植物生长发育的复杂性等，人们运用常规技术难以调控和克服的5个基本困难。我们为了能最大地适应农业生产的特征、能最大程度地调控或减轻5大伴随的基本困难；为了尽可能地满足农业高效、产品安全的可持续发展的需求。我们运用以农业遥感与信息技术为主的高新技术，经过40年的农业信息技术应用研究，研制出一个特别适应我国信息时代、中国特色社会主义新时代的、发挥制度优势的信息农业模式。这个农业模式能运用最先进的农业科学技术完成农业生产全过程，并具有打通领导、科研、推广、培训和农业生产发展之间的通道。这样就能最大地发挥国家、省区市、县市和乡镇四级机构，在农业生产经营中，上下协调联动，发挥它们的管理职能和技术优势，走出“两条道路”。

2. 信息农业的主要创新与优势

（1）信息农业是搜集过去的和现在的、微观的和宏观的、最新的和最佳的一切与农业生产相关的信息（数字、技术、方法、农资和经验教训等），建成数据库；选其最佳信息，分专业研制出应用系统；再运用网络化、信息化技术集成农业信息系统数据库（简称总数据库），并研制出农业信息系统（简称总系统）；通过信息农业管理体系，联合涉农机构，由农业技术人员和农业技术工人，分专业共同完成农业生产全过程。这种农业某产品的生产模式可以获取农业高效、产品安全、大幅度提高农作物产量和质量，走出“新型农业现代化道路”，即由先进技术密集的农业生产过程现代化道路。

（2）信息农业是坚持“绿水青山就是金山银山”的绿色发展理念，挖掘与开发农业农村的人文社会、生态环境和人才三大资源优势，以及地域（区位）优势，调动与农业生产相关的一切生产要素的活力，因地制宜地实现具有农业农村特色的“三业”融合发展的、网络化、信息化、大农业的发展思路。这样建成的农业经营模式是科学化、网络化、信息化的大农业的发展方式。它可以全面的、持续地发挥土地的生产潜力，走出农业高效、可持续的“现代农业发展道路”，即现代农业发展的现代化道路。

（3）信息农业是遵循农业产业的特征，以最大程度调控或克服伴随农业生产的五大基本困难，实现网络化、信息化的“四级五融”的信息农业管理体系。“四级”就是国家、省区市、县市和乡镇。各级政府在农业生产中各自发挥管理职能和技术优势，完成各自承担的任务；“五融”就是打通领导、科技、推广、培训与农业生产发展的通道，融为一体组成网络化的全国农业生产“一盘大棋”的组织形式。这种组织形式能够充分发挥各级领导在农业生产中的管理职能和技术优势，实施信息农业的措施也可以快速地全面落实，既能提高农作物的产量和质量，又能提高土地产出率和劳动生产率，降低农业产业的成本。

（4）信息农业是以乡镇集体为农业生产的基层组织，是以乡镇为单位规模化经营的。它是在乡镇党政领导下，以农技站为技术核心和承担农业生产的全责，由乡镇领导与涉农的专业机构，成立“乡镇农业生产协作组织”，分部门专业化、相互协作完成农业生产任务。这样既能加速农业科技成果的推广应用，做到科技进步与农业生产同步，又能提高农业生产的科技水平；还能有效地提高农业生产技能，提高农作物产量和质量；提高土地产出率和农业劳动生产力。

综上所述：实施信息农业能走出习近平主席提出的“新型农业现代化道路”和“现代农业发展道路”；能全面地、不断地发挥土地产生财富的三条途径。所以，信息农业是适应农业产业特征的，能把“五大基本困难”的损失，减少到最低程度；是信息时代、中国特色社会主义新时代的最佳农业模式。

（二）信息农业优势的10种表现

（1）信息农业是由各种专业信息系统融合、分别以农产品为单元建成生产模式，组织农业生产的，能实施最先进的技术密集和优化组合的、通过专业化、网络化、信息化技术管理的。在各个农产品的专业化生产中，都能最大地发挥科技的最好作用。农业生产就能取得经济高效、产品安全，资源节约、环境友好的农业生产效果，可走出新型农业现代化道路。

（2）信息农业坚持绿色发展理念，坚持具有农业农村特色的“三业”融合发展的科学化、网络化、信息化的大农业（现代农业经营方式）。这就能发展和维持生态环境优势，并将其转化为生态农业，生态工业，生态旅游等的经济优势；又能发挥人文社会资源、人才资源和地理区位等优势，因地制宜地发展乡村旅游、特色产业、高效产业等快速、综合提高经济效益，可走出现代农业发展道路。

（3）信息农业在国家、省区市和县市都拥有为农业生产自身服务的科研机构，及其联盟组织。农业生产出现问题就能随时组织研究，可以最快地、最佳地解决农业生产中发现的问题，发挥科技是第一生产力的巨大作用，保证农业生产能顺利进行，取得最好的收获，确保农业快速可持续发展。

（4）信息农业拥有由国家到乡镇各级组成的科技推广、技术培训体系，这就能以最快速度，把最新的科技成果和生产技能，通过示范试验，推广到基层生产单位。农业科技成果可以以最快速度转化为生产力，做到科技进步与农业发展同步。

（5）信息农业是以乡镇为农业生产基层组织。它是在乡镇党政统一领导下，以农技站为技术核心，组织涉农单位成立集体规模经营的协作组织，分专业负责农事操作，共同协作完成生产任务的。这样就能做到专业化、规模经营效益最大化，并能快速提高科学种田和生产技能水平。

（6）信息农业的灾害预警系统是根据灾害的类型，分别由国家或省区市和县市的职能部门主持牵头，分别组织科教专业机构协作研制。例如地质灾害由

国家地质局、气象灾害由国家气象局、旱涝水灾由国家水利部、病虫灾害由农业农村部等的相关部门主持牵头，组织技术对口的科教机构协作研制，再组成网络化的分级实施。这样能发挥各专业部门的专业管理和技术特长，可以加快提高预警系统的预测精度，把灾害损失降到最低程度。

(7) 组织涉农单位参加的农业生产联盟的效益很多。例如，种子公司扩大功能，负责良种化，有助快速全面推广良种和培育壮苗，以及提供优良苗木等；农资公司庄稼医院扩大功能，负责施肥、病虫害防治，可以达到因地制宜专业化的施肥和病虫害的精准管理，提高病虫害的防治和精准施肥效果，还能与农资的产销、需求连接；农机站扩大功能，负责农业机械化，电气化，可以加速农业机械化、电气化、自动化，还能提高农事操作的质量等；土地管理所(站) 扩大功能，负责土地利用总体规划及其调整，土地利用动态监测及其变更调查，土壤质量调查及其污染监测、评价与改良，可以不断提高土地、土壤的最佳利用。还有乡镇畜牧兽医站也要直接参加乡镇畜牧场（猪场、牛场、奶牛场和羊场、羊奶场；养鸡场、鸭场、鹅场，以及宠物场等）的经营管理。这样都可以提高农业专业化的经营水平，提高经营效益，有助于农业可持续发展。

(8) 信息农业从国家到乡镇都是有计划地种植粮食作物和重要农作物的，既能发挥农业区域优势，又可以保证国家粮食安全和重要农产品的有效供给，确保国家社会安定和国家经济建设按计划进行，保证我国农业经济建设稳定发展。特别是有能力利用天然、农作、畜牧和人们生活等产生的废弃有机物(肥)，创办有机无机肥料工厂，生产优质复合肥料。它能保护土壤肥力，为农作物持续高产打下稳健的基础，还能防止环境空气污染等。

(9) 农作物卫星遥感监测与估产系统，能监测国内外的农作物生长状况，既能全面的、持久的及时取得现势性的信息、针对性采取措施，还能提早预报产量。这就有可能将粮价补贴等经济支农方式，改变为由领导通过农业科技、农作技能，以及完善农业基础设施等方式支助农业，走出“授人以渔”的助农之道。这对支农取得持续效果、国内农产品调节和对外贸易都有很好效益的。

(10) 信息农业的最大潜在优势是发射农业卫星应用和开发信息农业新产品，形成信息农业的产业链。信息农业广泛利用专业农业卫星，不但可以大幅度提高农业信息化程度，而且能不断提升农业卫星的强大功能，以及开发信息农业的新产品，形成产业链。特别有利于促进农业智能化，为智慧农业的发展打开通道。它的社会效益和经济效益都是很大的。有人预测：如果可控核聚变技术达到商用化，农业会有很大的根本性的改变。我预测信息农业模式就有可能提升为“工厂化的融合信息智慧农业模式”（简称智慧农业），其社会效益和经济效益之大是难以估量的。

四、我国农业模式转型为信息农业的“试点”可行性分析

人类劳动经验的积累，产生了科学技术以及提高生产技能。科学技术和生产技能的进步，促进了社会经济的发展；社会经济的发展，又促进了科学技术和生产技能的进步。社会经济就是在这种不断地螺旋式循环向上往前发展的。农业模式也是随着科技进步而转型升级，促进农业的发展，以适应社会发展的。例如，从没有农业（或称原始农业）的原始社会进入石器时代的奴隶社会，有了农业是刀耕火种渔猎农业模式，每500公顷土地养活不到50人。它的形成时期可能在万年左右。到铁器时代的封建社会，农业模式转型为连续种植圈养农业模式，每500公顷土地能养活1 000人以上。它的转型期大约需要几千年。到工业时代的资本主义社会，土地会随着工业化、城镇化而兼并，形成专业化大农场规模经营。此时的农业模式转型为工业化的集约经营农业模式，每500公顷土地能养活5 000人以上。它的转型期估计需要几百年。现在，我国社会已经进入信息时代、中国特色社会主义新时代，但适合中国特色社会主义新时代的农业模式尚不够明确。我们经过40年的农业信息化（农业遥感与信息技术应用）研究，提出了网络化的融合信息农业模式，简称信息农业。它的自然转型期估计需要一二百年。这是社会发展规律，也是农业生产发展的规律，即为农业模式自然转型的规律。

从上述可知，农业模式转型的时期是随着社会发展、科学技术和生产技能的进步而缩短的。科学技术和生产技能的水平越高，农业模式的转型时期就越短。但是，我国社会是跳过资本主义社会跃进到信息时代、中国特色社会主义新时代的。我国农村的土地早在新民主主义时期就已经是集体所有制了，但还是采用以农民为主的使用土地的方式。因此，我国的土地是不可能随着工业化而自由兼并的。这也就不可能形成农业专业化的大农场，更不可能发展到由具有农业科学专业化知识的农场主为主体的规模化经营的农业模式。所以，我国现行农业模式就不可能任其自然地转型了。它只能在党的领导下，发挥制度优势，发动一次新的农业技术革命和农业农村社会变革，推动现行农业模式跳跃到信息农业模式，以适应信息时代、中国特色社会主义新时代，促进农业的大

发展。为此，必须要在党政的统一领导下，有一个省级规模的“试点”过程。

（一）我国进入中国特色社会主义新时代，农业模式转型是社会发展的必然，是国家的需求、农民的迫切要求

1. 农业模式跳跃式转型，有共产党的坚强领导，有社会制度优势，是完全可能的

我国在党的领导下，经过70年的建设，特别是改革开放40年来，国家已经跳过资本主义社会，跃进到信息时代、中国特色社会主义新时代了，有社会主义制度优势，推行信息农业是国家农业发展的必然，是完全可能的。

我国现行农业模式还处在封建社会的和资本主义社会的、两种模式的混合型农业模式。这种农业经营模式与社会主义新时代之间的矛盾已经非常大了。它已严重阻碍我国农业的大发展了。例如在我国农村出现各种小型的农民农场、农业专业合作社、农民专业户等；有的乡镇已经提出土地集体经营的要求，浙江永康县提出“全县办成一个大农场”的设想等。这些就是例证。我国有社会制度优势，有共产党领导，只要发动一次新的农业技术革命和农业农村社会变革。现行的“混合型农业模式”跳跃到信息农业模式是完全有可能的。

2. 我国有过人民公社集体经营的试验

在20世纪60年代，我国曾经有过以人民公社（大致相当于现在的乡镇）为单位的集体专业化规模经营的探索，它的发展方向是对的，只因行动过急，也太脱离当时的社会技术经济基础而失败了。但是，有过以乡镇为单位的专业化规模经营的经验与教训。这对推行信息农业还是有利的。

3. 我国进入中国特色社会主义新时代，农民占有土地的意识淡化了

我国农村土地是集体所有制的，农民只有使用权、没有所有权。因此，农民脱离了农村的劳动，从事其他职业，就失去土地使用权。随着我国工业化、城镇化的快速发展，农民纷纷外出打工或创业，或就地创业等，对土地使用权的意识也淡化了。现在农村出现土地抛荒现象频频发生，有的甚至很严重。农民占有土地的思想也淡薄了。所以，现在收回土地由乡镇组织集体专业化的规模经营，只要政策正确，提高农民的经济收入，农民对土地收回集体经营的阻力不会很大。

（二）浙江大学有40年的农业信息化研究基础

在党的领导下，浙江大学经过40年的农业信息化的持续研究，已经取得了丰富的系列成果，并拥有坚强的领导机构和雄厚的科技力量，有足够能力在

我国承担一次新的农业技术革命，促使农业农村社会变革，促进现行农业模式快速跳跃转型到信息农业模式。主要研究成果概括如下。

（1）提出了信息农业总体设计大纲。根据大农业的发展理念，结合农业生产的专业功能与收益途径，概分为：种植业、畜牧养殖业、鱼虾等水产业、特色产业、农村工业、农村服务业等 6 个方面，并实现网络化、信息化的国家、省区市、县市和乡镇逐级有序的、因地制宜的大农业发展的总体规划思路。

（2）提出了以种植业为主的农业信息系统概念框架，及其农业信息系统总数据库概念框图（图 1、图 2）。

（3）已经完成 20 多个专业应用信息系统，其中已申报授权的软件著作和专利 28 项。但因农业生产因素在变，引用研制的应用系统时，还要做变更的适应性研究。

（4）发表创新性论文、著作、教材 1 000 篇（本）以上，其中有 14 部是信息农业范围的创新科技专著和国家新编通用教材。

（5）获得省部级以上科技进步（含推广）奖 23 项（含合作），其中国家科技进步奖 3 项，省部级一等奖 3 项、二等奖 13 项和三等奖 4 项。

（6）1979—2016 年，培养农业信息化技术人才 286 名，其中博士 112 名（含博士后），硕士 114 名，学士 60 名；在读生 120 名（含博士生、硕士生和三四年级的本科生）。

（7）完成《浙江大学农业遥感与信息技术研究进展》（1979—2016）、简称“研究进展”，以及《网络化的融合信息农业模式》（信息农业），第一稿。研究提出了“网络化的融合信息农业模式”，及其打通领导、科技、推广、培训与农业生产发展之间通道的、网络化的“四级五融”信息农业管理体系，以及提出了农业信息化工程建设试点方案等。《研究进展》和《信息农业》两册专著可以用作发动一次新的农业技术革命，促进现行农业模式转型为信息农业的试用教材和参考资料。

（8）浙江大学建有卫星地面接收站及其数据处理系统等成套设备，与航空航天学院合作，就有可能发射专业农业卫星。

如果“试点”批准在浙江省进行还有以下两项技术经济优势。

一是习近平主政浙江省工作时，提出“千村示范、万村整治”（简称“千万工程”）已经实施 15 年了，取得很大成绩，农村经济实力有了很大的提高。例如，2003 年，是“千万工程”实施之始，全省农村常住居民人均年收入仅为 5 431 元，到 2017 年人均年收入上升到 24 956 元，提高 4 倍多。这对推动实施信息农业是十分有利的。

二是浙江省的地理信息技术、网络化技术都处在国际前沿，例如第一至第五届的世界互联网大会和联合国世界地理信息大会，都在浙江省召开。这对实施农业信息化试点也是有利的。以上两点是推行信息农业的重要技术经济基础。

（三）推行信息农业的困难

1. 现行农业模式转型为信息农业的难度比较大

信息农业的核心技术是以卫星遥感和信息技术为主的高新技术很难；加上农业生产伴随着农业生产的分散性、时空的变异性、灾害的突发性、市场的多变性，以及农业种类和动植物生长发育的复杂性等 5 个人们运用常规技术难以调控和克服的困难；农业生产的不确定性因素极其复杂等。因此，运用高新技术，促使现行农业模式跨越跳跃式转型为信息农业，确实有很大的难度。但是，在 40 年的农业遥感与信息技术应用研究取得一系列研究成果的基础上，只要通过“省级国家试点”摸索经验，也是可以解决的。

2. 农业信息化技术的研发很难

研发信息农业的科技工作者，需要有深厚的数理化等学科的基础，以及广泛的农业科学与农业生产知识。现在从事农业科技的工作者，数、理、化等学科基础还是不够的，运用卫星遥感与信息技术研究农业信息化是比较困难的。而从事信息科学的科技工作者，又因缺乏农业科学和农业生产知识，开展农业信息化研究也有困难，很难启动，也很难获取实用性的科技成果。实践已经证明，成立农业信息化研究机构，通过多学科的技术人员的合作研究，以及培育跨学科的博士研究生等，是有可能解决的。

3. 农业领导和广大农民的思想认识跟不上形势的发展

我国农民普遍缺乏甚至没有全面的农业科学知识，又没有经过专门培训。因此，农民吸收复杂的农业科技成果和技能有困难，接收高新技术就更难了。农业领导干部多数存在循规蹈矩、保守思想，对农业技能习惯于修修补补。在农业技术上满足现状，对高新技术认识不足，引用不积极。大多数是等待上级领导布置，缺乏主动性。特别是国家正在实施“乡村振兴”战略和“扶贫脱贫”伟大工程，以及国家最新发布的土地使用政策等，也可能会在认识上阻碍农业模式转型运动的开展。但是，根据《浙江日报》的报道：在 2018 年 12 月 19 日，中央经济工作会议上指出：“继续深化土地制度改革”；在 2019 年 1 月 3 日，《中共中央国务院关于坚持农业农村优先发展做好“三农”工作的若干意见》，还是指出“深化农村土地改革”“进一步深化农村土地制度改革”。说明还是可以讨论的。因此，只要通过信息农业的大力宣传活动也是有可能解决的。

4. 丘陵山区地形复杂，农田地块小、落差大，大田规模经营有困难

我国丘陵山区的比例大，地形复杂，田块地块小、落差坡度大，大田规模经营是有困难的。但也有可能克服的，首先通过国家、省区市、县市、乡镇逐级有序的因地制宜的农业总体规划，发展丘陵山区的果树、竹笋、药材等特产类、畜牧宠物产业类以及乡镇企业（适合农业农村的工业和各类服务业）等；其次可以因地制宜组织农业合作社，甚至发展家庭农场为生产单位。但它们都要加入“乡镇信息农业生产协作组织”。这就可以打通科技、培训和科技推广等与农业生产之间的通道，以及发挥党和政府的领导作用。这也可以取得很大效益的。

（四）实施信息农业的效益分析

1. 实施信息农业后，能大幅度提高农作物的产量

实施信息农业能把现有积蓄的科研成果和先进技能，因地制宜地推广应用，最佳地转化为生产力，农产品的产量与质量都会有大幅度的提升。其中农作物的产量，据保守估计：低产区增产1~2倍，中产区增产1倍左右；高产区增产在50%以上，并有省肥、节水和减药等的良好效果，能起到防止或减少农业面污染的作用。

2. 信息农业拥有自上向下的完整的科研机构和科技推广、培训体系

实施信息农业后，人们通过卫星遥感技术、或者是领导、技术员和专业农技工等发现农业生产问题时，就能立即根据问题的大小和难易程度，布置给有能力解决的研究机构组织研究解决。研究成果也能很快由科技推广、培训体系，因地制宜地推广到生产基层，以最快速度转化为生产力，做到科学技术和生产技能的进步与农业生产的发展同步推进，达到可持续提高农作物的产量和质量。这也是确保实施“乡村振兴”战略和“扶贫脱贫”工程取得的成果，能持续发挥作用的关键，并有防止脱贫后返贫的出现。

3. 信息农业是以农业农村为特色的“三业”融合发展的信息化大农业

挖掘和研发出因地制宜的特色产业、高效产业和服务业是信息化、大农业的重要组成部分。它能快速而持续地挖掘土地潜力，大幅度增加农民经济收入，提高生活水平。我国正在开展的“乡村振兴”战略和“扶贫脱贫”伟大工程中兴办的特色产业、高效产业和特色小镇，以及扶贫典型等都是很好的例证。

4. 实施信息农业为工厂化、智能化发展创造条件

随着科学技术和生产技能的进步与发展、农业基础设施的完善、信息农业的发展很有可能创造条件向着工厂化和智能化发展，最后形成工厂化的融合信息智慧农业模式（简称智慧农业）。当前在农村发展的“塑料大棚”“设施栽培”，及其智能技术在农业生产中的应用，就是农业工厂化、智能化的露头。

5. 实施信息农业后，必然会产生新的信息农业产业链

随着信息农业的实施与发展，很自然地会产生全新的信息农业使用的智能化的农具和器材等产品，并形成产业链。这是一个很好的机遇，有利于发展农业经济。也是促进国家经济新发展的一个先机。

6. 实施信息农业后，我国会很快发射专业性、功能性很强的农业卫星

在农业信息化工程建设的试点过程中，取得大量的卫星遥感数据，很有可能和农业遥感与信息技术研究建成的光谱数据库数字互补融合后，研究转化为直接从农业卫星获取农作物的信息，例如农作物的播种速度、面积，及其长势，营养丰缺、水分状况，以及各种灾害的监测与预报等等。再运用高科技将获取的卫星遥感信息，研制成为卫星遥感诊断、测报所需的指标性数据等，为我国发射功能性、专业性和应用性都很强的专用农业卫星提供数字技术条件。还有，专用农业卫星的发射和全面应用，将会极大地促进农业信息化技能的发展，必定会产生极大的农业的经济效益和社会效益，也会促进智慧农业的发展。

五、农业信息化工程建设国家试点的设想

这次农业模式的转型升级是跨越跳跃式的，关系到国家农业经营体系的改革，也就是关系到某些社会制度的改革，是一次我国农业农村社会的变革行动。因此，必须在党的的领导下，发动一次以卫星遥感与信息技术为主要手段的、新的农业技术革命。农业、农村社会变革的牵涉面非常广，信息农业的技术含量很高、难度也很大。因此，必须要由党和国家的部门牵头，领导一次省级为单位的科学的农业信息化（工程）建设国家试点（简称“试点”）。

（一）“试点”需要考虑的6个特点（改革点）

（1）由农民经营的农业模式转型为以乡镇为单位专业化、集体规模经营的信息农业模式。

(2) 由农户（或农业合作社）经营管理转变为乡镇、县市、省区市、全国“一盘大棋”的“四级五融”，并与科学技术、生产技能进步紧密结合的，信息化、网络化的农业管理。

(3) 由农民徒手操作为主的农业，改变为技术密集的，发挥农业卫星功能的，通过信息系统机械化、智能化指导操作的农业。

(4) 农业经营管理由农民为主，转变为以农业科技人员和农技工为主，运用信息技术、专业化、网络化综合经营管理。

(5) 农业模式从几十年、几百年的转型期，缩短到10年左右。

(6) 农业信息是因时、因地而变的，因此，以往研制的信息系统具有时间性和地区性的变异，在启用时还要经过适应性研究和调整后重建。即使是新建的专业信息系统，也要根据每年新获数字进行修改，逐步提高专业信息系统的功能效果。

(二)“试点”必须考虑的10个原则

(1) 必须坚持党和政府的统一领导和支持，“四级”都要组建强有力的领导班子和执行班子。

(2) 必须全面落实土地集体所有制，组织以乡镇为单位的专业化集体规模经营，做到以农产品为生产单元，建立农产品专一的生产模式。

(3) 必须制订一个凸显本地区的农业农村特色的、绿色发展的“三业”融合发展总体规划，以及落实粮食和主要农产品的承担任务（大农业规划和落实粮食作物和重要农作物的生产任务）。

(4) 必须组建国家、省区市、县市三级的研究机构和充实乡镇农技站，并形成四级科研（乡镇是农技站）机构的研究联盟。国家和省市级的科研机构，要不断研究新的专业应用系统，并提供农产品的生产模式；还要负责研发和创建信息农业高新技术产品，并形成信息农业产业链。

(5) 必须分级组建技术推广和培训机构，组成推广与培训系统。分级负责技术培训和科技推广工作。国家培训省区市、省区市培训县市、县市培训乡镇等，分层培训农技人员；乡镇农技站培训农民成为农业专业技术工人，并不断提高农业技术工人的技能和业务水平。

(6) 必须坚持有领导、有组织，边研发、边推广，边改革、边建设，因地制宜地同步推进。

(7) 必须逐级设立农业信息化工程建设基金，（平时就是科研基金）逐步形成以科学技术与技能、农田基础设施建设，走出“授人以渔”的助农之道，并形成机制。

(8) 必须制订各方支持农业信息化建设的政策，取得涉农单位的积极支持，促进农业农村的社会变革。

(9) 必须选择适合农业信息化建设的省市作为国家试点，浙江省具有优势。

(10) 必须发动群众，大力宣传现行农业模式转型为信息农业的好处，及其相关政策。

(三) 研究开发信息农业新产品和发射农业卫星

(1) 在实现农业模式转型为信息农业的过程中，结合专业信息系统的研究，研发新的科技产品，包括软件和硬件产品的研发。最终形成信息农业的产业链，促进农业经济的发展。

(2) 系统整理大量的农业遥感与信息技术研究的数据，特别是光谱数据的整理提升，研制出对农业有用的光谱诊断指标，用于开发农业信息化的软件和硬件，以及农业卫星设计的研究与发射及其应用。

六、五点补充解释和一个重要建议与要求

(一) 五点补充解释

(1) 任何产业的一个企业，要能保持优势持续发展，都必须拥有直接为企业发展自身服务的、科技水平很高的、科技队伍结构合理又强大的科研（研发）机构。例如，根据《钱江晚报》报道：“华为”在全球18万员工中，研究人员占45%，其中基础研究的有700多名数学家、800多名物理学家、120多名化学家，还有6 000多名专家，以及60 000多名工程师，形成“华为”强大的研发队伍。据说，产品的精密部件是由博士操作的。这就是“华为”能成为引领世界产业的主要原因。我认为：企业拥有结构合理的、科技水平很高而强大的研发队伍，不断为企业提供创新成果，提高企业工人的技能水平。这应该是产业持续升级、优势发展的规律。

农业这个古老的产业，几千年来，一直没有直接为自身服务的科研（研发）机构。直到现在，我国还是采用“送科技下乡”“科技人员下乡”“选派科技特派员”，最近还提出培训“农民农技师”等。国家设立的乡镇“农技推

广站”，也不直接参加乡镇农业生产管理；他们对乡镇农业生产好坏也是不负责任的。他们都是外来式的科技助农，这种现象必须改革。高等农业院校培养的农业专业人员，他们的主战场应该在农业生产的基层单位。乡镇农技推广站要直接参加农业生产与管理工作，应该成为农业经营的技术主体。国家、省区市、县市的农技推广中心都要担负农业生产的技术责任，并与业绩升职挂钩。为此，根据农业生产的特征，发挥共产党领导下的中国特色社会主义制度的优越性，提出全国、省区市、县市、乡镇组成农业科研与推广联盟。这样，可以根据农业生产出现的问题性质、难易程度、分层分专业、分工协作研究解决。乡镇农技站要参加农业生产基层组织，直接参与农业生产与管理，应该是农业生产的技术主体。这样，才能做到科学技术武装农业，才能做到科学技术和技能的进步，与农业生产的发展同步推进。

（2）任何产业的经营模式，都要遵循产业的特征，并与社会发展、时代相适应的，都是随着社会的发展，推动经营模式的转型升级的。每次转型升级，产业都会有一次大发展。如果社会发展了，产业模式不转型，企业就会被淘汰的。其实古老的农业也是一样，它也应该根据农业生产的特征，随着时代的发展，特别是农业科学技术和生产技能的进步而转型的。再看，我国的农业科学技术和生产技能已经有很大发展，社会也已经进入信息时代、中国特色社会主义新时代，而农业模式还处在封建社会和资本主义社会的两种模式的混合型农业模式，已是极大地落后了。它已严重影响、阻碍科学技术和生产技能成果的推广应用，反之还阻碍农业科技和生产技能的进步，严重影响农业生产的现代化，也严重阻碍现代农业的发展。

我国的现行农业模式，要想跳跃式的地转型为信息农业，如果任其自然转型的难度很大，甚至是不可能的。为此，要在党的领导下，组织科技人员和发动群众，掀起一次新的农业技术革命。促使农业农村的社会变革。创建一个能适应信息农业的经济技术社会基础。

（3）农业生产是在地球表面、露天进行的、有生命的、社会性的生产活动，可见影响农业生产的多种环境自然因素、人为、社会因素，以及农业种类及其动植物生长发育的复杂性和神秘性等，存在着极多的不确定性，而且都是非常难掌握的，即使农业专家也不可能找到或掌握全部有关信息，从中选出最佳信息融合成所有的最佳的农产品的生产模式，以获取最佳的生产效果。特别是以农民为主体的、农户为单位的农业经营方式是绝对不可能做到的。我们经过40年的农业信息化应用研究，找到了运用卫星遥感和信息技术为主的高新技术，分专业规模经营，就有可能找到与农业生产的全部信息，并提取其中最佳信息，研制出专业信息系统（某种动物、植物的生产模式，或某项技术的特定的生产方式）。再通过信息技术集成为农业信息系统，全面指导和组织农业生产。这才有可能取得最佳的农业经营效果，并可持续发展。这就是要求现行农业模式快速转型为“网络化的融合信息农业模式”（简称信息农业）的原因。

（4）农业生产伴随着农业生产的分散性、时空的变异性、灾害的突发性、市场的多变性，以及农业种类及其生长发育的复杂性等五大困难。这五大困难就是农业生产形成靠天被动局面的自然原因。我们针对农业生产基层单位难以调控和克服的五大基本困难，发挥在共产党领导下的中国特色社会主义的制度优势，研究提出“网络化的‘四级五融’信息农业管理体系”。这个管理体系能调动国家、省区市、县市和乡镇四级各自的职能优势，打通领导、科技、推广、培训与农业生产、发展之间的通道。这就能够通过网络化技术，运用以农业遥感与信息技术为主的高新技术，将整个农业生产构成“全国一盘大棋”。全国上下联动的农业管理组织，分工负责、相互协作、共同完成农业生产的全过程。这样的农业管理体系，为实施信息农业提供了组织管理保证。农业生产就能走出经济高效、产品安全、资源节约、环境友好、技术密集、凸显人才资源优势的新型农业现代化道路，农业也会走向集约、高效、安全、持续的现代农业发展道路。

（5）土地使用制度问题。国家经济发展到工业化时代以后，农业用地的规模经营就是农业科学化、向着信息化发展的基础条件。在奴隶社会和封建社会的土地是私有制，是以农户为单位、由农民分散经营的。但是，随着科学技术和生产技能的进步，社会发展到工业化的资本主义社会，土地就会随着社会的发展，自然地发生自由兼并，发展成以大型农场为经营单位，由农场主（农业专家）领导组织农技人员和农业工人，规模化机械化完成农业生产。它既能提高农作物产量和质量，又能提高土地产出率和农业劳动生产率，降低农业成本、减少农业人口。例如美国农业人口占总人口的4%多一点。

我国已经进入信息时代、中国特色社会主义新时代，根据现行的土地集体所有制，土地自由兼并成大规模经营是不可能的。我国正在采取农村土地所有权、承包权、经营权“三权”分置并行制度，促使土地流转扩大农户的土地经营面积。虽然有些效果，也只是政策性的作用，但还存在不少问题，难以从根本上解决加强土地集体所有制和规模经营效益最大化的问题。为此，我们提出：土地收归乡镇为集体经营单位，组成一个共担风险的、分工负责、利益共享的“乡镇信息农业生产协作组织”，由农业技术人员为主导的、培养农民成为专业化的农业技术工人，共同在乡镇党政的领导下，以农技站为技术主体，有规划的、有计划的、专业化的规模经营。这样可以发挥土地有计划的因地制宜利用和规模经营效益的最大化，又能加强和巩固社会主义农村土地集体所有制。

（二）一个重要建议与要求

2019 年 1 月 23 日，习近平总书记主持的中央全面深化改革委员会第六次会议，强调对标重要领域和关键环节。提出：

多抓根本性、全局性、制度性的重大改革举措；

多抓有利于保持经济健康发展和社会大局稳定的改革举措；

多抓有利于增强人民群众获得感、幸福感、安全感的改革举措；

2019 年 5 月 29 日，中央全面深化改革委员会第八次会议又提出：要把关系经济发展全局的改革、涉及重大创新的改革、有利于提升群众获得感的改革放在突出位置，优先抓好落实。

我们提出现行农业模式快速转型为信息农业的紧迫性及其“试点”可行性报告，完全契合以上 3 条改革举措的要求。也完全契合第八次会议提出的要求。因此，它是对标做好国家重中之重的“三农”工作的关键环节的重大的深化改革举措。如果“报告”在论证后被认可，说明“报告”已经过论证通过。这个建议就应该是做好国家重中之重的“三农”工作的重大改革举措，也是实施“乡村振兴”战略和“扶贫脱贫”伟大工程可持续发展的有效措施。它能起到防止“脱贫后返贫”的作用。为此，我建议学校领导组织召开全校、全省、甚至全国范围的、大规模的论证会，深入讨论。论证后被认可了，我要求用适当方式，由学校把“报告”上报中共中央书记处习近平总书记，中央全面深化改革委员会，国务院李克强总理、分管农业的副总理，国家农业农村部，以及浙江省委车俊书记、省政府袁家军省长、分管农业的副省长等。如获批准实施，促使我国农业模式转型为信息农业。这对落实 2019 年 1 月 3 日《中共中央国务院关于坚持农业农村优先发展做好国家重中之重的“三农”工作的若干意见》，能起到农业经营的关键环节的组织保证作用，更是一项国家重中之重的“三农”工作的深化改革举措。

网络化的融合信息农业模式科技成果，与浙江大学“创新 2030 计划”是类似的。它是对标“三农”工作是全党工作重中之重的国家战略目标，是国家农业发展的重大需求；也应该是浙江大学“双一流”建设计划和“创新 2030 计划”的内容，而且是紧密结合的。信息农业科技成果是在：①会聚我校、国家和国际的创新资源，经过40年的跨领域融合创新研究，攻破以卫星遥感为主的遥感与信息技术，在农业发展中应用的系列关键技术，创建了跨领域、综合性的“农业遥感与信息技术”新学科（2002年，国务院学位委员会批准）；②为国家遥感中心起草《中国农业遥感与信息技术十年发展纲要〈国家农业信息化建设2010—2020年〉》征求意见稿（3）；③参加起草《国家农业科技发展规划》中的“农业信息技术及其产业化”专项；④1999年参加国家教育部农业高新技术工作会议，作“论农业信息系统工程的建设”报告与讨论；⑤撰写出我国第一部系统论述的、内容较为完整的《农业信息科学与农业信息技术》，以及其他14部创新科技专著和国家新编通用教材；⑥2003年应邀在科技部召开“中国数字农业与农村信息化发展战略研讨会”上，作“中国农业信息技术的现状及其发展战略”专题报告与讨论，继又参加“十一五”国家科技支撑计划“现代农村信息化关键技术研究与示范”重大项目的立项论证和评审（副组长）；⑦系统总结、提升，8次应邀参加国家有关农业信息化学术会议的专题报告和讨论，以及多次出国考察、参会的收获；特别是40年的农业信息化研究成果，负责编著《浙江大学农业遥感与信息技术研究进展》（1979—2016）等大量工作的基础上，结合60多年的高等农业科教、下乡蹲点科研及农技推广和农村调查等工作的经验、教训和体会等的基础上，研制撰写出《网络化的融合信息农业模式》科技专著（第一稿），并起草了“我国现行农业模式快速转型为信息农业的紧迫性及其‘试点’可行性报告”。其目的都是为了推动我国农业模式转型，建立一个适应中国特色社会主义新时代的、发挥国家制度优势的、发挥人才优势的、网络化的、信息化的、技术密集的、国际最先进的信息农业模式，形成我国农业可持续的快速发展，改变农业在国家经济发展中的“短板”状态。这对浙大的“双一流”建设、“创新2030计划”和实现“立足浙江、面向全国、走向世界、奔国际一流”的目标，也都是大为有利的，是能起重要作用的。

在结束“报告”时，我把实施信息农业后的变化概括为“三农”三转型和一个发展方向。

一转是农民转型为具有农科知识和掌握先进技能的专业化的农业技术工人（专业农技工）。

二转是农业转型为全面综合发挥农业农村土地资源优势的、信息化、专业化规模经营的科技型大农业（现代农业），即信息时代、中国特色社会主义新时代的现代化农业。

三转是农村转型为因地制宜的具有农业农村特色的“三业”融合发展的城

镇化的美丽乡村（现代化新农村）。

一个发展方向，就是随着信息农业的建设与发展，农业卫星的发射与深度应用，农业模式会逐步向着工厂化的融合信息智慧农业模式（智慧农业）发展。

附：编写《报告》的资料源目录

梁建设 . 2018. 浙江大学农业遥感与信息技术研究进展（1979—2016）[M]. 杭州：浙江大学出版社.

王人潮 . 2018. 网络化的融合信息农业模式（信息农业），（第一稿），浙江大学农业遥感与信息技术应用研究所、浙江省农业遥感与信息技术重点研究实验室组印.

陈英旭 . 2004.《王人潮文选》[M]. 北京：中国农业科学技术出版社.

王人潮编著 . 2011. 王人潮文选续集：退休后的工作与活动 [M]. 北京：中国农业科学技术出版社.

王人潮，史舟等 . 2003. 农业信息科学与农业信息技术 [M]. 北京：中国农业出版社.

王人潮，黄敬峰 . 2002. 水稻遥感估产 [M]. 北京：中国农业出版社.

王人潮，史舟，胡月明 . 1999. 浙江红壤资源信息系统的研制与应用 [M]. 北京：中国农业出版社.

周斌，丁丽霞 . 2008. 浙江海涂土壤资源利用动态监测系统研制与应用 [M]. 北京：中国农业出版社.

史舟，李艳 . 2006. 统计学在土壤中的应用 [M]. 北京：中国农业出版社.

黄敬峰，王福民，王秀珍 . 2010. 水稻高光谱遥感实验研究 [M]. 杭州：浙江大学出版社.

黄敬峰，王秀珍，王福民 . 2013. 水稻卫星遥感不确定性研究 [M]. 杭州：浙江大学出版社.

王人潮 . 1999. 浙江土地资源 [M]. 杭州：浙江科学技术出版社.

王人潮 . 1982. 水稻营养综合诊断及其应用 [M]. 杭州：浙江科学技术出版社.

王人潮 . 1993. 诊断施肥新技术丛书 [M]. 杭州：浙江科学技术出版社.

史舟 . 2014. 土壤地面高光谱遥感原理与方法 [M]. 北京：科学出版社.

王珂，张晶 . 2017. 多规融合探索——临安实践 [M]. 北京：科学出版社.

王人潮 . 2000. 农业资源信息系统 [M] 北京：中国农业出版社.

史舟 . 2003. 农业资源信息系统实验指导 [M]. 北京：中国农业出版社.

王人潮，王珂 . 2009. 农业资源信息系统（第二版）[M]. 北京：中国农业出版社.

说明：

以上列出的资料，除［2］外，都是正式出版的科技著作或高校教材，还有 1 000 多篇在不同核心刊物上发表的论文，以及没有出版的 300 多册博士后、博士研究生和硕士研究生的学位论文。还有为来自不同专业的研究生编写的补修教材都没有列出，可到浙江大学农业遥感与信息技术应用研究所图书资料室查阅。

“报告”执笔人 王人潮

2019 年 2 月 28 日

发挥科学研究的“爱国敬业、求是作风，认定目标、团结合作，攻克堡垒、为民造福”的团队精神

王人潮
2016.8.1
于浙江大学

引自《浙江大学王人潮教授口述历史访谈记》

网络化的融合信息农业模式（信息农业）第一稿

内容简介

在系统总结60年农业科教、农技推广和农业农村调查、40年农业信息化研究取得系列成果的基础上，找出我国农业在国民经济建设中形成“短板”和农民低收益的原因，是现行农业模式（含经营管理）大大落后于社会和科技的进步；在我国进入信息时代、中国特色社会主义新时代，现行农业模式严重阻碍农业的大发展，必须转型升级；研究、提出并介绍了网络化的融合信息农业模式（简称信息农业）及其网络化的“四级五融”信息农业管理体系；农业信息化（工程）建设试点及其高新技术产业；分析了信息农业的优势及其发展趋势；还举出5个专业应用信息系统实例。这是一部破解国家重中之重“三农”工作老大难的关键环节，落实党中央总书记习近平主席提出的走出“新型农业现代化道路”（农业生产过程的现代化道路）和“现代农业发展道路”（现代农业全面发展的现代化道路），改变农业在国民经济建设中形成“短板”和在四个现代化建设中“薄弱环节”的状态；改变农民低收益的困境而写的创新著作。

先看三个实例摘要，再想想这是为什么？*

实例 1. 1958 年，浙江省衢县千塘畈低产田改良研究。

衢县千塘畈是全省闻名的低产畈。17 000亩农田，1957 年的水稻平均亩产 100 千克，产量高的稻田 150~200 千克；绿肥亩产只有 100 千克，多数无收。

经过综合措施改良以后，试验基地（大队）的水稻平均亩产提高到 365 千克，其中两块试验田亩产 490 千克，绿肥亩产 4 000 千克以上。

此例说明：1958 年的农业科技水平，就有可能种出亩产 500 千克了。

4 年后的调查，平均亩产从 365 千克降到 230 千克。怎么会这样？这是为什么？

实例 2. 1971—1978 年，浙江省富阳县水稻省肥高产栽培试验（在作物营养综合诊断研究及其示范取得成功的基础上开展）。

1970 年，富阳全县平均粮食亩产 350 多千克，没有超“纲要”（400 千克）。经过 8 年的调研和针对性的多处对比试验、土壤改良、省肥高产栽培试验、及其农技推广等。

1978 年的统计，全县粮食平均亩产 800 多千克；试验基地（大队）亩产 930 千克；特别是每千克硫铵增产稻谷从 4.56 千克提高到 10.44 千克，打破全国最高纪录 7.0 千克。

此例说明 1978 年的农业科技水平，就有可能种出粮食亩产 1 000 千克了，并已提出最佳的省肥高产、节水、减药先进技术。

浙江省推广 4 000 万亩，增产粮食 10 亿千克；节省标氮 1.81 亿千克；全国推广 4 亿亩，增幅在 10%~15%，总增产粮食 79.4 亿千克。

经过 39 年后的 2017 年的调查，富阳县的粮食亩产从 1978 年的 800 多千克降到 475 千克，农田受到面污染。怎么会这样？这又是为什么？

实例 3. 1979—2018 年，农业遥感与信息技术应用（农业信息化）研究。

以卫星遥感与信息技术应用为主的农业信息化研究，取得一系列的创新性成果，特别是提出了跨时代的农业经营模式转型为信息农业的重大科技成果，有望走出绿色农业特色的、农村“三业”融合发展的经济高效的大农业、大产业的道路

但是，农业信息化的创新成果，在农业领域的推广应用很难，甚至遇到无法解决的困难。怎么会这样？这更是为什么？

*详见“总论”中的“实例”和我国农业要走出“新型农业现代化道路”的说明。

在信息时代、中国特色社会主义新时代，我国现行的农业模式，严重阻碍农业大发展，必须敏锐地抓住信息化发展的历史机遇，运用以卫星遥感为主的农业信息化等高新技术，推动新一次农业技术革命和农业农村的社会变革，创建信息农业模式及其管理体系，走出网络化、信息化的“新型农业现代化道路”；挖掘农业农村的一切资源优势信息，聚集创新要素，提升国家创新体系整体效能，走出以绿色农业发展理念的、具有农业农村特色的“三业”融合发展的大农业、大产业的“现代农业发展道路”。

农业生产与天、地、人、物之间，有着高度融合的、多变的，特别是伴随着人们运用常规技术难以调控、预测和克服的5个困难；运用以卫星遥感与信息技术为主的高新技术，创建信息农业模式，通过农业信息化（工程）建设国家试点，创建网络化的“四级五融”信息农业管理体系；聚集全国力量，形成庞大的从乡镇、县市、省市到全国的农业生产“一盘大棋”，打通领导、科技、推广、培训与农业生产、发展的通道，保证信息农业的全面实施。我国农业就能走出“两条道路”；走上有规划、有计划、快速的、安全的、稳健的可持续发展的道路。

浙江大学有40年的农业信息化应用研究，取得了较为全面的系列研究成果。在党政的领导和支持下，有能力承担农业信息化（工程）建设国家试点，推动我国农业新一次技术革命和社会变革，促进现行农业模式转型升级，实现信息农业模式，走出“两条道路”，为浙江大学的“双一流”建设、“创新2030计划”、实现“立足浙江、面向全国、走向世界、奔国际一流”的目标作出贡献。

自 序

1931年，我出生在半山区农村，6岁上小学，开始学种田（插秧），9岁上山割柴。12岁，我有过两次辍学坚持小学毕业后，务农3年，其间深受亡国奴之苦，有了爱国主义思想萌芽。1945年，我国人民在党的统一战线的领导下，坚持艰苦顽强、遭受巨大损失的抗日战争取得胜利。我有机会考进初中，寒、暑假仍参加劳动，苦读3年毕业后仍务农。我对艰苦劳累的农业劳动，对农业收入的不稳定，农民过着艰苦的生活，有了深刻的体会。1949年，家乡解放，新中国成立后，我有机会从事小教工作，工作能力得到锻炼。1952年，新中国建设需要大量的技术人才，高校招生缺少优质的生源，国家政务院采用面向社会，以“同等学历考试”的方式扩大生源。我通过考试核定为高二文化程度，保送进高三读一年，1953年毕业。我立志学农，以第一志愿考取南京农学院土壤农化专业学习。

1957年，我经过新中国4年的高等农业教育，有了为人民服务，为发展农业而努力工作的思想。我愉快地被分配到浙江省农业科学研究所从事密切联系农业生产的科技工作。1958年，我们在低产田改良研究取得的成绩，推动了浙江省低产田改良运动；在红壤改良研究取得了很大成绩，创建了浙江省红壤改良利用试验站，我任站长。特别是看到广大农民因大幅度增产而欢欣鼓舞，而我得到提升一级工资的奖励；1958年12月转正时，宣布我担任土肥系土壤组组长，极大地坚定了我从事农业科技工作的志向。1960年，省农科所升格为省农科院，并与浙江农业大学合并办学（院）。我担任土肥所土壤研究室主任，仍兼红壤站站长，还兼任土壤教研室的教学任务。1965年，因合并办学效果不佳，“校院分开”后我留在浙江农业大学任教，一直担任联系农业生产的教学和科研工作。除畜牧系外，我主讲过浙农大的所有专业的相关课程，而且每年都要下乡带领学生教学、生产实习和农业农村调查。特别是我曾经为20多个不同专业的农技培训班编写讲义和讲课，对农业生产有了比较全面深刻的了解。还有，我多次下乡蹲点，从事科研及其农技推广工作，每次都能取得科研的好成绩，曾获省部级科技进步奖二等奖2项、三等奖3项。但推广后的效果未能持久，不理想，特别是科技含量高的综合性的重大科技成果，推广难度就更大，即使勉强推广，效果也很不理想。这是为什么？我初步认识是：极其复杂的农业，长期来由农民个体经营，既缺乏农业科技知识，又因个体户的经济实力不足，加上我国农业推广体系不健全；农民在农业生产过程中，没有能力创造条件吸取并采用新的、特别是综合性的农业新技术、新成果，更没有能力抵御自然灾害。

1979年，我和北京农业大学（现为中国农业大学）林培同志，担任全国第二次土壤普查动员大会的顾问。会后，我俩分别代表国家南、北区域，承担农业部首次下达的“卫星遥感资料在农业中的应用研究”。为了配合全国土壤普查运动，开始“卫星影像目视土壤解译及其调查制图技术研究”，解决了土壤调查制图国际性的技术难题，大幅度地提高土壤调查制图的精度及其重复性，提高了土壤图的科学性，改变土壤图“墙上挂挂”的现象，获浙江省科技进步奖二等奖。往后，我带领的科技团队，运用农业遥感与信息技术，研究解决了常规技术不可能解决的一些农业科技和生产技术问题。特别是在1993年，我争取到省政府批准投资建立浙江省农业遥感与信息技术重点研究实验室以后，研究规模和内容都不断扩大。40年来，我们团队取得了一系列科技成果，获得省部级以上科技进步奖23项（含合作及有关成果），其中国家科技进步奖3项，省部级一等奖3项；发表创新性论文1 000多篇、科技专著（含新编统用教材）16部；培养硕士、博士研究生200多名。最终创建了一个国务院学位委员会批准的、全新的农业遥感与信息技术学科和浙大批准的一个新专业等。但是，我们的研究成果在农业部门，特别是农业生产中没能推广应用。这又是为什么？我认为这是现行的农业模式缺乏推广高新技术的社会经济技术基础。2003年，我在组织撰写《农业信息科学与农业信息技术》专著时，开始提出“信息农业及其信息农业技术体系的探讨”。

我于2003年退休，到2014年才看到2007年习近平总书记主政浙江省工作时，提出“努力走出一条经济高效、产品安全、资源节约、环境友好、技术密集、凸显人才资源优势的新型农业现代化道路”（以下简称“新型农业现代化道路”）。这是一条凸显人才资源优势的解放农业生产力的农业生产过程的现代化道路。2015年，我85岁，又看到习近平总书记提出：“同步推进新型工业化、信息化、城镇化、农业现代化。要着眼于加快农业现代化步伐，在稳定粮食和重要农产品产量、保障国家粮食安全和重要农产品有效供给的同时；加快转变农业发展方式，加快农业技术创新步伐，走出一条集约、高效、安全、持续的现代农业发展道路”（以下简称“现代农业发展道路”）。这是一条大农业的现代农业发展的现代化道路。这两条道路都是科学的、有具体要求而内容全面的中国特色社会主义新时代的农业生产、发展道路。这应该是我国“三农”工作的一件大事。由此，我认识到：在我国需要发动群众、组织科技力量、提高领导的知识，在党政领导支持下，开展一次新的农业技术革命和农业农村社会变革运动。从此，我们把落实走出“新型农业现代化道路”和“现代农业发展道路”（简称“两条道路”）作为研究所的研究方向和奋斗目标，也是浙江省农业遥感与信息技术重点研究实验室的中心任务。我回忆2009年，应国家遥感中心邀请，起草《中国农业遥感与信息技术十年发展纲要》（国家农业信息化建设，2010—2020年），以下简称《纲要》。我开始从中国农业经营模式发展阶段的观点，在《纲要》中提出了“全面发展农业遥感与信息技术，是为实现‘信息农业’提供技术支撑，而信息农业建设，在我国农业历史上，将要经过一次具有划时代意义的艰巨的新的农业技术革命和农业农村的社会变革”，其目的是促进我国现行的农业经营模式转型为信息农业模式。2009年末，我把《纲要》报送给国家科技部和农业部都没有回音。后来，科技部的同志说：“用作制订国家科技发展规划时的参考。”我估计由于《纲要》只有研究内容，而没有清晰的、具体的信息农业说明，更没有信息农业的实施方案等原因吧。

2016年，我开始以找出“两条道路”的想法，指导我的学生副所长、梁建设研究员主编《浙江大学农业遥感与信息技术研究进展》，我担任顾问。这是一部总结、提升近40年农业遥感与信息技术研究成果及其应用的科技专著，是信息农业的理论依据。我结合60年的农业高教和科技工作的经验与体会，综合提出“网络化的融合信息农业模式”。进而提出：在信息时代，我国进入中国特色社会主义新时代，科技进步与农业生产脱节，严重阻碍农业发展。因此，农业经营模式也应该转型升级；在以农业遥感与信息技术为主的、大数据、云计算、网络化的信息时代，只要创造条件，我国现行农业模式完全有可能跨越式的、跃进到网络化的融合信息农业模式（简称信息农业）。我坚信只有实施信息农业才有可能走出“两条道路”。另外，我对信息农业也有了比较科学的、有具体内容的清晰的解释。同时，我还提出了农业信息化（工程）建设实施方案，以及建立管理体系的思路框架。至此，我们的科研成果，已经初步找到了走出“两条道路”的途径。这就是实施信息农业。如果从研究视角来看，我们已经初步完成了信息农业的理论设计。往后，只要通过农业信息化（工程）建设，就有可能实现信息农业。这个时候的农业，特别是随着信息农业的发展及其经营技能的不断提高，古老的农业，将由具有农业科学知识、掌握卫星遥感与信息技术的科技人员和具有农业知识、能操作现代化农业仪表仪器、先进农具的专业农民（或称专业农工），从国家到乡镇各级都能多部门相互协作共同完成农业生产的全过程，加速现代农业的发展。可以预测，随着科学技术的不断进步、信息农业水平的不断提高、食物结构的改变（例如主食、副食比例的改变、主食成分的降低）等。农业生产将会进入工厂化时代。现在的塑料大棚、设施农业等，就是农业工厂化的露头，也可认为是工厂化的融合信息智慧农业模式（简称智慧农业）的露头。到那时，最古老的、落后的、艰苦的农业，将成为由高新技术武装的农业，走向与工业、服务业“三业”融合发展的道路。估计在国家农村振兴计划实现时，我国的城乡差别、“工农差别”以及社会上存在的“农业简单、谁都能干”等“轻视农业”的思想也会随着消失。

这次农业经营模式转型升级，要发动一次新的农业技术革命和农业农村的社会变革，是一次跨越式的转型升级，不但技术难度很大，而且还要研发、推广、培训和生产，以及改制同步进行。所以，必须在党政统一领导下，发动群众，组织科技力量，提高各级领导的知识水平，有领导、有组织，有研发、有推广，边改革、边创新的因地制宜地同步推进。通过实践与改革创新，因地制宜创建网络化的“四级五融”的信息农业管理体系等。为此，我在召开中国共产党十九大前，2017 年 9 月 10 日，我给提出“新型农业现代化道路”和“现代农业发展道路”的国家主席习近平总书记写了汇报信，并附上《浙江省农业信息化（工程）国家试点实施方案》（推动新一次农业技术革命、促农业经营模式转型升级）和《浙江大学农业遥感与信息技术研究进展》的前言（学科创建、科研成绩、方向目标）两份材料；在党的十九大以后，2017 年 12 月 12 日，我又给中共浙江省委车俊书记、副书记袁家军省长、主管农业的孙景淼副省长写了关于《落实习近平总书记提出“两条道路”的指示，促进农业经营模式转型升级》的报告，并附上呈报习主席的材料。

现在，我已是一个 88 岁的老人了，身体也有些不济，看书写字都有点困难，为什么还要写《网络化的融合信息农业模式》科技创新专著？首先是为了促进落实习近平总书记的农业走出“两条道路”。走出这两条道路就要实现网络化的融合信息农业模式，才能解放农业生产力，走向信息化的、因地制宜的“三业”融合发展的大农业；才能打通领导、科技、推广、培训与农业生产发展的通道、在最大程度上改变农业生产发展缓慢的靠天的被动局面，走上稳健的可持续发展的道路。其次是说明农业大幅度地提高收入，主要还是抓住农业的“根”——土地。因地制宜地提高土地的产出率，也就是提高土地的经济效益。我国在“扶贫脱贫“过程中，各地已经找到多种创新模式，都是成功的范例。但是，要在全国普遍地持久地大幅度提高农业的收入，还是要因地制宜地提高农作物的产量和品质，以及科学管理，大幅度提高农业劳动生产率、降低农业成本。在当前，因地制宜地发展具有农业农村特色的二、三产业，大力开发本地经济高效的特色高效产业，以及挖掘环境和人才资源优势，大办手工艺术、药材补品、优质果蔬等，有条件的开发农村旅游及参与经商等，这样既可以减少农业人口，将多出的劳力转移创办农业农村特色的二、三产业，又可以相对地大幅度增加农民收入。第三是为了实现我立志学农的初心，为农民、农业找“出路”的心愿、一个老共产党员的毕生追求（使命）。为此，我两次住进医院“白内障”开刀，决心坚持用一年左右的时间，争取在我90岁以前完成《网络化的融合信息农业模式》（信息农业）科技专著第一稿，为促进农业经营模式转型升级，改变农业生产长期来由农民独家经营，难以吸收科技进步、难以应对自然灾害的状况；改变农业生产是“面对黄土背朝天”的、艰苦的、不要技术的简单劳动的错误思想；改变社会上长期存在的轻视农业的现象等尽最后一份力量。

2018年7月1日

总　论

一、我国农业经营模式的演变及其存在的的问题

（一）我国农业经营模式演变概述

科学技术和生产技能的不断进步，是人类研究自然、认识自然和利用自然，促进国民经济发展和提高创造美好生活能力的强大推动力；创建优化适应社会时代、遵循农业产业特征的经营模式及其科学管理（含政策），是保证农业经济发展和提高美好生活的强大动力的保证。这是农业大发展的两条规律，是真理。古老的农业发展也是依此规律而发展的。例如早在远古石器时代的原始社会和农奴社会时，农业生产实施的是刀耕火种渔猎农业模式，据粗略统计，每500公顷土地养活不足50人；随着冶炼业的发展，人类进入铁器时代的封建社会时，农业生产开始实施连续种植圈养农业模式，每500公顷土地可

养活1 000人左右，提高20多倍；随着工业的逐步发展，人类进入工业时代，以农业化肥、农药和农业机械的投入为特色，农业生产实施的是工业化的集约经营农业模式，每500公顷土地可养活5 000人以上，提高5倍多。每次农业经营模式的转型，农业生产都发生质的变化，跳跃式的大发展。现在，在工业化的基础上，人类已经开始进入以卫星遥感技术、信息技术和大数据、云计算、网络化等为标志的信息时代。我国的工业和服务业进入信息化的速度很快、效益也极为显著。总之，我国已经进入信息时代、中国特色社会主义新时代，形势一片大好。但是，农业的科技进步与农业生产发展脱节，严重阻碍农业的发展。例如，我国现行的农业模式极大地落后于科技进步，农业信息化发展的形势不容乐观，发展的速度很慢，甚至难以启动。这是为什么？该怎么办？我们经过40年的农业遥感与信息技术研究，已经能回答以上问题，而且已经找到了适合信息时代的、中国特色社会主义新时代的农业经营模式。这就是实现信息农业努力走出“新型农业现代化道路”和“现代农业发展道路”。

（二）我国现行农业模式存在问题、严重阻碍农业的发展，急需转型升级

1. 农业生产是在地球表面露天进行的有生命的社会性的生产活动，伴有五个难以调控和克服的困难

由于农业生产是在地球表面的、露天进行的、有生命的、社会性的生产活动。它伴随生产的分散性、时空的变异性、灾害的突发性、市场的多变性，以及农业种类及动植物生长发育的复杂性等5个基本难点。其中农业生产的分散性，使得农业生产管理困难，对各类自然灾害很难调控和克服；时间、空间的变异性是农业合理布局和农业发展的最大障碍；多种农业灾害的突发性是农业生产稳定、稳收的最大克星；市场的多变性使得农业生产很难做到按需组织生产，引来收入不稳定；农业种类及动植物生长发育的复杂性，使得人们很难掌握。因此，农业与工业、服务业相比，发展缓慢。长期来的农业生产历史已经证明：五个农业生产的基本难点是人们运用常规技术难以调控与克服的。这就是长期以来，农业生产一直处于靠天的被动局面，形成农业生产脆弱性、收成不稳的自然原因。它是农业（一产）的发展速度始终落后于工业（二产）、服务业（三产）的自然原因。根据浙江省2017年的统计，全省GDP增长7.8%，其中工业（二产）占43.4%；服务业（三产）占52.7%，而古老的农业（农林牧渔业）只占3.9%。（2016年的三产结构比是4.2∶44.8∶51.9。2017年的农业（一产）比重从4.2降到3.9。还有，2002年的比重是8.6）。可见农业收入占GDP的比重一直在下降。

2. 技术含量很高的农业生产，长期来由缺乏农业科学知识的农民经营，很难吸收先进的科学技术

农业生产是极其复杂的。它不但受多种难以克服的因素的抑制，而且作物是有生命的，也很难掌控。因此，要想收到省肥、节水、减药的高产优质农产品的技术难度是很大的。毛主席曾对农作物精细管理提出：土（生长基础）、肥（作物营养）、水（生命保证）、种（质与量的保证）、密（高产保证）、保（作物保护）、工（农业器具）、管（经营管理）等“八字宪法”。可见农业生产是极其复杂的。但是，长期以来，我国农业都是以个体户农民为主体、不分专业的，由缺乏农业科学知识的农民独家经营的方式。还有，我国在新中国以前没有农业技术推广体系，新中国成立后虽组建起农业技术推广体系，但很不健全，推广效果不理想。特别是没有“农民培训制度”，有了新技术、新成果，领导也只开“现场会”和“送科技下乡”等。其结果是经营农业的主体、农民的农业科学知识没有系统提高，始终停留在实践经验的基础上，这就严重阻碍农业技术成果的吸收，严重影响生产技能的进步。这是严重影响农业发展的人为因素（参见：本节4、农业发展极需高新技术、现行农业模式阻碍全面、持久地吸取采用新技术的实例）。

3. 古老的农业，长期以来，人们存在着农业生产艰苦劳累简单的错误认识，严重影响农业模式转型升级

在原始社会时，人们以采野果、捕鱼为食，可以说没有农业（或称原始农业）：到农奴社会，逐步过渡到刀耕火种渔猎农业模式；到铁器时代的封建社会，农业缓慢地转为连续种植圈养农业模式。进入工业化时代，农业向着工业化的集约经营农业模式转型。但是，在我国长期来都是个体户、以农民为主体经营的。这就习惯地形成“农业简单、不需要技术，谁都能干”的错误认识。例如干部在无奈时就说：大不了回家种田。群众说：没有其他出路就种田。最突出的事例是在“文革”期间，冲击最大的是农业科教机构，特别是各地农技推广站被撤了。群众说“线断网破”了。就连主管农业的干部也习惯性地对农业技术的重要性认识不足、大部分干部都是等着领导布置，要求不高。这就是农业经营模式转型时期特别长、又很难被认识的原因。例如历史上的农业转型期是几百年、甚至数千年、上万年的。我国已经进入中国特色社会主义新时代，社会已经进入信息时代，农业更需要信息化，但推动农业信息化感到很困难，比其他行业都要困难。

4. 农业发展极需新技术，现行农业模式阻碍全面、持久地吸取采用新技术的实例

实例1. 1958年，我们在衢县千塘畈从事低产田改良研究，是全省闻名的

低产畈。全畈 17 000 亩，平均水稻亩产 100 千克左右，高的稻田的亩产 150~200 千克，为数不多的冬季绿肥，亩产平均也只有几百斤，高的有 1 000 千克。我们选择千塘畈低产区，在开沟排水等低产田改良的基础上，首先将冬闲（绿肥）中稻制改为绿肥单季稻耕作制，运用当时综合性的高产栽培技术开展丰产试验，取得很大成功。绿肥亩产达到 4 000 多千克（部分用作饲料、大部分用作基肥），试验区（大队）的水稻平均亩产 365 千克，其中两块试验田亩产达到 490 千克。这项研究成果说明我国农业科技水平，在 1958 年就有可能亩产 500 千克了。1959 年，我抽调参加全省土壤普查，担负着繁重的任务，不能亲临千塘畈组织技术推广工作，由当地领导组织推广到全畈。4 年后，据省农科院统计，全畈平均亩产 230 千克，如果与低产田改良前相比，增产 130 千克，增产一倍多。但与试验区比较，是从 365 千克减产到 230 千克了；如果与高产试验田 490 千克比较，其差距就更大了。现在的千塘畈已经是衢州市的新城了，因此无法用 2017 年的产量进行比较。值得提一下的是这项低产田研究成果和低丘红壤改良成果等，推动了浙江省低产田改良运动，对浙江省 1966 年，在全国第一个省粮食平均亩产超“刚要”（400 千克），达到 437 千克，起到了一定的作用。

实例 2. 1971—1978 年，富阳县开展早稻省肥高产栽培试验（在作物营养综合诊断研究及其示范推广取得成功的基础上进行）。1971 年，我在“文革”停课闹“革命”期间，经校革委会批准，应富阳县革委会的邀请，要求我去解决“富阳县的农业生产条件好，劳动、成本的投入也不少，就是产量上不去(良田也低产）”的问题。我经过实地调研，找出低产原因之后，针对富阳县不同地区的低产主要因素，做了 10 多个简单的对比试验，都取得 10%~30%的增产效果，有的增产 50%以上。然后，我挑选全县产量最低的塘子畈的一个生产大队作为试验基地。我在低产田改良和作物营养综合诊断研究及其示范推广取得成果的基础上，首先将冬闲水稻双熟制改为绿肥、早、晚稻三熟制。再根据水稻产量形成机理，因土采用省肥高产栽培技术，运用水稻营养综合诊断技术检测水稻和土壤养分动态，开展“水稻高产、省肥、节水的丰产试验”。经过多次试验与推广，取得很大成绩。首先是 1978 年全县平均亩产从 350 多千克提高到 800 多千克（超“双纲”）；试验基地的亩产达到 930 千克，打破了“塘子畈要高产，比牵牛上树还要难‘的传说。其次水稻每千克硫铵增产稻谷，从对照的 4. 56 千克提高到 10. 44 千克（当时国内最高纪录是 7. 0 千克），可节省化肥一半多。灌水根据水稻生理采用干湿交替法，可以大量节省用水（没有水测数字）。又因形成干干湿湿的稻田环境，能有效地减少田间湿度和增加通风度，水稻病害也大为减少，可节省农药。这项综合试验结果说明我国农业科技水平，在1978年就有可能种出粮食亩产1 000千克了，而且有了省肥、节水、减药的先进技术，并能有效预防面污染。再次，国家农业部在富阳县召开了两次现场会（这是少有的），并举办全国培训班，简化为测土配方施肥技术在全国推广4亿亩，增幅在10%~15%，增产粮食79.4亿千克；浙江省多次举办培训班，推广4 000万亩，增产粮食10亿千克，节省标氮1.81亿千克。最后，本项成果先后获浙江省科技进步和推广奖二等奖各1项、三等奖2项；应约编著的《水稻营养综合诊断及其应用》获全国优秀科技图书奖二等奖。还应邀主编了我国土肥领域的第一部《诊断施肥新技术丛书》（13分册）。这是一项技术含量很高的、可以说是技术密集的大成果。如果能创造条件，全面整体推广，可以取得大幅度，成倍地提高产量的。但是，非常遗憾的是农业部没有能创造条件，开展系统的全面推广，只将其简化为“测土配方施肥”技术在全国推广（现在还在推广）。特别要深思的是：根据富阳县2017年的报道，经过39年后的全县平均粮食亩产只有475千克。这与1970年的全县亩产350多千克相比较，39年来增产约125千克（每年平均只增产2.5千克）。如果用1978年的全县亩产800千克与1970年的350千克相比较，8年增产450千克（每年平均增产56.25千克，8年增产一倍多）。如果用1978年的800千克与2017年的475千克相比较，说明经过39年以后，平均亩产减少325千克，农田普遍受到面污染，有的还很严重。这就充分证明农业生产经营模式极需转型，才能吸取和运用新技术，特别是改进和吸取综合性的新技术尤为重要。

另外，我还有几个类似的实例，因已能说明问题而不加介绍。

二、我国现行农业经营模式急需转型是农业发展的需要和必然

（一）我国农业要走出“新型农业现代化道路”和“现代农业发展道路”，现行农业模式必须转型升级

我国的农业生产，长期以来都是以农户为单位、由农民为主体的分散经营模式，科技成果很难普遍推广应用。特别是科技含量高的、综合性的技术密集的大成果，以及需要科学仪器的、需要农民出点钱的科技成果，几乎不可能推广应用。这就是我国农业发展速度缓慢、成为我国社会主义经济建设的“短板”的主要原因之一。

1979—2017年，我们开始农业遥感与信息技术应用研究，取得了大量的、系列的科技成果。其中土地方面的科技成果，都由土地管理部门或成立专门机构（公司），几乎全部、全面推广应用，在革新土地资源管理、改善土地资源

利用等，取得很大的经济效益；在水利、林业和农垦等方面的成果，也都由相关行政主管组织推广应用，也都取得很好的效果。但在农业方面的大量的系列成果，只有在2000年研发的“基于WebGIS的现代农业园区信息管理系统”研究成果，由主管农业的副省长章猛进批准下达的专题，由我所在职博士研究生（园区管理系统研发者之一）吕晓男副研究员带课题回省农科院，在省农业厅的支持下，在浙江省农业高科技示范园区建设中应用，取得非常好的效果，并有很好的进展。2004年，“农业高科技示范园区信息管理系统及其应用研究”获浙江省科技进步奖二等奖。现在，浙江省在“两区”建设中一直推广应用。我感到遗憾的是其他研究成果几乎都没有推广应用。例如在世界上，我国最早研发成功的“浙江省水稻卫星遥感估产运行系统”，具有水稻长势监测、种植进度检查和早期估产等功能。其中早晚稻估产，经过4年8次的测试结果：种植面积的平均精度是93.12%，水稻总产平均精度是90.18%。这是我国“六五”至“九五”4个五年计划的攻关、重大项目，是经过连续20年研究，取得国际领先的，世界上唯一研究成功的科技成果。在研究过程中，曾分别获农业部和浙江省科技进步奖二等奖2次、国家科技进步奖三等奖等。每年运行费只要5万元。这样好的、国家需要的、国际领先的科技成果也没有被采用。再如研发的浙江省红壤资源信息系统（含浙江省土壤数据库），也是经过8年研究，开发出国内第一个由省级（1：50万）、市级（1：25万）和县级（1：5万）三种比例尺集成的、具有无缝嵌入和面向用户（生产单位）服务等良好功能（往后建成浙江省土壤资源数据库）。这对浙江省土壤管理和红壤资源合理开发利用及其信息化管理有很大作用。但推荐给省农业主管部门，回答是：信息化工作要等领导布置。特别是浙江省主要柑橘产区黄岩发生柑橘丰产滞销，埋掉柑橘作肥料，造成严重损失事件。我们为了便于推广应用，提出与省农业厅特产局协作研发“柑橘优化布局和生产管理决策咨询系统”，被特产局主要领导拒绝了。当我们研发出该系统以后，再次推荐给特产局，也没有采用。还有我们研发的水稻施肥信息系统，在当时，根据信息系统施肥，不仅作物增产，而且省肥在20%以上，还能节水、减药，有效地预防面污染。我们提出以乡为单位，向农民推荐每亩收取一元钱，也不愿合作。以上类似的例子是多的，这是为什么？我们的认识是：现行的农业经营模式，推广农业信息技术，缺少社会经济技术基础。可见，要想加快农业发展、取得大幅度的增产增收，必须发动群众，掀起一次新的农业技术革命和农村社会变革，通过农业信息化工程建设，加速现行农业经营模式转型为信息农业。

（二）浙江省农业经营模式转型升级是必然的、是必须的、是可能的

首先，从农业经营模式转型升级的历史表明：农业模式转型是跟随着科技进步及社会时代的发展而逐步转型的。我国已经进入信息时代、中国特色社会主义新时代。为了适应新时代，农业经营模式转型升级是必然的、是必须的。这也是农业发展的自然规律。其次，为了落实习近平主席提出农业走出“新型农业现代化道路”和“现代农业发展道路”，也必须促进我国现行农业模式转型升级。最后，浙江大学已有40年的农业遥感与信息技术研究，取得了一系列成果，已经找到科研型的“新型农业现代化道路”和“现代农业发展道路”的框架设计，这就是“网络化的融合信息农业模式（简称信息农业）”的框架设计。特别是我国成功发射高分六号卫星，与高分一号卫星组网运行，两天就能获取一次遥感数据。这对实施信息农业是最有力的支持。因此，只要在党政统一领导下，提高领导的科技水平及认识，发动群众、组织科技力量、就完全有可能通过改革创新，完成农业信息化（工程）建设，因地制宜地促进加速现行的落后的阻碍农业发展的农业模式，向着网络化的融合信息农业模式转型升级。

三、网络化的融合信息农业模式的概念及其发展预测

（一）网络化的融合信息农业模式的概念

网络化的融合信息农业模式，简称信息农业。它的产生有以下几个因素。

首先是有以下基础：①我自幼参加农业劳动12年，其中专职务农三年半，以及往后的多次下乡蹲点科研和农业、农村调查，对坚苦劳累的农业劳动、对农业低收入而不稳定，农民过着艰苦的生活，有深刻的认识；②我从事60年的农业高教、科研及其管理和农技推广工作取得丰富的经验教训和体会；③我40年的农业遥感与信息技术应用（农业信息化）研究，与团队合作、共同完成国家基金（含专项）、国家“973”和“863”，国家攻关、支撑计划、专项和国际合作，省部级的攻关、专项和基金项目等，以及众多的横向项目，共计300多个课题，曾获国家和省部级科技进步奖和全国优秀科技图书奖25项（含合作研究）；④创建了农业遥感与信息技术新学科、新专业，以及主持国家新编统用、跨世纪的高校教材等；⑤我们研究所培养博士后、博士和硕士研究生250多名。

其次是：①系统总结、提升和吸取60年高等农业科教与农技推广的经验教训和体会；②吸取数字农业、绿色（生态）农业、精准（确）农业等现代农业的优点；③以“绿水青山就是金山银山”的绿色农业的发展理念以及高新

技术密集的信息化大农业的发展思路。

再次是我经历并吸取：①为国家遥感中心起草《中国农业遥感与信息技术十年发展纲要〈国家农业信息化建设、2010—2020年〉征求意见稿（3）》；②参加制订《国家农业科技规划》，起草“农业信息技术及其产业化”专项；③应邀在科技部召开的“中国数字农业与农村信息化发展战略研讨会”上的“中国农业信息技术的现状及其发展战略”报告与讨论后，继又应邀参加“十一五”国家支撑计划“现代农村信息化的关键技术研究与示范”重大项目论证和评审（任副组长）；以及总结、提升8次参加国内外有关农业信息化重要会议和多次出国考察等的收获。

最后是结合我国几千年来的多次农业模式演变及其农业农村实际情况的系统分析、研究，研发出具有划时代意义的网络化的融合信息农业模式。

网络化的融合信息农业模式，简称信息农业。通俗地说：信息农业就是发挥人才资源优势，运用高新技术，聚集历史的和现势的、宏观的和微观的、最佳的和最新的等，与发展农业有关的全部信息（数字、科技、技能、农资和经验教训等），研制建立农业信息系统总数据库。再通过上下联动，在统筹谋划好“三业”用地规划的基础上，因地制宜地融合（组合）各专业的相关信息，建成各专业信息系统，及各种农产品的生产模式。最后，分专业队、并以农产品为单元的生产模式共同完成农业生产全过程的农业经营模式。如果再简化、通俗易懂的、用一句话说：信息农业就是运用高新技术获取农业生产的一切最佳信息（数字、科技、技能、农资和经验教训等），通过融合，组织起有效的农业经营，获取最好的经济效益。具体做法是：第一，运用土地利用总体规划系统和多规融合技术，完成“三农”用地详细规划（含用地数量及其空间布局），特别要布局好粮食和重要农作物的用地，保证13亿多人的粮食安全和确保重要农产品的有效供给；第二，快速获取（以卫星遥感技术为主）并融合土、肥、水、种、密、保、工、管（毛主席提出的“农业八字宪法”），以及作物生长发育及其环境等现势性信息；第三，综合利用长期积累的科技和生产实践的信息与经验，运用大数据、模拟模型等技术，找出规律及其相关性建模，为农业生产所用；第四，研制出由最佳信息（数字、科技、技能、农资和经验教训等）组合的一系列专业信息系统，直至建立各个农产品的生产模式，通过改革创新建成技术密集的、由专业人才管理的、网络化的信息农业管理体系，打通领导、科技、推广、培训与农业生产发展的通道；第五，利用由提高农业劳动生产率而转移出来的劳动力，因地制宜地拓展具有农业特效的特色产业和农村二、三产业，以及经商等。最后，通过大数据、云计算、网络化等技术，建成乡级、县级、省级和全国的农业生产的“一盘大棋”，做到最佳的领导和科技力量，分级指导各级的农业生产及其可持续发展，走出“两条道路”。

“两条道路”的共同点，也是农业经营管理的最终目的。这就是农业经济高效和增加收益，其途径有：①依靠科技进步提高农产品的质量和产量，做到科技进步与农业生产发展同步；②依靠生产技能进步与科学管理，打通领导、科技、推广、培训与农业生产发展的通道；提高土地产出力和农业劳动生产率，这两条途径和作用是持久的；③用转移出来的劳动力，组织拓展具有农业高效的特色产业，以及发展农村二、三产业等。其中利用天然、农作、畜牧和人们生活等产生的废弃有机物，创办有机无机肥料工厂是必建的。总之，信息农业要挖掘农业农村的环境生态与人文社会两大资源优势，发挥地理区位优势等；组织和调动一切劳力、知识、科技、管理和资金的活力，创造财富来提高农民的收入，改善生活，并以最快的速度逐渐消灭工农差别。

（二）网络化的融合信息农业模式的发展预测

实施信息农业是聚集最佳的农业生产信息和挖掘土地潜在优势，调动和发挥人才、科技、劳力、知识、管理、资源和资金等的活力，通过最佳的专业化经营和管理手段创造财富。所以它是现阶段的最高水平的农业经营管理模式。这是因为它是经过精细挑选利用与农业经营有关的一切最佳信息（数字、科技、技能、农资和经验教训等）、运用高新技术有机地融合集成的、技术密集的规模化经营的、由专业人员分工合作共同完成的农业经营全过程。所以，发展到信息农业模式以后，估计就不会有农业模式的转型，只会在信息农业的基础上升级。估计它也会随着①科学技术的不断进步，例如信息技术和生物技术的发展及其在农业的应用；②食物结构的改变，例如主食、副食比例的改变，主食成分的改变和比例的减少等；③农作物以农产品为单元的生产模式完成生产全过程，生产技术有可能逐步智能化，例如农作物生长发育的自动化监测系统的应用；④智能劳动代替繁重的体力劳动；⑤农业农村特色的工业（二产）、服务业（三产）的不断发展等。必定会促使信息农业水平的不断提高。特别是随着农业生产的工厂化发展，例如，现在的塑料大棚、设施农业就是农业工厂化的露头。可以预测：信息农业工厂化发展到高水平时，网络化的融合信息农业模式，将会逐渐升级为工厂化的融合信息智慧农业模式（简称智慧农业）。这是更高水平的信息农业。那时候，最古老的、落后的、艰苦劳动的农业，将会由高新技术武装的农业，拓展与工业、服务业相互融合的智能化产业等。

第一章　信息农业的理论研究与设计

一、信息农业的理论研究问题

在“总论”的“信息农业的概念”中指出：信息农业是落实习近平主席提出“新型农业现代化道路”和“现代农业发展道路”（简称“两条道路”）的农业经营模式；也是执行毛主席总结提出的“土、肥、水、种、密、保、工、管农业八字宪法”（简称“农业八字宪法”）的农作物精细管理模式。这是一条凸显人才资源优势的、技术密集的解放农业生产力的，遵循农业生产特征的新型农业现代化的发展道路（农业生产过程的现代化道路）；是一条以经济高效、环境友好的，集约安全、可持续发展的，以及挖掘和利用农业农村的一切资源优势，走上科学的、内容全面的、适合中国特色社会主义新时代的因地制宜的大农业的现代农业发展道路。如果以简要而通俗地说：信息农业就是发挥人才资源优势，运用高新技术，聚集历史的和现势的、宏观的和微观的、最佳的和最新的等，以及与发展农业有关的全部信息（数字、科技、技能、农资和经验教训等）；通过各专业信息系统的数据库的集成，建立农业经营模式总数据库；再建立一系列的专业信息系统，组成农业信息系统框架；经过上下联动，在统筹谋划好“三业”用地的基础上，因地制宜地融合（组合）相关的最佳信息建成各专业的应用信息系统（直至建立各个农产品的生产模式），由专业技术人员和农业技术工人，共同完成农业生产全过程的农业经营模式。由此可见：信息农业是一个极其复杂的农业模式，它与天、地、人、物都有着密切的关系，而且还要因地制宜地挖掘它们的潜力、调动它们的活力。还有，信息农业的内容也极其广泛，它包括大田种植业（简称种植业）、畜牧养殖业、鱼虾等水产业、特色产业，以及农村二、三产业等。它还要运用以卫星遥感与信息技术为主导的大数据、模拟模型、云计算、网络化等高新技术来完成信息农业模式的建设。所以，信息农业的理论基础是很复杂的，很难用几句话说清楚。但是它有着一个共同的理论基础，那就是农业信息科学、农业遥感科学、农业科学、环境科学，以及其他相关学科等多种学科理论的综合应用。再说，我们除了农业经营主体，即种植业有过系统研究以外，对畜牧养殖业、鱼虾等水产业只有过探索性研究，而特色产业、农村工业和服务业还是试办的产业，没有达到信息化阶段。因此，我们对信息农业的理论基础还没有条件进行完整的正确论述，更不可能提出一个科学的、简洁扼要的定义。只能在系统总结农业信息化研究成果应用的基础上，根据党中央总书记习近平主席提出的“两条道路”，及其大农业、信息化的思路，分别撰写“信息农业的总体设计大纲”和“种植业信息化的理论设计原则”。

实施信息农业的技术，是以农业遥感与信息技术为主的高新技术，其中尤以卫星遥感是获取农作物现势性及其生存环境等信息的主要手段途径。我国高分六号卫星发射成功，它与高分一号卫星组网运行，2 天就能重复获取农作物及其生存环境的遥感信息数据。尤其是我国发射的高分卫星具有高分辨率、宽覆盖、高质量成像、高效能成像、国产化率高等特点。加上高分卫星还增加有效反映农作物特有的光谱特性的“红边”波谱参数。这对研发卫星遥感在农业中的应用，以及信息农业的实施都是十分有利的。我国发射高分卫星的空间分辨率、成像质量等，都是远远超过我们过去研究用过的美国 NOAA，Land-sat，和法国的 spot 等卫星。由此也可以预测：我国随着信息农业的发展，在利用卫星遥感信息的过程中，会不断提高、发现、提供和积累更加有用数据，为发射农业卫星创造条件，也为向“智慧农业”发展创造条件。国家也必定会发射专门为农业服务、或者以服务农业为主的“农业卫星”。这将会极大地促进我国农业快速的可持续发展，改变农业在国家经济发展中的“短板”状态。

二、信息农业的总体设计大纲

实施信息农业的主要目的是实施经济高效、增加收益，提高农民生活水平。信息农业是运用以卫星遥感与信息技术为主的高新技术获取和利用与农业经营有关的最佳信息（数字、科技、技能、农资和经验教训等）组织专业化、规模化的农业生产，发展大农业。

信息农业增加收益的主要途径是：①提高土地产出率，最大地、最佳地挖掘和发挥土地生产潜力，大幅度提高土地的经济效益；②提高劳动生产率，实施农业规模化、专业化经营，利用多出的劳力转移拓展特效产业和具有农村农业特色的二、三产业，实现“三业”融合发展，达到大幅度地增加收益；③提高农产品的质量和产量，执行“农业八字宪法”、实施科学种田，大幅度地增加农产品的经济收入等。

信息农业增加收益的主要手段是：①组织与调动一切劳力、知识、技术、管理、资本和自然资源的活力，创造财富；②挖掘人才资源优势（含外出人才和外请能人）、生态环境资源优势（含景区及待开发地区）、人文社会资源优势（含名人效应、红色革命根据地、历史重大事件的所在地、著名的祠堂庙宇，以及外出能人等），开辟特色产业、农村旅游、吸收外出能人（乡贤）返乡创业或回乡指导创业以及引资创办农村二、三产业等，都可以创造财富。最终目的是实现“三业”融合发展的大农业（信息农业），大幅度增加农业收入，提高农民的生活水平，减少工农差别。

根据上面的收益途径和主要手段，我们将信息农业（大农业）初步概分为以下6个方面。

（1）种植业。主要是农田（地）的作物类、果蔬园艺类和经济特产类。是农业的主栽作物，也是现在农业经营的主体。

（2）畜牧养殖业。不同地区而异，我国南方主要是鸡、鸭、鹅，以及猪、牛、羊等。

（3）鱼虾等水产业。主要是农村水面和河海养殖业，有能人的也可以发展观赏类等。

（4）特色产业（含高效产业）。因地制宜地选择传统的或有能人的，可以开发①药材、滋补植物，以及香料、果品特产类；②木雕（含根雕）、石雕、竹雕与竹业等手工业产品，以及纺织、绣花等农家特色产品；③花卉宠物观赏类等。

（5）农村工业。有条件的可以创办①利用农村废弃的有机物创办有机无机混合肥料工厂（为维护土壤肥力是必办的）；②农产品的贮藏和粗加工工厂；③用土地投资与有关公司分红合作办厂，以及民生需要的农产品加工厂等。

（6）服务业。根据民生的需要，兴办农村养老院、幼儿园、托儿所、小卖店、投资入股联办商业合作社，以及以销售农产品和副业为主的商业经营。有条件的还可兴办旅游、住宿、饮食服务等。

三、信息农业的理论设计原则（以种植业为主）

（一）土地集体规模经营是实施信息农业模式的基础

封建社会的连续种植圈养农业模式，土地是以农户为单位、以农民为主体的分散的个体经营方式；到了资本主义社会是工业化的集约经营农业模式，土地是以农场为单位，由专业农场主（农业专家）领导农技人员和农工合作规模经营方式。我国社会是从半封建半殖民地社会，在中国共产党领导下，经过工商业等改造后，直接进入社会主义的新民主主义时代。土地改革以后，农村土地是集体所有制，但土地还是以农户为单位、以农民为主体的分散经营方式。20世纪50年代末期，毛主席提出土地由人民公社（相当于现在的乡、镇）集体经营。应该认为它的发展方向是对的，只是太超前了，行动太急了，脱离当时农村社会经济现实而失败了。现在，我国社会经过70年的建设，特别是改革开放40年的建设，取得翻天覆地、突飞猛进的发展，已经跳过资本主义社会的工业化的集约经营农业模式，进入信息化的中国特色社会主义新时代了。但农业经营模式还是以农民为主体的分散经营方式，与我国的社会主义新时代很不适应。其中，仅仅土地的经营方式不改变，就已经严重阻碍着农业的快速发展。

我国在改革开放的工业化过程中，大批农民离开农村进城打工，随后出现大量的农田利用粗放、甚至发生连片抛荒的现象。这也是国家工业化过程中发生的社会发展现象。例如美国工业发达，农业人口只占4%左右。我国政府为了坚持稳定土地承包关系以搞活土地经营关系，提出实行农村土地所有权、承包权、经营权“三权”分置并行制度，取得较好的效果。例如抛荒现象大幅度减少，规模经营有所改善。据浙江省2017年统计，全省10亩以上规模经营的面积达到811.2万亩，占流转面积的80.72%。但也出现一些问题，其中最主要的是农村土地集体所有制的集体所有权不断弱化，例如出现农户承包的土地出卖、应收回的土地收不回来、农民土地私下流转、权益分配的话语权减弱等。集体土地所有权受损这是一条红线，是决不允许发生的。还有，这种土地自由流转后的经营规模也不能适应信息农业的要求。例如，根据2017年的调查，浙江省全省10亩以上规模经营的面积也只有811.2万亩。据省国土厅资料，占全省耕地2 972.3万亩的27.3%；据省农业厅资料，占全省耕地2 384万亩的34%。而且每个县还要配备专职干部6~7人，忙不过来。我国农村土地是集体所有制，是集体土地所有权，农民只有土地使用权。这就比较容易的有可能将全部农地流转给乡（镇）或村统一规划，划片由乡（镇）或村组织专业化规模经营。这就可以发挥土地因地制宜利用和规模经营效益的最大化。有关农民的土地使用权和劳动报酬，可以采用土地使用权入股分红，农民劳动按劳计分取酬的原则，因地制宜地解决。这完全符合土地集体所有制的原则，不但不损害，而且加强了社会主义集体土地所有权，巩固了社会主义制度，特别是能为逐步转向共产主义的国家所有制打下基础。

（二）分层协调、分专业合作，由农技员和农技工共同经营是信息农业的保证

农业生产是在地球表面露天进行的、有生命的、社会性的生产活动。它伴随着农业生产的分散性、时空的变异性、灾害的突发性、市场的多变性，以及农业种类、动植物生长发育的复杂性等5个基本难点，致使农业生产是一个极

其复杂的、难度很大的、技术性极强的、风险性很大的产业。因此，经营好农业生产不但非常难，而且它与全国范围有关、甚至与世界相联。例如台风灾害是从东太平洋过来的；我国南方稻飞虱是从东南亚引发过来的；有些虫害和冷害是从西北方向过来的等。由此，可以想到：由农民为主体的、分散的、不分专业的农业生产方式，是绝对不可能完好地进行科学化的农业生产的，农业生产也是不可能跟上农业科技进步、跟上时代发展的。相反，它会阻碍农业的快速发展。在信息时代、中国特色社会主义新时代，只有实施信息农业模式，才有可能适应时代的发展，农业会有一个突飞猛进的发展，而且能够达到可持续发展。但是，在我国推行信息农业是跨越式的转型，跳跃式发展，需要发动一次新的农业技术革命和农业农村社会变革等。因此，必须在各级党政领导下，要有一个“省级农业信息化建设国家试点”的过程，建立起从国家到生产单位之间逐级分层组织协调，生产单位分专业，由农业技术员和农业技术工人合作经营农业生产全过程，创建全新的信息农业管理体系，才能保证信息农业的完整实施。

（三）信息农业要在党政统一领导下有序地推进实施

我国推行信息农业经营模式，是从半封建半殖民地社会的连续种植圈养农业模式、以农民为主体的分散的个体农户经营方式，跳过资本主义社会的工业化的集约经营农业模式、以乡（镇）或村为单位、分专业的集体规模经营方式；是突飞猛进地、蝶变式地推行到网络化的融合信息农业模式，是集体规模经营的农业方式。它牵涉到与农业生产有关的许多部门的改革、适应问题，因此，必须通过农业信息化建设试点，成立信息农业的研发和推广机构。在研发改革的基础上，培养出一批具有农业科学知识和掌握农业信息化的专业技能的、不同层次的领导、专业技术人员和农业技术工人等。同时，还要改建和成立信息农业的管理机构、研究机构和信息农业技术培训与科技成果推广体系。所以，在我国推行信息农业，必须在党政统一领导下，各级政府成立强有力的领导机构，建立农业信息化的研发和推广机构，设立专项基金，制订土地集体规模经营和各级政府支持的政策等；发动广大群众，做到边研发、边推广；边改革、边建设，因地制宜有序地同步推进，并通过试点实践，改革创建适合信息农业经营的管理新体系。

（四）“多规融合”做好农作物用地优先的“三业”用地规划

科学研究证明：农作物是由碳、氢、氧、氮、磷、钾、钙、镁、硫、铁、锰、铜、锌、钼、硼、氯等16种元素以上组成的。其中除碳、氢、氧三种元素的大部分是由大气提供外，其余13种元素的大部分是由土壤提供的。土壤中的所有元素，绝大部分是以有机质和腐殖质状态存在于土壤之中。特别是土壤腐殖质不但供应养分，而且还能改善土壤物理性质，它与水、气等共同构成土壤肥力。有良好的土壤肥力就是熟化的土壤，能良好地生长农作物，这就是土壤的特性。熟化土壤含有的作物养分，根据浙江省 42 种耕地土壤的熟土与生土比较测算结果是：每公顷熟土的土壤养分价格在 24.8 万~41.6 万元（20 世纪 80 年代估测）。特别要注意的是荒地生土培育成熟土的时间，一般都在 10 年以上，可见良好的耕地是先辈留下的宝贵财富。还有，农作物耕地特别是水稻对环境还有严格的要求，而工业用地的基础是水、电、路“三通”，比较容易做到；服务业用地有其特殊的社会或自然条件。最主要的还是民以食为天，保住了良好的耕地，就是保住了人民的生活根基。所以农作物用地，特别是水稻田，在我国稻区的“三业”用地规划中要给予优先地位。

我国在县（市）级以上，大都已经有了土地利用总体规划、城镇发展规划、工业发展规划、农业发展规划（含耕地保护规划）、林业规划（含生态规划、湿地规划）、交通规划、旅游区规划、环境规划以及国土规划（含重大工程项目规划）等与土地空间相关的规划。这些规划在空间布局上都会有相互重叠的现象，互相之间存在着矛盾，执行起来有困难。我们要运用“多规融合”的原则和技术，将多种规划融合成为一张“三业”用地规划图，故又叫“多规合一”。用地规划的主要依据是执行上级规划下达的指标，以及确保规划区的各项发展需要。其中对种植业用地要确保人民生活所必需的粮食和主要农产品需求量。当然，计划调进的农产品数量可以扣除。

（五）创建网络化的“四级五融”的信息农业管理体系

聚集和调动全国力量，打通领导、科研、推广、培训和农业生产、发展之间通道，才能加速农业的大发展（详见第三章，信息农业管理体系）。

（六）农业信息系统概念框图（以种植业为主）

根据 60 年的农业科教工作和生产实践，吸取国内外经验，结合近 40 年农业遥感与信息技术研究的进展状况与初步实践，针对我国的农业生产现状，我们先以种植业为主的农业生产，提出由十大专业信息系统集成的农业信息系统概念框图（以种植业为主，图 1-1）。

（七）农业信息系统总数据库概念框图（以种植业为主）

实施信息农业的基础（或依据），就是全面的、完整地收集农业生产相关的全部信息，包括历史的与现势的、宏观的和微观的、最佳的和最新的全部信息（理论、技术、人才、资金和其他一切与农业相关的数据信息），运用高新技术，在建立十大专业信息数据库的基础上，汇合建成农业信息系统的数据

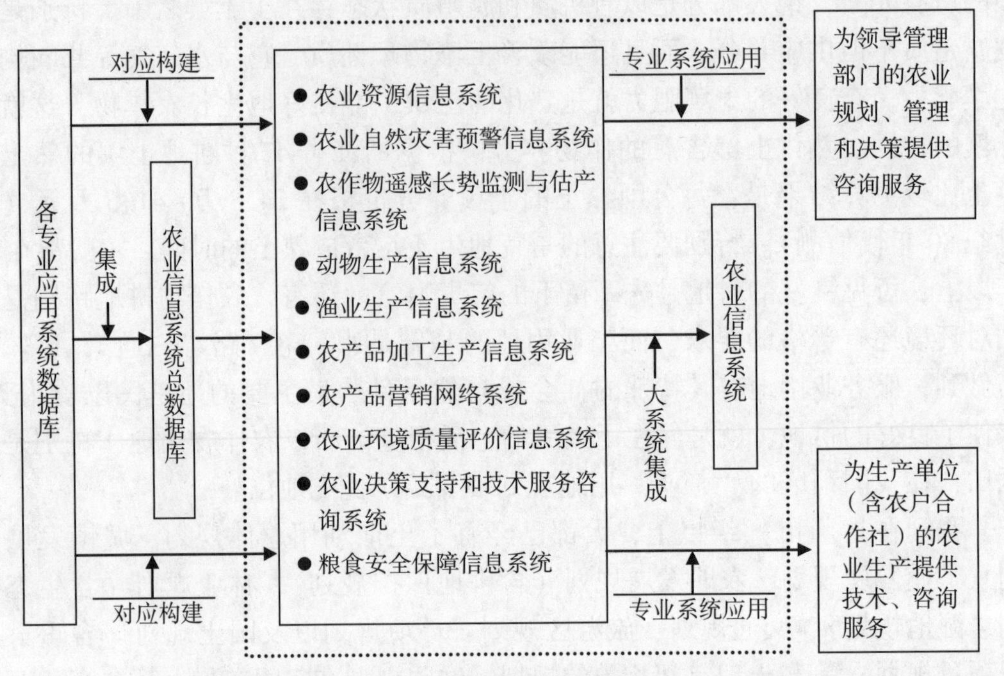

图 1–1　农业信息系统概念（以种植业为主）

库。因为它是由一系列专业信息系统数据库，经过融合逐步集合而成的，所以叫作农业信息系统总数据库。由于总数据库是分专业信息系统数据库管理的，所以，也叫信息农业数据库系统。我们将以种植业为主的农业信息系统暂分为十大专业信息（或叫应用系统）。下面就是由初步建成的十大专业的信息系统的数据库融合集成的农业信息系统总数据库概念框图（以种植业为主，图 1–2）。

四、十大专业信息系统的设想（以种植业为主）

根据我国的农业现状及其发展的急需程度，结合我们、国内的研究进展程度，我们提出以种植业为主的十大专业信息系统，作为近期农业信息化的优先研发与推广内容，随着农业信息化的发展，其内容还会增加和深化。

（一）农业资源信息系统

农业资源应包括生物资源和环境资源。这里讲的农业资源主要是指农作物生长发育的自然环境资源，包括土壤、土地、肥料、气候和水资源。我们要尽量挖掘农业资源的生产潜力，最大程度地提高农业资源的经济效益，这是提高农业收入、改善农民生活的主要途径之一。

我们已经研制出浙江省主要的两个耕地后备土壤资源，即红壤资源和海涂土壤资源两个信息系统；水稻和玉米两个施肥信息系统。另外，为了合理

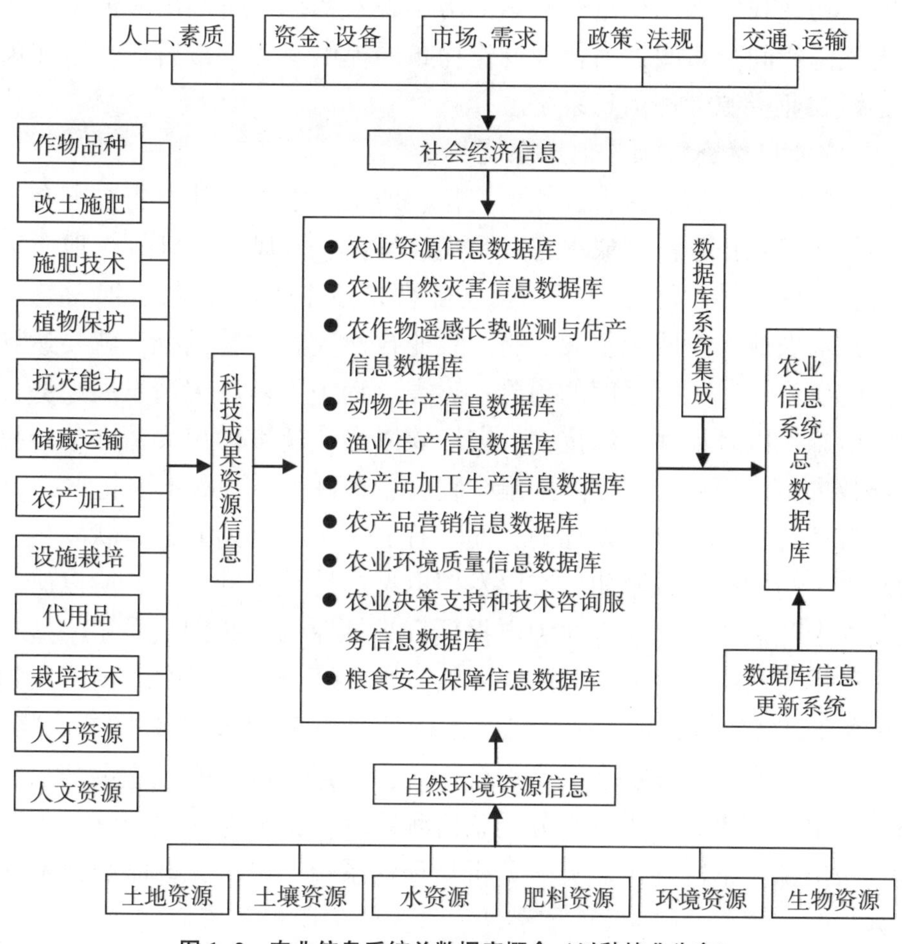

图 1-2　农业信息系统总数据库概念（以种植业为主）

利用浙江省土壤资源，已经研制出浙江省土壤资源数据库和土地资源数据库等。但这些系统，都已经过去 10~20 年了。因此，在农业信息化建设过程中，对原有研制的信息系统都要进行信息更新和补充，再经过推广应用研究才能运行。有关土地资源信息系统，研究的内容广、成果多，大多数研制成果都在土地管理部门或新建公司中推广应用了。还有，多种用地规划图集合成为一张图，还需要运用“多规融合”技术。我们也已经做了探索性研究，取得好成果。

水资源和气候资源进行了探索性研究。水资源是针对浙江省金衢盆地的严重秋旱。我们选择一个封闭式的红土丘陵小流域，进行“区域农田水分平衡模拟和水资源优化利用研究”和“低丘红壤水分特性和农田作物水分模拟信息系统研究”，为水利建设和农作物合理布局，以及给农作物科学用水提供了科学依据。气候资源是针对丘陵山区地形复杂、温度空间变幅也大，而气象观察站数量少的问题。我们利用少量气象站的历年观察数据，研制出气温推算数学模型，绘出气温空间分布图，为合理的作物布局提供参考。最后，在浙江萧山区完成了县级农业资源管理信息系统。

（二）农业自然灾害预警信息系统

农业自然灾害包括病虫害、气象灾害、地质灾害等。其中病虫害有各种农作物的多种病害和虫害；气象灾害有水灾、旱灾、台风和冷害等；地质灾害有水土流失、山体滑坡、泥石流等。农业自然灾害往往是突发性的，损失很大，甚至绝收，对农业生产威胁很大。研制农业自然灾害预警系统，就要达到灾前预报灾情的发生及其灾害程度的预测；灾害过程中要监测灾情发展趋势，并提出抗灾的措施，以及如何组织抗灾；灾后要以最快速度做出灾情评估，提出针对性的补救措施，使灾害损失降到最少程度，最好是从根源上防止灾害。

农业自然灾害大都是突发性的，而且有的灾害在开始时是点状发生，例如农作物病害，初发期比较隐闭，难以发挥卫星遥感技术的作用，所以研究难度比较大，加上我们缺乏专业人才和申报项目难等原因。我们只做了一些初步的或者是探讨性的研究。研究成果除与浙江省水利厅合作完成的“浙江实地水情WEBGIS发布系统”，在浙江省水利厅运行外（获省科技进步奖二等奖）。其他，我们进行的都是初步探索或参加合作的，已经完成了水稻主要病虫害监测预警系统；草地、小麦、土壤水分遥感监测系统，新疆农业生产气象保障与服务系统，中国南方稻区褐飞虱灾变分析与预警系统，旱涝灾害监测技术（获国家科技进步奖二等奖），以及山体滑坡、水土流失等的探索研究。

（三）农作物长势遥感监测与估产系统

广义的农作物就是种植业，它包括粮食作物、经济作物、园艺，以及药材、花木等特种植物。其中粮食作物有水稻、小麦、玉米、菇类等；经济作物有棉、麻等；园艺有多种蔬菜、果木、茶叶和蚕桑等。药材和花木的种类也比较多。种植业（农作物）是近期农业信息化的主要研究内容。

我们抓住我国南方主栽粮食作物水稻，开展水稻遥感估产系统研究，我们经过国家“六五”“七五”“八五”“九五”四个五年计划的国家攻关、重大专项、支撑计划、重点项目，以及国家基金和国际合作等20多个课题，坚持连续20年的水稻遥感估产的“预试验”“技术经济前期”“技术攻关”和“运行系统”的研究，完成了“浙江省水稻卫星遥感估产运行系统”。经过4年（含省长基金资助的两年运行试验）早、晚稻的8次估产检验结果：面积精度是早稻89.83%~96.38%，晚稻92.30%~99.32%；总产精度是早稻88.34%~95.40%，晚稻92.49%~98.14%，每次估产都较大地超过世界水稻卫星遥感估产研究（试验）的最高精度。一年的运行费是 5 万元，已经达到实用化的程度。整个研究期间曾获浙江省科学技术进步奖二等奖、三等奖各一次，农业部科技进步奖二等奖，国家科技三等奖（五级制）。我们还得到中华农业科教基金资助，撰写了国际上第一部《水稻遥感估产》专著。该系统还具有水稻播种进度、水稻长势的监测，以及灾情监测等功能，为领导精确检查、指导和救灾等提供可靠的信息。另外，黄敬峰研究员还曾参加国内首次研究完成的“北方冬小麦气象卫星动态监测与估产系统”，填补了国内空白，曾获国家科技进步奖二等奖。

农作物的的种类非常多而复杂，除水稻、小麦外，我们只对棉花和果蔬类、花卉类做了一些基于光谱及其成像技术的探索性研究。其中在杭州吉天农业开发公司、杭州萧山九清农业开发有限公司和杭州萧山老虎洞茶厂，做了蔬菜、茶叶的信息化研究，完成了蔬菜流通信息化和安全生产溯源系统；在萧山区花卉协会做了花卉产业信息研究，完成了花卉苗木病虫害网络诊断专家系统；在杭州市临安区做了山核桃信息化管理示范等。

（四）动物生产信息系统

动物生产包括家畜、家禽和特种动物等。由于缺乏畜牧专业人才，只参加合作做了生猪养殖数据管理系统，其中猪场视频监控系统可以通过网络实时监控猪场的各个环节；生猪溯源系统，可以跟踪生猪从出生到上市的全过程，为保证猪肉食用安全提供检查条件。

（五）渔业生产信息系统

渔业生产包括淡水鱼虾和海水鱼虾等。同样缺乏渔业专业人才，只参加合作做了“农田对虾养殖信息化”探索性研究。完成了农田养殖场信息采集仪器的研制；计算机 WEBGIS 软件平台开发以及示范等。

（六）农产品加工生产信息系统

农产品加工包括粮食、果蔬、动物、鱼虾类等的初加工生产。由于缺乏专业人才，加上我们的研究人员紧缺，没有开展这方面工作，但随着人民生活水平的不断提高，信息农业的全面展开，这项工作对大农业发展就显得很重要。

（七）农产品营销网络化系统

农产品营销包括粮食、果蔬、经济作物，以及家畜、家禽、鱼虾类等的农产品等生产内容。

我们只在“三网合一”基层农村综合信息服务平台的①智能终端接入方式，②边缘媒传服务器（局域网终端用户接入方式），③基于互联网为主的综合信息服务平台，④交互式农民培训系统等方面做了一些基础工作，为农户

(合作社)的产品营销与浙江省商品网销系统接轨创造条件。

(八)农业环境质量评价和农作物安全预警信息系统

农业环境质量评价，包括土壤、水和大气及其综合的农业环境监测与评价等；农作物安全预警信息系统，包括农作物的粮食、经济等作物，家畜与家禽等肉蛋类产品，以及蔬菜果品等的食物安全。

我们已经做了农业环境评价信息系统，北京环境生态监测系统，农田(地)环境污染监测与评估系统，以及农产品流通信息与安全溯源系统。其中农田(地)环境污染监测与评估系统工作比较好，能动态监测水、土、气等农田(地)环境污染及其对农作物的危害状况作出评估，及时向管理部门提供信息情报，并可提出改良、改进措施，为改善人民生活质量和改变生产环境服务，这也为食物安全提供了保障。

(九)农业决策和技术咨询服务系统

本系统包括农业区划和农作物合理布局，农业园区建设与管理，经营单位的农业生产管理，农业生产管理和农业专家咨询服务系统，农业决策支持系统等。

我们初步做了浙江省、衢州市、龙游县的三级农业区划（省科技进步奖二等奖的内容之一），农业高科技示范园区管理信息系统（省科技进步奖二等奖），柑橘优化布局与生产管理决策咨询系统（我国最早研制的决策咨询系统、可惜没能组织推广）。另外，我们还做了萧山区（县级）综合信息化服务平台的试验，示范企业或协会的信息化平台，以及农业信息化模式等的探索性研究。

(十)粮食安全保障信息系统

“民以食为天”（俗语），“手中有粮，心中不慌”（毛泽东语），“只要肚皮吃饱了，什么事情都好办”（邓小平语）等名言，充分说明粮食安全在国计民生中的重要性。特别是我国人多地少，粮食资源、环境资源等问题显得非常突出。因此，粮食安全保障也应该是信息农业的重要内容之一。粮食安全保障信息系统包括粮食需求量预测、耕地总量动态平衡监测、粮食市场预测与跟踪监测、粮食安全生产和保收减灾技术、科技动态及其可能发挥生产潜力的预测与跟踪监测，以及粮食生产的基础性研究等内容。

粮食安全保障的核心是粮食，而粮食的基础是耕地。所以，我们在浙江省土地资源详查过程中，首先研究界定明确耕地总量动态平衡的内涵。其实质是在任何时代，都要保证有足够的耕地数量，与能够生产出全国人民的吃、穿、用，对农产品的需求量之间的平衡。我们已研制建立起由耕地数量、耕地质量、时代变化（生产能力与水平）和区域差异（地区间适宜发展方向的协调）四个变量的函数模型。还完成了耕地质量评价系统，为耕地总量动态平衡提供了条件。

最后，我国塑料大棚、设施农业的出现是农业工厂化的露头，也就是网络化的融合信息农业模式，向着工厂化的融合信息智慧农业模式（简称“智慧农业”）发展的萌芽，是信息农业工厂化、智能化升级的开始。我们在这方面也参加协作，开始做了一些工作。其中有设施栽培物联网智能监测与精准管理关键技术与装备（省科技进步奖一等奖），植物-环境信息快速感知与物联网实时监控技术与装备（国家科技进步奖二等奖）。

第二章　信息农业的技术体系及其关键技术

一、信息农业的技术体系和农业信息技术体系的概念

信息农业的技术体系和农业信息技术体系，都是处于正在迅速发展的状态，也都是以卫星遥感与信息技术为主的大数据、云计算、模拟模型和计算机网络化等的高新技术体系。其中信息农业的技术体系是指网络化的融合信息农业模式在农业经营过程中所用的高新技术体系，而农业信息技术体系是指农业信息的采集、处理、模拟三块技术流程，以及传输、存储两大支撑技术组成的专项技术体系，其实可以把它看作是信息农业的技术体系中，技术相对独立的组成部分。

（一）信息农业的技术体系

信息农业的技术体系是由①以农业数字化、模型化、图型化为基础的综合基础数据库管理系统，②以监测、预报和调控为基本技术的农业技术信息服务系统，③以农业辅助决策和调控为基本内容的农业管理决策支持系统等组成的。它是一个集数字化、自动化、网络化、智能化、可视化为一体的信息农业生产与发展的管理全过程。

1. 综合基础数据库管理系统

综合基础数据库管理系统，又称总数据库。它是由多种相互关联的农业专业信息系统的专业数据库，经过融合集成的综合数据库管理系统。它是农业生产要素的数字化、图型化、模型化的信息贮存库。其内容包括社会经济信息（含人文信息）、自然环境资源信息（含地形地貌和区位）、科学技术成果资源

信息（含人才信息）等。它是根据农业生产的需要而建立的一组应用数据库组成的。例如农业生产要素的图形数据库，文本资料等属性数据库，以及监测、诊断、评估、预报与规划等模型数据库，等等。由于综合基础数据库贮存着农业生产要素的大量信息，这为运用GIS技术实现信息的贮存、查询、检索、分析、制图和决策咨询等奠定了基础。但这只是信息服务的起点。为了实施农业生产的监测、诊断、评估、预报和规划等功能，必须根据信息农业的需要研制与开发出一批专业模型，并建立模型库，而且还要与实现图形数据库、属性数据连接，并对所需确定和解决的农业生产与咨询问题做出科学合理的决策与实施。这才是综合基础数据库的重要功能。这里必须指出的是：农业生产要素信息是有时间和区域性的、是在不断变化的。所以如何及时快速更新数据库的信息，保持数据库贮存的信息的现势性和可用性是科学地发挥综合基础数据库功能的关键。因此，结合基础库管理系统必须附有一个数据库更新系统。

2. 农业技术信息服务系统

农业技术信息服务系统，是由多种农业生产相互关联的专业信息系统组成的，它是组织实施信息农业的技术核心系统。以种植业为主的信息农业，它是为组织实施指导农业生产服务的。一般包括①农业资源信息系统。它是科学地利用资源解决环境、资源、粮食、人口四大社会问题服务的焦点。②农业自然灾害预警系统。它是为灾前预报、灾发过程动态监测、灾后的损失评估、使灾害损失减少到最低程度，以及组织救灾恢复生产和重建家园等服务。③农作物长势遥感监测与估产系统。它是为提供农作物种植进度，以及长势监测与估产等信息，为及时采取针对性措施提供依据，为农作物产量提供经济情报服务。④农产品营销网络系统。它是为生产单位提供主栽农产品、科技成果和其他农产品等信息，用作供需平衡趋势分析的依据。最终为农业领导和农业经营单位的种植决策咨询服务。⑤农业环境质量评价和农作物安全预警信息系统。它是为实施信息农业的环境质量及其变化趋势作出评价，保证农业的可持续发展，也为食物安全提供保障。

3. 农业生产管理决策支持系统

农业生产管理决策支持系统是解决“种什么”和“怎么种”这个直接影响国家的农产品供需平衡和农业经营单位的增产增收等大问题。因此，它是各级领导和生产单位，在组织实施信息农业时必须建立农业生产管理决策支持系统。根据职能概分为农业宏观管理决策支持系统和农业生产经营管理决策支持系统。农业宏观管理决策支持系统主要是国家或区域农业为农村经济的结构调整、现代农业的发展，及其宏观管理服务的，是解决“种什么”的问题。根据所辖范围与功能的不同，又可分为国家农业宏观管理决策支持系统和区域（各级地方政府的农业领导部门）农业宏观管理决策支持系统。它们的决策依据都是农业资源与环境、农村社会经济和科技成果应用及其发展趋势，以及国内外市场需求等信息。农业生产经营管理决策支持系统主要是为生产管理经营单位提供实用技术和市场信息等咨询服务，是解决“怎么种”的问题。其内容包括①农业生产技术咨询服务系统，其核心是建立农产品生产模型。其主要是通过农业信息网络系统平台为农业生产经营单位提供实用技术服务；②农产品市场信息分析预测系统，主要是收集和发布主要农产品的国内外或省内外的市场供求信息，以及预测市场发展趋势信息；③通过农业企业管理信息系统，因地制宜地组织农业生产，做到用最低的农业成本，取得最佳的经济效益，并能保持农业资源的可持续利用，确保农业可持续发展。

（二）农业信息技术体系

农业信息技术体系是指农业信息的信息采集、信息处理、信息模拟三块技术流程，以及信息传输、信息存贮两大支撑技术组成的技术体系。可以认为：农业信息技术体系是信息农业技术体系中，技术相对比较独立的组成部分。

信息采集技术包括航空航天遥感技术、全球定位技术、地面各类调查技术、以及科学研究和自动监测技术等获取的农业信息。

信息处理技术主要是地理信息技术提供的空间分析技术、人工智能技术和各类专业模型技术，用来对各类信息进行分析和再加工等。

信息模拟技术主要是模拟模型技术、虚拟现实技术和一些辅助表达技术，例如多媒体技术，用来建立类似“虚拟农场”“虚拟作物”“虚拟温室”等，对作物的生长或农业的生产管理进行模拟再现。

农业信息技术体系中的信息传输技术和信息存贮技术两大支撑技术，可以比作工业化生产中的“传输带”和“物流配送库”，将农业信息化技术整合成一个信息流的分析处理“生产线”。

二、信息农业模式的高科技关键技术

现阶段用于信息农业的高科技关键技术有：①现代空间信息处理技术，包括卫星遥感技术、地理信息系统技术和全球定位系统技术等；②现代电子信息技术，包括计算机网络技术、人工智能和专家系统、多媒体技术和模拟模型技术等；③数据库系统和管理信息系统等。最近又提出大数据、云计算等技术，可以归纳在现代电子信息技术。

（一）现代空间信息处理技术

1. 遥感技术

遥感（RS）在农业中用得最多的是卫星遥感技术。卫星遥感技术就是在卫星上装着传感器，由传感器获取地面目标物体或自然地理的信息信号（以图像或数字表现形式），通过一定的数据处理（或图像处理）和分析判读，来识别目标物体或自然地理现象的技术方法。卫星遥感技术在农业中的应用面很广。例如我们运用卫星遥感技术，综合地理信息系统、全球定位系统技术的研究成果就有：农业资源调查和利用动态监测；农作物估产和长势监测；农业灾害预警及其应急反应；海涂围垦与利用；农业区域规划和土地利用规划等数十个。

2. 地理信息系统技术

地理信息系统（GIS）是在计算机、软件系统支持下，对地球的整个或部分表面空间的有关地理分布数据，进行采集、储存、管理、运算、分析、显示和描述表达的技术系统。

GIS一般由硬件、软件、数据、人员和模拟方法等五个主要部分构成，其中典型的GIS硬件配置，除计算机外，还包括数字化仪、扫描仪、绘图仪、磁带机等外部设备。它具有空间数据管理、空间指标量算、综合分析评价与模拟预测等功能。

GIS在农业中的应用也非常广泛。它与卫星遥感技术和全球定位系统相结合，在农业资源的清查与核算、管理与决策，农业区划与规划，农业环境监测、管理与评价，农作物卫星遥感估产与长势监测，农业灾害的预报、监测与治理等方面，都有有很大的优势和作用。我们的研究成果也很多，特别在土地领域已经广泛应用。

3. 全球定位系统技术

全球定位系统（GPS）是由美国先研制成功的，并在世界应用。我国也正在研发北斗导航定位系统，也有叫北斗导航系统、北斗定位系统，或者称“北斗”，已在我国、东南亚地区以及全国部分地区投入使用，精度比GPS还高，将在2020年覆盖全球应用，可提供米级准确定位服务。它在农业中的应用也非常广泛。主要作用有：①空间变量信息采集的定位，例如农作物产量估测的定位计算；②农田面积和周边的测量；③引导农业机械实施操作等。

以上的遥感（RS）、地理信息系统（GIS）、和全球定位系统（GPS）3种技术的相互结合，在地球科学、环境科学、农业科学等中的应用都是非常多的，已经形成一项基础技术。武汉大学李德仁院士将其称为“3S”技术。

（二）现代电子信息技术

1. 计算机网络技术

是指以共享资源为目的，利用现代通讯技术将地域上分散的多个独立的计算机系统、终端数据设备与中心服务器、控制系统连接起来，对网络上的信息进行开发、获取、传播、加工、再生和利用的综合设备体系。例如美国建立的农业计算机网络系统（AGNET）覆盖美国46个州，加拿大的6个省和美加以外的7个国家，连同美国农业部及其15个州的农业署、36所大学和大量的农业企业。用户只要通过家中电话、电视或计算机，便可共享网络中的信息资源。该系统不仅提供信息服务，还提供200多个应用软件为用户服务。现在的网络化已经成为单独的高科技技术。在我国已有长足进展，并已广泛应用。但在农业领域，只有农产品营销借助全国网络化系统应用。

2. 人工智能、专家系统

人工智能是研究人类智能规律，构造一定的智能行为，以实现用电脑部分地取代人的脑力劳动的科学。在农业领域多般以专家系统来显示表达其功能。农业专家系统是将农业专家的知识经验，用特种的表达方法，经过知识获取、总结、理解、分析后，存入知识库，再通过推理机构来求解农业问题。例如我们做了运用分类树进行土壤自动制图研究；浙江黄岩柑橘生产管理决策咨询系统。

3. 多媒体技术和模拟模型技术

多媒体技术就是利用计算机技术把文字、声音、图形、图像等多种媒体综合为一体，使之建立起逻辑联系，并能进行加工处理的技术。多媒体技术用于农业已有不少成功实例。如中国农业大学研制开发的农作物有害寄生虫检索多媒体软件；浙江大学开发出一套具有各种农机具多媒体信息查询、预测和辅助决策的计算机多媒体决策支持系统。又如我们研发的柑橘病虫害多媒体查询系统等。

模拟模型技术是运用系统学原理、联系事物的发生和演变的动态过程，通过计算机运行模型，建立可以用于实践性描述结果的技术。这项技术在农业中运用比较多，我们也已经研发出几十个模型，其中最成功的是在水稻卫星遥感估产中，运用卫星遥感与信息技术研发的水稻长势模拟模型（Rice-SRS）的估产效果很好。1992—1997年六年的估产平均精度，早稻估产误差：杭州地区早稻4.59%，晚稻-4.60%；绍兴地区早稻0.41%，晚稻-9.17%。其次是土地利用变化预测模型，对农业、林业、城市扩张等用地，以及水面的变化，在10年内的预测精度都在95%以上。

4. 大数据和云计算

大数据和云计算技术早已在国家建设，特别是在科教事业中广泛应用。但作为新技术提出来，则是高科技为商业服务而产生的。由于大数据与云计算技术能广泛用于社会经济建设和国家管理、治安等工作，故有大数据经济（数字经济）之称。大数据新技术就是根据应用对象所产生的、以及与其相关的大量数据形成海量数据。通过各种高级数学运算，找出应用对象的发展趋势或规律。再运用模拟模型技术建模，预测可能发生的结果，为经济建设、国家行政管理、社会治安等服务。云计算可以说是一种商业模式。它依托虚拟化技术和统一的云计算平台，将离散的海量数据资源，形成各种产品（或方式），向用户提供服务。云计算的应用，可以大量节省成本，特别是为没有高科技仪器设备的基层及小公司提供高科技服务。这也可以说是一种向没有高级设备的基层，推广信息农业高科技的一种很好的新的模式。

（三）数据库系统和管理信息系统

数据库系统比较早就在农业领域中应用了，主要是农业科技文献库的建设。随着现代管理技术不断深入农业的生产经营和管理，出现了管理信息系统，主要是为管理决策过程提供服务的。

1. 农业数据库系统的应用

世界著名的农业数据库系统有：联合国粮农组织的农业系统数据库（AGRIS）、国际食物信息数据库（IFIS）、国际农业生物中心数据库（CABI），以及美国农业部农业联机存取数据库（AGRICOLA）四个大型的农业数据库。我国引进该四个大型数据库技术，对我国农业数据库建设起到了很大作用。

我国已经建成的有①中国农林文献数据库，②中国农业文摘数据库，③中国农作物种质资源数据库，④家畜商品种资源数据库，⑤农村经济数据库，⑥中国农业产品贸易数据库等70多个有关农业的数据库。

我们也建立了很多数据库，其中具有代表性的是①浙江省土壤数据库，②浙江土地数据库，③水稻光谱数据库，④浙江省红壤和海涂土壤资源数据库，⑤中国土壤光谱数据库等。以及数十个专业信息系统数据库。

2. 管理信息系统的应用

管理信息系统是一个为农业管理决策过程中，提供帮助的信息处理系统。1990年，我国成功开发出棉花生产管理模拟系统，有效地将播种期、种植密度、施肥量、化学调控等生产技术环节有机的结合起来，提出棉花的高产优质栽培的优化方案，推广应用后，平均每公顷增产棉花125千克。我们也在2000年研发出柑橘优化布局与生产管理决策咨询系统。

第三章　信息农业管理体系

一、信息农业管理体系的认识

“管理”是一门很复杂而且难度很大的科学。先进的科学管理对提高产业的生产率和加快产业发展的作用都是很大的。因此，各类产业的管理都要根据管理对象的特性（征）及生产技能条件等，创造最佳的管理方式，以求取得最好的管理效果。农业生产是在地球表面露天进行的有生命的社会性的生产活动。这是一项极其复杂，难度很大的生产活动。但是，古老的农业，长期以来，一直把它看作是简单的劳动，轻视农业的管理进步。这是严重影响农业快速发展的原因之一。我们先从“在地球表面露天进行的”就可以知道，农业生产分布在地球表面、很广，而且是露天进行的。它深受大地气候、环境的影响，出现问题（灾难）人们往往是没有能力准确预测和完全克服的；再从“有生命的”就能认识到，掌握生命规律和克服生命出现的问题也是很难预测和克服的；最后从“社会性的生产活动”也能明白，农业生产与人类生活以及整个社会都有着密切的关系，它们之间很难取得最佳的因地制宜的协调大发展。特别是农业生产与人们的吃、穿、用等基本生活，以及国防、工业等密切相关。它关系到社会与国家的安定与稳定。由此可见，农业生产管理是一个极其复杂、难度很大的技术难题。长期以来，人们把农业生产看得很简单是绝对错误的。特别是现在提出的信息农业，是以密集高新技术为手段的农业生产，所需的知识面很广、技术难度也就更大了。因此，实施信息农业，必须要有一个适合农业经营、生产特征的严密的、科学的管理体系，才能保证信息农业的顺利实施，并能取得最佳效果。

我国经过 70 年的经济建设，特别是 40 年的改革开放，国民经济取得突飞猛进、翻天覆地的变化。现在，已经进入信息时代、中国特色社会主义新时代，农业模式也应该转型，促使农业有个大发展。但是，现行的农业经营模式与中国特色社会主义新时代不适应，已经严重影响、甚至阻碍农业的发展，成为国民经济快速发展的“短板”。因此，在我国必须、而且已经有条件掀起一次新的农业技术革命和农业农村社会变革，促进加速农业经营模式的转型升级，实施信息农业模式。信息农业的管理也要通过国家到地方逐级研制形成信息农业管理信息系统，即组成网络化的“四级五融”信息农业管理体系，实现最先进的农业管理，才能全面实施信息农业。

信息农业是一个全面发挥人才资源优势为主导、以国民经济和农业经济大发展为目标的；是全面挖掘自然环境资源和社会、人文资源的生产潜力为基础，以密集新技术和高科技为手段的；是因地制宜地全面发展农业，获取优质高产的农副产品，以满足人们吃、穿、用和工业、国防等的需要；是最大的创造财富、创造人民的优美生活环境和农业生态环境，以确保农业可持续发展的和不断改善人民生活的农业经营模式。它只有在信息时代、中国特色社会主义新时代，才有可能实现的、全新的、最先进的农业经营模式。

综上所述，实施信息农业需要经过国家农业信息化（工程）建设试点的过程，从建设试点的实践中改革、创新，创建一个由国家、省（区市）、县（市）和乡（镇）四级，统筹规划，全国农业形成网络化的“一盘大棋”，上下互动，分级负责；分专业共同协作的、由农技人员和农业工人（由农民培训的农业专职工人）完成生产全过程；打通领导、科研、推广、培训与农业生产发展之间的通道，并融为一体的、中国特色社会主义新时代的、网络化的“四级五融”信息农业管理体系[①]（简称“四级五融”农业管理体系或信息农业管理系统）。信息农业管理系统是一个打通领导、科研、推广、培训与农业生产发展之间的通道，相互联系的、上下联动、共同推动农业快速的可持续发展的管理系统，是当今最先进的农业管理系统。它也是能走出“新型农业现代化道路”和“现代农业发展道路”的农业管理体系。

二、国家在信息农业管理体系中的地位与职责

国家农业农村部是我国发动新一次农业技术革命、农业农村社会变革，促进加速农业经营模式转型升级，统领全国农业信息化建设，创建网络化“四级五融”农业管理体系的顶层设计的最高政府部门。它的责任是研制完成1∶100万比例尺的国家信息农业管理系统。具体职责如下。

1. 研制国家信息农业宏观管理决策支持系统、预测全国主要农产品的需求量

根据全国农业资源与环境状况、农村社会经济和科技成果应用（农业生产水平），以及国内外市场的需求等信息，做好国家农业区划、农作物宏观布局（分区）、以及结构调整等，再根据国家经济总体发展规划对农业提出的需求，

① “四级五融”中的四级是国家、省（区市）、县（市）乡（镇）；五融是指领导、科研、推广、培训、生产。

预测全国人民和工业、国防等对粮食和主要农产品的需求量。然后在查明各省（区市）适宜农作物的土地实际承载能力的基础上，将全国粮食和主要农产品的预测需求量，科学地、因地制宜地分配给各省（区市）。这就是各省（区市）必须完成的粮食和主要农产品的承担任务。另外还要提出不同农区的农业科技推广重点项目、重点科研项目，以及为各农区重点服务和改进管理的意见等。

2. 组建国家级科研机构、培养信息农业高级人才，以及提供新技术和新装备等服务

我国地域很广、发展农业的差异性很大，信息农业需要卫星遥感与信息技术为主的高新技术的支持。因此，建议学科齐全的、具有卫星遥感与信息技术研究优势的，特别是已经研究农业信息化技术 40 年，培养博士、硕士研究生 200 多名，建有卫星地面接收站的浙江大学，组建农业信息化（工程）研究院及其组织全国研究联盟，负责研发全国共性的农业信息化技术和装备等。再在原农业部部属的中国农大（华北区）、西北农大（西北区）、南京农大（华东区）、西南农大（西南区）、华南农大（华南区）、沈阳农大（东北区）等 6 个高校组建农业信息化研究机构，负责研发地区性为主的农业信息化技术和装备等。7 个国家级研究机构要分工协作共同培养信息农业的高级技术人才，并由浙江大学牵头，每年要针对农业生产的重大问题，组织学术讨论会，既能提高学术水平，又可通过经验交流，解决实际问题和提出新的研究内容，不断提高信息农业的科技、经营、管理水平。

3. 加强农业技术推广体系的建设、增加信息农业技术人员和必要的设备

农业的地区性差异很大，因地制宜组织农业生产、科技成果推广等是一个必须遵循的农业经营原则。信息农业是高新技术武装的产业、是最佳、最先进的农业经营模式。首先构建 1 : 100 万比例尺的全国科技推广试验网。其次建议在农业农村部农业技术推广中心的基础上，培养或增加信息农业的各类专业技术人员，以及具有卫星遥感图像处理和识别技能的技术人才。在仪器设备方面，除了土壤、肥料、植株速测分析仪，以及农作物病虫害、生长发育期的检测设备等以外，还要配备大容量的计算机和必要的专用软件，以及野外北斗定位系统等。

4. 研制和负责技术难度很大的宏观性的农业灾害预警系统

农业灾害，特别是地质灾害、气象灾害旱涝洪水灾害的预测预报，不仅技术难度大，而且需要全国、甚至世界区域范围的大数据的多种运算等。因此，有关气象灾害、地质灾害，建议由国家级研究机构研发多种灾害的预警系统。

例如指定国家级科研单位与国家自然资源部地质局合作研发地质灾害预警系统；与国家气象局研制气象灾害预警系统；与水利部研制旱涝、洪水灾害预警系统等。预测预报工作可以由研发单位负责，也可以由农业农村部国家农业技术推广中心负责。

5. 研究和负责主要农作物的卫星遥感长势监测及其估产运行系统

农作物卫星遥感长势监测及其估产系统的研制，不仅范围很广、宏观性强，而且技术难度很大，还需要具有信息处理功能的卫星地面接收站等。建议由农村农业部牵头、国家研究机构负责研发与实施，并在实践中不断提高精度和扩大农作物种类。

浙江大学已经建成国际上第一个“浙江省水稻卫星遥感估产运行系统”，经过4年的早、晚稻的8次估产，效果很好。特别是已经写过“中国水稻卫星遥感估产运行系统研制与实施项目可行性研究报告”。小麦与其他作物可由我国北方有关院校负责。

6. 负责信息农业管理体系的研究与建设

信息农业是在信息时代、中国特色社会主义新时代的最佳、最先进的农业经营模式。但是必须看到，在我国实施信息农业模式，是从半封建半殖民地时代、以农民为主体的分散的农户经营农业模式，在党的领导下，跳过资本主义时代、从农场规模经营为主体的工业化的集约经营模式，跃进到集体规模经营的信息农业模式。因此，必须要有一个农业信息化（工程）建设国家试点过程，通过实践，经过适应信息农业模式的改革，研究、创建新的农业管理体系。这就是网络化的“四级五融”信息农业管理体系的建设。因为它牵涉到从国家到地方各级农业管理的机构调整和人员编制，必须在党的统一领导下，由国家农业农村部统一安排。

最后，“信息农业”的国家管理部门和研究机构，每年都要发放国内外的、有关农业发展的最新研究成果。提供给各省用作适应性研究的选项，以求达到最快速度推广最新科技成果，并取得最佳的应用效果，促进农业快速发展。

三、省（市）在信息农业管理体系中的地位与职责

省（区、市）在信息农业管理中，是发动新一次农业技术革命和农业农村社会变革、促进农业模式转型升级，完成国家分派的粮食和主要农产品等承担任务的关键领导机构。它既要领导研发适合本省（区、市）的各种专业信息系统以及各种农产品的生产模式，又要指导县（市）进行各专业信息系统以及各

种农产品的生产模型在本县（区市）的适应性研究，以及指导、组织推广应用。因此，它是组织实施信息农业的最关键的领导中坚力量。它的责任首先是研制完成1∶50万比例尺的省（区市）级信息农业管理系统，具体职责与国家相似，只是权力范围有差异。具体职责如下。

1. 研制省（区市）信息农业管理决策支持系统，完成国家分派的承担任务

首先根据本省（区市）农业生产的实际情况，制定出本省（区市）信息农业管理决策支持系统，并做好农业经济分区、主要农作物布局，以及针对不同农区提出主要服务内容、主要科研内容以及农技推广项目等；其次是在完成国家分派给本省（区市）的粮食和主要农产品承担任务的基础上，结合本省区市的需求，确定（预测）本省（区市）主要农产品的需求量。将国家分派的承担任务和全省需求量，两者合计就是本省（区市）应该完成的粮食和主要农产品的需求量；最后将本省（区市）应完成粮食和主要农产品需求量，科学合理地分派给各县（市）的承担任务。

2. 组织省（区市）信息农业科教机构，培养专业人才和研制专业信息系统及其装备

首先是成立省（区市）农业信息化科教机构，由于我国地域很大，各省（区市）的农业差别还是比较大。因此，各省（区市）都有必要成立省（区市）级科教机构（设立国家级研发机构的省（区市）除外），在国家统一安排下，有序地研发本省（区市）的信息农业的各个专业信息系统和各种农产品的生产模型，以及落实国家研发的农业灾害预警系统，经过适应性研究后，在本省（区市）指导推广应用；其次是培养信息农业的专业技术人才；最后是研发和确定信息农业所需要的仪器和装备等。

3. 加强省（区市）农业技术推广体系的建设、增加信息农业技术人员和增添必要的设备

加强省（区市）的农业技术推广体系建设。首先在国家试验网的基础上，扩建1∶50万比例尺的全省科技推广试验网；其次是通过农业信息化建设，从中吸取实践经验，改革、创新、组建具有推动信息农业的推广技术队伍。这对落实信息农业是十分重要的。省（区市）可在农业厅农业技术推广中心增加信息农业人员配制和科学仪器等装备。省（区市）的组织机构与国家级相似，只是规模及人员编制因地而异有些差别。

4. 指导和帮助县（市）级农业信息管理体系建设

由于我国县（市）的农业技术力量比较薄弱，分布又不均匀。所以推行信

息农业，就必须从全省（区、市）、地（市）的全局，统一安排，抽调县（市）农业局领导和技术人员进行系统培训，培养县级信息农业技术人员和领导干部。每年还要通报本省（区市）的有关农业发展中的问题和最新科技成果，作为县（市）级的适应性研究内容的选项。

四、县（市）在信息农业管理体系中的地位与职责

县（市）在信息农业管理体系中，既是带领乡（镇）因地制宜地推动农业经营模式转型升级，又是具体指导乡（镇）实施信息农业的执行领导。因此，县（市）是推动新一次农业技术革命，促进农业经营模式转型升级；要因地制宜地落实各种农产品的生产模型。它是实施信息农业的决定性的具体领导单位，是承上启下的关键性组织。它的责任是首先研究完成县（市）级1:5万比例尺信息农业管理系统。具体职责如下。

1. 研制县（市）信息农业管理决策支持系统

根据本县（市）的实际情况，经过农业分区（规划）、粮食和主要农作物布局，以及提出为乡（镇）服务内容等，制定出本县（市）信息农业管理决策支持系统；其次是保证完成省（市）分派给本县（市）的主要农产品的承担任务，并预测本县（市）粮食和主要农产品的需求量，将“承担任务”和“本县（市）需求量”的合计即为本县（市）必须完成的粮食和主要农产品数量；最后将本县（市）必须完成的粮食和主要农产品数量，合理科学地分派到本县的各个乡（镇）。

2. 健全和组织具有信息农业技术适应性研究能力的农业科技推广队伍（单位）

县（市）级在信息农业中，主要任务是把省（区市）研发的科研成果，在本县（市）不同农区组织适应性研究，并负责推广到全县（市）各乡（镇）的事业单位。其组织形式建议以农业局的农技推广中心为基础，经过农业信息化建设的实践，通过改革，创建一个适合信息农业的农技推广机构，负责全县信息农业的实施；推广省（区市）研究信息农业的成果；负责培训全县各乡（镇）的农业技术推广站的农技人员等。各县要在省（区市）科技试验网的基础上，扩建1:5万比例尺的科技推广试验网。

3. 指导和协助乡（镇）级信息农业管理体系建设

乡（镇）是推行信息农业的具体执行单位。所有信息农业的管理与技术工作都集中在乡（镇），真是上面各条线到了乡（镇）就是一条线的实战单位。所以农业生产的任务繁杂很重，技术难度也很大。我国的乡（镇）都设有农业

技术推广站。因此建议加强、充实和改建农技站，使之成为参加农业生产的实施信息农业的技术核心，并负责组建乡（镇）信息农业管理体系。

五、乡（镇）在信息农业管理体系中的地位与职责

乡（镇）是发动群众、组织科技力量，掀起新一次农业技术革命和农业农村社会变革，推动农业经营模式转型升级，实施信息农业、落实各种农产品的生产模型的基层组织。它是在县（市）的领导和指导下，因地制宜地落实信息农业的具体执行单位。它的责任首先是在县（市）的指导下，研制完成1∶1万比例尺的乡（镇）信息农业管理系统；在县（市）科技推广试验网的基础上，扩建1∶1万比例尺的科技推广试验网。具体职责如下。

1. 成立具有发展大农业知识的信息农业领导班子

根据我国农业农村的实际情况，组建大农业的领导班子有两种形式。一是以乡（镇）为信息农业的基本生产单位。建议以乡（镇）农技站为技术核心，联合涉农单位组成信息农业领导班子。二是乡（镇）的面积很大，实在无法组织的，则可采用以村为信息农业的基本单位。但仍以乡（镇）农技站为技术核心，以村为单位，联合涉农单位组成信息农业领导班子。这两套领导班子都要发挥农技站的技术核心作用，加重农技站的生产责任。因此，加强乡（镇）农技站的全面建设，显得十分重要。

2. 充实和健全乡（镇）农业技术推广站成为信息农业的技术核心的建议

古老的农业生产是一个因地制宜的、极其复杂的产业。实施信息农业是一个技术更加复杂、高新技术含量很大的产业。这就需要具有强大而全面的农业科技力量，而且要更加遵循因地制宜的原则。在乡（镇）基层单位推行任何先进的农业科技，都要经过乡（镇）推广科技试验网的“适应性试验”（或称适应性研究）。根据试验结果组织推广实施，才能取得最佳的效果。因此，实施信息农业必需组织以乡（镇）农技站为技术核心的农业技术推广体系。

新的农业技术推广站的人员，都必须由具有信息技术知识的专业技术人员组成。在我国南方地区，初步建议由5人组成：①农学专业，要求具有全面的农业知识和大农业的规划能力，特长是农作物栽培、种子和经营管理，牵头负责乡（镇）大农业的总体规划和经济高效特产，以及旅游业、农家乐、经商等的开发，任站长。农技站站长最好由乡（镇）党委委员、副乡（镇）长担任。②农业环境资源专业，要求具有农业环境、资源和生态及其规划能力，特长是土壤、肥料和田间水分管理，负责土壤改良与培肥，作物施肥和农作物灌溉，以及农业环境、生态的监测和评估，农村的环境生态和人文资源的挖掘与开

发，以及地理区位优势的利用等规划，任副站长。③植物保护专业，要求具有农作物灾害防治、监测、预报能力，特长是农作物病虫害的预测、检别与防治等，负责农业灾害的监测与防治，以及农产品安全等规划。④果树蔬菜专业，具有全面的经济作物的知识，特长是果树、蔬菜和土特产的栽培技术，负责塑料大棚（设施农业）、果树，以及高效土特产的发展规划。⑤畜牧兽医专业，具有全面的畜牧兽医知识。在我国南方的特长是猪、牛、羊和鸡、鸭、鹅等畜禽的饲养技术，负责畜牧业的发展及其信息化建设，设有畜牧兽医站的要直接参加畜牧场的经营管理工作。

3. 农技站负责培训农民成为信息农业的专业工人（农技工）

乡（镇）农技站是乡（镇）实施信息农业的技术核心，其职责相当于农场的技术科。因此，乡（镇）农技站在冬（休）闲时，每年都有责任不断地培训农民成为信息农业的技术工人，即农业专业化的技术工人，简称农技工。农技工是高质量完成信息农业生产过程的具体操作者、是关键，也是不断提高信息农业经营水平的重要环节。

4. 实现以乡（镇）经营为主体、组织涉农单位参加的共同协作管理机构

乡（镇）信息农业经营管理组织形式，尽可能采取分专业由涉农单位负责、共同协作管理模式。这种模式不但能快速采用最新科技成果和吸取先进经验，提高农业经营水平和效率，而且极其有利于农业装备的更新，达到快速提高农业经营管理的科学和技能水平。根据我国农业农村的实际情况，有可能承担专业分工负责的涉农单位有：①农资公司的庄稼医院扩大和延伸技术规模，增加肥料、植保或应用化学等专业技术人员，分工负责农作物施肥和病虫害防治等信息管理。这样，不但能做到专业化管理，而且做到农药、化肥、生长调节剂等的最佳施用，以及产销与需求连接，还可以减少农业面污染。②种子公司扩大和延伸技术规模，设立育种试验场，增加育种和育苗专业人员，分工负责更新、良种供应和秧苗（木）培育等。这样，既能做到因地制宜地快速全面推广良种，而且还能培育出壮秧（苗）为优质高产打下基础。③与畜牧兽医站对接，负责饲养猪、牛、羊和鸡、鸭、鹅等的病疫及其防治，保证食品安全等工作。④与农机站对接，负责农田（地）主要耕作、播种、收割、干燥工作等，促进农业机械化、电气化，并保证先进农机具的快速更新。⑤与土地管理所（站）对接，负责乡镇土地利用总体规划及其变更调查；土地利用动态监测及其耕地总量动态平衡；土壤质量变化及土地污染动态监测等。

最后，以乡（镇）为信息农业经营主体，要与各个分工协作单位签订一个共担风险的、分工负责、利益共享的“乡（镇）信息农业生产协作计划”，以

保证农业生产的稳健发展。

5. 以乡（镇）为信息农业的基本单位的生产组织

根据乡（镇）的实际情况，近期可以分为：粮食作物专业生产队、经济作物专业生产队、蔬菜专业生产队、果树林业生产队、特种作物专业生产队、畜牧专业生产队等，各专业队再以农产品为生产单元，成立生产组，并建立产品的生产模型，最后，根据乡（镇）规划，因地制宜的分村、分片组织生产。

如果乡（镇）的范围面积过大，或者其他原因，不可能以乡（镇）为单位实施信息农业，可以改为以村为信息农业的基本生产单位，其组织形式与乡（镇）为信息农业经营的基本单位相似。只是由乡（镇）改为以村为基本生产单位，那么，农业发展规划，经济核算和生产组织都要以村为单位进行适当调整。但是，都要以乡（镇）统一规划为基础，都要以农技站为技术核心。估计实施信息农业的效果，没有以乡（镇）为基层单位的好。

总之，农业生产与天、地、人、物之间，有着相互关联的、高度综合的、多变的，人们难以调控、预测和克服的特征。因此，只有运用以卫星遥感与信息技术为主导的高新技术、创建信息农业经营模式，通过农业信息化（工程）建设、创建网络化的“四级五融”农业管理体系，聚集全国力量，形成庞大的全国农业生产“一盘大棋”，打通领导、科技、推广、培训与农业生产发展之间的通道，才能保证信息农业的全面实施。我国农业才能走出“新型农业现代化道路”和“现代农业发展道路”；也就是能够走上经济高效、产品安全、资源节约、环境友好、有计划的、快速的、稳健的可持续发展的道路。这就有可能改变农业在国民经济建设中的“短板”状态，工农差别、城乡差别也会随着消失。

第四章　农业信息化（工程）建设试点及其高新技术产业

封建社会的农业经营是连续种植圈养农业模式。它是以分散的农户、由农民个体经营的方式。进入资本主义社会的农业经营是工业化的集约经营农业模式。它是以规模化农场，由具有农业科学知识的农场主和农技人员为主的专业化规模经营方式。我国现行的农业经营模式是连续种植圈养农业模式和工业化的集约经营农业模式，两种模式混合型的农业模式。现在，我国在党的领导下，经过 70 年的社会主义经济建设，特别是 40 年的改革开放，社会发展已经跳过工业化的资本主义社会，跃进到信息时代、中国特色社会主义新时代。现行的农业经营模式严重脱离中国特色社会主义新时代。它已严重阻碍农业的大发展，迫切需要掀起一场新的农业技术革命和农业农村社会变革，推动农业经营模式跨越式的转型到信息农业模式。我们研究所的农业遥感与信息技术应用（农业信息化）研究，已经取得系列科技成果，初步完成信息农业的理论设计和研发出20多个专业应用系统。已经有可能经过农业信息化（工程）建设，跳过资本主义社会的工业化的集约经营农业模式，跨越到以乡（镇）为单位的集体规模经营的农业模式。这就是实施信息农业。由于它牵连到涉农单位和某些农业系统的制度改革，因此需要经过农业信息化（工程）建设试点。

农业信息化（工程）建设，它与工业、服务业的信息化不同。它带有农业生产本身带来的多种特殊困难，技术难度也很大，而且还牵涉到领导、政策、制度等许多方面，可以说是一次新的农业技术革命和农业农村社会变革。现在推广农业信息化的科技成果缺乏社会经济技术基础很困难。所以，必须经过“试点”的实践、改革、创新，创建一个全新的信息农业管理体系，即为网络化的“四级五融”信息农业管理体系。这样，才能全面推进农业信息化（工程）建设，直至实施信息农业。还有，在农业信息化研究和农业信息化（工程）建设试点过程中，还要开展信息农业的大量专用软件和新的仪器、农具等产品的开发研究，促使形成信息农业的高新技术新产业，以适应信息农业的实施与发展。这也是给我们开拓信息农业高新技术产业链的一次先机。

一、农业信息化（工程）建设的国家试点方案

（一）农业信息化（工程）建设的目标及其需要考虑的特点

1. 农业信息化（工程）建设的目标

农业信息化（工程）建设的目标是：为了适应信息时代、中国特色社会主义新时代，通过农业信息化（工程）建设，改变阻碍农业发展的现行农业经营模式，跨越式转型为大农业、现代化发展的信息农业模式。但它必须在农业信息化研究取得系列成果，完成信息农业的理论设计以后，才有可能进入农业信息化（工程）建设阶段。我们认为只有在农业信息化（工程）建设过程中，经过实践、改革、创新，创建一个全新的网络化的“四级五融”信息农业管理体系以后，才有可能在全国推行信息农业。这就是农业信息化的目标。也就是走出习近平主席提的“新型农业现代化的道路”和“现代农业发展道路”。

2. 我国农业信息化（工程）建设需要考虑的特点

这次农业经营模式的转型升级，是由我国现行的农业经营模式以跨越式地

转型升级为信息农业模式。这需要发动一次新的农业技术革命和农业农村的社会变革。因此，比以往农业模式转型升级都要难，技术含量最高，特别是转型期短，牵涉面也最广。为此，必须制订一个科学的农业信息化（工程）建设试点方案。但是，这个方案要在国家批准《试点》方案后才能制订。因此，这里只能提出制订方案时必须考虑的几个特点（改革点）。

（1）农业经营模式　极其复杂、难度很大的、多种多样的农产品，都由农民个体户笼统经营的农业模式，转型为专业化的以农产品为单元建立生产模式的集体规划经营模式，即形成因地制宜地利用、选择、发挥农业农村优势资源的“三业”融合发展的大农业模式。因此，首先必须要制订一个挖掘和发挥农村土地（含生态环境）潜力为中心的农业农村“三业”用地的建设总体规划。

（2）农业经营管理形式　由分散的农户独家经营、农民管理的形式，改变为乡镇、县市、省区市、全国“一盘大棋”的集体规模经营、分专业多部门、上下级互动、分担协作的管理形式。需要研究、制订出各级分工、多部门联合、多专业协作的管理组织。

（3）农业经营操作手段　由农民徒手操作或部分农业机具操作手段，改变为运用高科技和技术密集的信息化为主的操作手段，需要研制一整套信息化操作的专业软件和硬件设备等。

（4）农业经营管理者　由缺乏农业科学知识的个体户农民管理农业，改变在业务主管领导下，由具有农业科学知识、掌握信息技术的专业人才和具有农学知识、掌握信息技术技能的农业工人联合管理农业，需要培养有农业科学知识和掌握农业信息技术的领导、科技人员，以及培训农民成为农业技术工人。

（5）农业模式的转型期　农业经营模式转型，顺其自然需要几百年的农业经营模式转型期，现在要人为地加快缩短到大约 10 年的跨越式转型，需要有一个农业信息化研究过程。在完成信息农业理论设计的基础上，还要有一个农业信息化（工程）建设的试点过程。

（6）农业信息是变动的 、繁多的与天、地、人关联的农业信息都是因时而变、因地而异，而且也都有不同间隔的常态变化。因此，研制的农业信息系统以及所有专业信息系统都要因时、因地及时进行调整。特别需要培养具有农业科学知识和农业信息技术研究能力的高级农业信息技术人才，掌握农业信息系统、农业管理信息系统、总数据库的调整、充实等变更处理技术。

（二）农业信息化（工程）建设试点方案

我国现行的农业经营模式转型升级为信息农业模式，必须在完成信息农业的理论设计和研制出足够多的专业应用系统，及其各种农产品的生产模型以后，再经过农业信息化（工程）建设国家试点（以下简称《试点》）。在《试点》过程中，通过实践、改革、创新，逐步研发完成农业信息系统总数据库和农业信息系统（总系统），同时创建一个全新的网络化的“四级五融”农业管理体系。但是，制订《试点》方案，只有在国家批准以后，才能详细制订。因此，此处提出制订《试点》方案时必须考虑的10个原则问题。

1.《试点》必须坚持党政统一领导、组建强有力的领导班子

国家、省（区市）、县（市）和乡（镇）逐级成立农业信息化（工程）建设委员会，下设办公室，全面领导农业信息化（工程）建设。分别由国务院副总理、副省（区市）长、副县（区市）长和乡（镇）长担任委员会主任；由农业农村部部长任委员会副主任兼办公室主任，省（区市）、县（市）和乡（镇）分别由省农业农村厅厅长、县农业农村局局长和副乡（镇）长兼农技站站长分别任委员会副主任兼办公室主任。

2.《试点》必须全面落实农村土地集体所有制，能组织专业化集体规模经营模式

我国农村土地是集体所有制，土地使用权是由农户分散经营的，这在信息时代、中国特色社会主义新时代，是一种落后的、严重阻碍农业发展的经营方式。《试点》前必须收回或叫流转土地使用权，归乡（镇）专业化集体规模化经营。农民的土地使用权，可以采用土地使用权入股分红；农民的劳动报酬，可以按劳计分的原则取酬。这样既保护农民的利益，又能巩固农村土地集体所有制、巩固社会主义制度。

3.《试点》必须制订一个绿色发展的农村“三业”融合发展总体规划，落实粮食和主要农产品的承担任务

农业是基础产业。它是关系到国家安全、社会稳定的民生大事。特别是我国的人口多、平均土地少，保证近14亿及其每年增加人口的粮食安全是头等大事。因此，在振兴乡村和农村“三业”融合大发展中，必须要制订一个坚持绿色发展为原则的“三业”用地规划，必须选择最佳的足够的耕地，以确保完成主要农产品、特别是粮食和主要农产品产量的承担任务。

4.《试点》必须组建研发机构，负责农业信息技术研究与指导推广，促进形成农业高新技术产业

农业信息化牵涉的范围很广、技术复杂难度大，内容也特别多。因此，必须组建不同层次的农业信息化研究核心机构，提出农业信息化建设的研发规划。再联合与农业信息化有关的单位成立农业信息化研究联盟。最后，国家、省（区市）、县（市）形成一个网络化的研究联盟体系，上、下，左、右共同

协作，分专业合作研究农业生产和发展的问题、以及研制农业信息系统等，并负责科技成果推广的技术指导，促进农业信息化建设有序地推进。国家和省（区市）研究机构，还要不断地研发信息农业所需的专业软件、仪器和成套装备等，为开拓发展信息农业高新技术产业获得先机，并形成信息农业高新技术产业链。

5.《试点》必须组建技术培训与推广机构，负责培训和推广工作

农业信息化的技术难度大、推广应用也很难，需要有专业技术人员牵头和组织实施。因此，各级都必须组建农业信息化专业技术培训机构，形成国家、省（区市）、县（市）和乡（镇）网络化的培训与推广体系。国家培训省（市）；省（区市）培训县（市）；县（市）培训乡（镇）的领导和专业技术人员；乡（镇）负责培训农民成为适应新时代的专业化的农业技术工人（农工）。打通领导、科技、推广、培训与农业生产发展的通道。

6.《试点》必须坚持有领导、有组织，边研发、边推广，边改革、边建设，因地制宜地同步推进。在我国实施的“乡村振兴”和即将完成的“扶贫脱贫”伟大工程以后，推进信息农业是十分有利的。

农业信息化（工程）建设，促进农业经营模式转型和农业农村的社会变革，，都是没有先例的新生事物。特别是大量的、几乎是所有的农业信息都是因时、因地而经常变化的，所有研发的农业信息系统和专业信息系统等科技成果，也都会因时、因地而失去实用性。所以，在推广应用时都要作必要的调整，或叫适应性研究。因此，农业信息化（工程）建设必须坚持有领导、有组织，边研发、边推广，边改革、边建设，因地制宜地同步推进。

7.《试点》必须设立农业信息化（工程）建设专项基金

国家工业化以后的农业就成为国家政府和社会资助的产业了，特别是运用卫星遥感与信息技术等高新技术为主导，在大数据、云计算、网络化的信息时代，促进农业经营模式转型是一次新的农业技术革命和农业农村的社会变革，农业部门是缺乏经济实力的。因此，国家各级政府都有必要设立专项基金，分年度按需拨款，开展各种专业信息系统及其专用软件的研发和购买新设备等。还要把政府补给农业、农作物的财政补贴，逐步改为农业基础设施建设和农业科技成果及其装备的支持。也就是把“输血”改为“造血”支持，走出以科技与农业基础设施建设为主的“授人以渔”的助农之道。

8.《试点》必须制订各方支持农业信息化（工程）建设的政策

农业信息化（工程）建设，不仅牵涉的部门多，而且还要通过实践、改革、调整，创建适合信息农业模式的管理机构。由于创新的信息农业管理机

构，不仅在农业管理内部要调整，而且还要对涉农机构参加改革。这是农业农村的一次社会变革。因此，国家要制定涉农单位在技术、资料和机构调整等各方支持农业信息化（工程）建设的政策。

9.《试点》必须选择适合农业信息化建设的省（区市）作为国家试点

《试点》的科技成果是要推广到全国各省（区市）、地（市）、县（市）和乡（镇）的，因此，《试点》必须选择具有农业信息化研究基础，以及农业生产水平比较高的省（区市）做国家试点。浙江省建有农业遥感与信息技术应用研究所，以及省重点研究实验室和浙江大学农业信息科学与技术中心；已有40年农业信息化的研究历史，取得了系列成果，其中获国家、省部级以上科技成果奖23项；培养硕士、博士研究生250多名；撰写了《农业信息科学与农业信息技术》和《农业资源信息系统》等科技著作和高校教材10多部等；最重要的是提出“新型农业现代化道路”和“现代农业发展道路”的习近平主席，在主政浙江省工作时确立的“八八战略”和农村“千万工程”实施15年，取得丰硕成果，缩小城乡差别，大大提高乡村的经济实力；再是浙江省的信息化技术处于国内先进水平，特别是地理信息系统和网络化技术处于国际领先或先进行列。浙江大学设有航空航天学院和建有卫星地面接收站，及其成套的数据处理系统，已经有能力研制农业卫星发射升空。因此，浙江省具备农业信息化（工程）建设国家试点的条件。

10.《试点》必须发动群众，大力宣传农业经营模式转型升级，实施信息农业的好处及其相关政策

这次农业经营模式转型升级是运用高新技术，促使农户独家分散经营，转变为乡（镇）集体化规模经营，能大幅度地提高农业产值。但是，跨越式农业模式转型的难度很大，必须进行生产组织形式和制度的改革创新，还会牵涉到所有农户的利益分配。因此，“试点”必须广泛发动群众，认真落实农业模式转型的相关政策，特别要大力组织宣传农业经营模式的有关政策以及实施信息农业能大幅度地提高农业生产水平和技能；能最大程度地挖掘农村环境资源和人才人文资源，以及发挥地域区位等的优势，开拓和发展具有农业农村特色的“三业”融合发展大农业，可以取得大幅度增加农业经济效益，提高农民生活水平等。

二、信息农业的产品开发及其高新技术产业

农业科学技术的发展和生产实践经验的积累，随着社会时代的发展，必然会引发新的农业技术革命，陪同的就是农业经营模式的转型升级。随后就是新

技术产业的形成与发展，形成信息农业产业，其结果是大幅度地提高农业生产力和生产效率。在信息时代、中国特色社会主义新时代，现行的农业模式已经严重阻碍农业的大发展，很有必要、而且完全有条件发动新的一次农业技术革命和农业农村社会变革，开展农业信息化建设，促进加速现行农业模式适应新时代，向着网络化的融合信息农业模式转型升级。随着农业信息化的建设与发展，随之而来的就是信息农业高新技术产品的开发，为逐渐形成信息农业的高新技术产业链争得先机。

信息农业高新技术产业的主要内容，根据现在的认识可以概分为：仪器设备及其系统装置类；多种专业信息系统的研发及其应用软件类；卫星应用和其他仪器改良类。

（一）仪器设备及其系统装置类

本类可以分为仪器设备和系统装置两种。我们已经开发出 20 多个新型科技产品，10 多个专业信息系统装备，但未能推广应用。这是因为现行农业模式没有直接需求，也没有能力使用，大都停留在科技开发时试用，没有形成产品。

1. 仪器设备

信息农业的仪器多数是运用卫星获取光谱数据开发的，例如多种农作物的长势检测仪、各种植物的养分估测仪、各种病虫害远程监测仪、土壤水分估测仪及其远程监测仪等几十种仪器设备。

2. 系统装置

信息农业的系统装置是综合运用信息技术开发的。它是由多种农业使用的仪器，组合成自动化的操作系统装置。例如我们研发农田信息的获取装备；农药变量配施系统装备；低量高浓度农药防漂移动喷施技术装备；肥、水、药一体化变频控制和喷施技术装备，以及肥、水精准管理技术装备等数十种系统装置。

（二）多种专业信息系统的研发及其应用软件类

多种专业信息系统的研发是指直接应用于农业生产经营的专业应用系统；应用软件是指保证信息农业运转的各类专业信息系统软件，以及信息农业的综合软件等。例如我们研发的有：红壤资源信息系统、海涂土壤资源信息系统、土地利用现状调查和变更调查信息系统、土地分等定级信息系统、土地利用总体规划信息系统、水稻卫星遥感估产信息系统、水稻卫星遥感长势监测信息系统，以及气候、水利、地质等各种灾害、农药监测等方面 30 多个专业信息系统，都是依靠市场成品软件开发研制的，没有研发具有自主产权的专业软件。

所以，除土地部分的研发成果，有条件购买成品软件用于推广应用以外，其他农业领域的科技成果大都没有推广应用。其中由我所研发的、有自主产权的、并已申报授权的软件著作15个（表4-1）；申报授权的发明专利11项、实用新型专利2项（表4-2）。

（三）卫星应用和其他仪器改良类

1. 卫星应用

卫星应用是指通过卫星获取农作物、生态、环境等地面所有专业信息的技术，以及研发出卫星应用的仪器装置。它是信息农业获取现势性信息及其变化趋势研究的最佳的主要途径，也是通过卫星数据的处理、分析，提取有用信息的最佳的主要手段，还是开发卫星应用仪器的主要依据。因此，信息农业研究发展到一定程度时，我们国家就会发射以农业利用为主的农业卫星，成为信息农业获取现势信息的主要支撑及其重要的组成部分。我国已经成功发射高分六号卫星，并与高分一号卫星组网运行。这不仅对实施信息农业很有利，而且对开发卫星应用仪器也十分有利。可以预测，到发射农业卫星时，就有可能由农业卫星直接监测农作物长势等。

2. 其他仪器的改良

其他仪器的改良是针对运用卫星遥感与信息技术，现在还不能解决的技术问题，采用改变和充实正在使用的常规仪器，以拓宽和提高原仪器使用水平的技术能力。例如，我国正在全国推广"测土配方施肥"技术，用的是常规的土壤养分速测法，它能通过测定土壤养分含量，确定农作物的施肥配方。我们曾经改成以测定农作物的养分丰缺为主、辅以土壤养分速测技术，两者结合确定农作物的施肥配方。多年的大田试验结果，不仅农作物大幅度增产，而且对省肥、节水和减药也有很大的效果，为防治农田的面污染提供有效措施。我们曾开发出批量生产的"75"型水稻营养诊断箱，推广后发挥很大作用。

表4-1　自主开发的申报授权的15项软件证书*

序号	证书名称	专利权人/发明人	类别	状态	授权号	授权（受让）日期
1	CALIOP数据分析处理软件V1.0	黄敬峰	软件著作权	已授权	2014SR042319	2014/14 0:00:00
2	SAR数据近海风速反演辐射定标软件1.0	黄敬峰	软件著作权	已授权	2014SR047538	2014/4/22 0:00:00
3	高光谱数据方差分析及图形可视化系统1.0	黄敬峰	软件著作权	已授权	2014SR136313	2014/9/11 0:00:00

（续表）

序号	证书名称	专利权人/发明人	类别	状态	授权号	授权（受让）日期
4	卫星影像植被指数时间序列插补重构系统 1.0	黄敬峰	软件著作权	已授权	2014SR098288	2014/7/15 0:00:00
5	县级标准农田分析系统	沈掌泉	软件著作权	已授权	2014SR063255	2014/5/20 0:00:00
6	农田信息精准监测空间决策支持模块软件	沈掌泉	软件著作权	已授权	2014SR141916	2014/4/22 0:00:00
7	作物发育期时空格局动态演示程序	黄敬峰	软件著作权	已授权	2015SR033929	2015/2/16 0:00:00
8	基于 $CMOD_4$ 模式函数的近海风速反流 V1.0	黄敬峰	软件著作权	已授权	2014SR173604	2014/11/17 0:00:00
9	ASAR 影像批量预处理程序 V1.0	黄敬峰	软件著作权	已授权	2014SR174235	2014/11/17 0:00:00
10	基于 CMODIFR2 模式参数的近海风速反演 V1.0	黄敬峰	软件著作权	已授权	2014SR175076	2014/11/18 0:00:00
11	土地利用总体规划基数转换与成果表格汇总软件	沈掌泉	软件著作权	已授权	2014SR193777	2014/12/12 0:00:00
12	部标基本农田数据库建立支持系统	沈掌泉	软件著作权	已授权	2014SR268411	2015/12/19 0:00:00
13	光谱数据款素获取软件	周炼清	软件著作权	已授权	2016SR088153	2016/4/27 0:00:00
14	茶叶种植基地生产智能检测与精细化管理系统软件	周炼清	软件著作权	已授权	2016SR080386	2016/4/19 0:00:00
15	基于 WebGIS 的茶叶生产精细化管理与防伪追踪系统	周炼清	软件著作权	已授权	2016SR080375	2016/4/19 0:00:00

*引自《浙江大学农业遥感与信息技术研究进展》

表 4-2 主持开发的申报授权的发明专利和实用新型专利证书*

序号	证书名称	专利权人/发明人	类别	状态	授权号	授权（受让）日期
1	一种基于近地传感器技术的土壤采样方法	史 舟	发明专利	已授权	ZL201310030119. 8	2014/11/26 0:00:00
2	全景环带高光谱快速检测野外土壤有机质含量装置与方法	史 舟	发明专利	已授权	ZL201210171683. 8	2014/2/19 0:00:00

（续表）

序号	证书名称	专利权人/发明人	类别	状态	授权号	授权（受让）日期
3	利用全景环带摄影法快速预判土壤类型的半边和方法	周炼清	发明专利	已授权	ZL201210172101.8	2014/4/16 0:00:00
4	一种放置 EM38 的升降平台小车系统	史舟	发明专利	已授权	ZL201410331876.4	2014/7/12 0:00:00
5	室内光谱观测载物台及其应用	黄敬峰	发明专利	已授权	ZL201210009838.0	2014/3/26 0:00:00
6	室内高光谱 BRDF 测定系统	黄敬峰	发明专利	已授权	ZL201210052209.3	2014/2/26 0:00:00
7	用于野外测试土柱高光光谱装置	周炼清	发明专利	已授权	ZL201410344614.1	2014/7/18 0:00:00
8	土壤深度圆柱面有机质光谱采集方法及其装置	史舟	发明专利	已授权	ZL201310431840.9	2015/10/28 0:00:00
9	基于卫星遥感与回归克里格的地面降雨量预测方法	史舟	发明专利	已授权	ZL201410021364.8	2016/8/31 0:00:00
10	FOLIUM 模型与多色素叶片光谱模拟方法	黄敬峰	发明专利	已授权	ZL201610629796.6	2016/8/4 0:00:00
11	基于 FOLIUM 模型叶片色素遥感反演方法	黄敬峰	发明专利	已授权	ZL201610624168.9	2016/8/3 0:00:00
12	温室大棚植物光合用所需 CO_2 气体的供应系统	梁建设	实用新型	已授权	ZL201320156716.1	2013/10/3 0:00:00
13	土壤 CO_2 呼吸自动测定仪	梁建设	实用新型	已授权	ZL201320156879X	2013/10/3 0:00:00

* 引自《浙江大学农业遥感与信息技术研究进展》

第五章　信息农业的优势及其发展趋势

一、信息农业的解释及其主要优势

（一）信息农业的解释

信息农业的全称是：网络化的融合信息农业模式。在我国，它是要从封建社会的农业模式和资本主义社会的农业模式两种模式的混合型农业模式，运用以卫星遥感为主的农业遥感与信息技术，人为地促使它快速转型，跳跃式的转到信息农业模式的。

1. 实施信息农业的目标：走出习近平主席提出的“两条道路”

（1）走出一条经济高效、产品安全、资源节约、环境友好、技术密集、凸显人才资源优势的新型农业现代化道路。我的体会是：走出最佳技术密集和优化组合的、信息化、专业化、规模经营农业生产全过程的现代化道路。我国农业生产才能与农业科学技术、生产技能发展同步，从根本上改变农业生产简单、不需要复杂的高新技术的旧观点。我有把握地预测：我国现有积蓄的科技成果的全面应用，也能促进农业生产会有一个大发展。

（2）要着眼于加快农业现代化步伐，在稳定粮食和重要农产品产量，保障国家粮食安全和重要农产品有效供给的同时，加快转变农业发展方式，加快农业技术创新步伐，走出一条集约、高效、安全、持续的现代农业发展道路。我的体会是：要加快现行农业模式转型升级，加快农业技术创新和革新速度，走出一条适应信息时代、中国特色社会主义新时代的、具有农业农村特色的、因地制宜的“三业”融合发展的现代农业的发展道路。

农业生产的特征是在地球表面露天进行的有生命的社会性生产活动，它伴随着农业生产的分散性、时空的变异性、灾害的突发性、市场的多变性，以及农业种类及其动植物生长发育的复杂性等，人们运用常规技术难以调控和克服的5个基本困难。我们为了能最大地适应农业生产的特征、能最大程度的调控或减轻伴随的5大基本困难；为了尽可能地满足农业高效、产品安全的可持续发展的需求。我们运用以农业遥感与信息技术为主的高新技术，经过40年的农业信息技术应用研究，研制出一个特别适应我国信息时代、中国特色社会主义新时代的、发挥制度优势的信息农业模式。这个农业模式能运用最先进的农业科学技术完成农业生产全过程，并具有打通领导、科研、推广、培训和农业生产发展之间的通道。这样就能最大地发挥国家、省区市、县市和乡镇四级机构，在农业生产经营中，上下协调联动，发挥它们的管理职能优势，走出“两条道路”。

2. 信息农业的主要创新与优势

（1）信息农业是搜集过去的和现在的、微观的和宏观的、最新的和最佳的一切与农业生产相关的信息（理论、技术、方法、农资和经验教训等），建成数据库；选其最佳信息，分专业研制出应用系统，融合成技术密集和优化组合的某产品的生产模式；再运用网络化、信息化技术集成农业信息系统数据库（简称总数据库）和农业信息系统（简称总系统）；通过信息农业管理体系，由农业技术人员和农业技术工人，共同完成农业生产全过程。这种农业生产模式可以获取农业高效、产品安全、大幅度提高农作物产量和质量，走出“新型农业现代化道路”，即农业生产全过程的现代化道路。

(2) 信息农业是执行“绿水青山就是金山银山”的绿色发展理念，挖掘与开发农业农村的人文社会、生态环境和人才三大资源优势，以及发挥地域区位优势，调动与农业生产相关的一切生产要素的活力，因地制宜地实现具有农业农村特色的“三业”融合发展的信息化、大农业的发展思路。这样建成的农业模式是科学化、网络化、信息化的大农业的发展方式。它可以全面的、持续地发挥土地的生产潜力，走出农业高效、可持续的“现代农业发展道路”，即现代农业发展的现代化道路。

(3) 信息农业是遵循农业生产的特征，以最大程度调控或克服伴随农业生产的五大基本困难，并实现网络化的“四级五融”的信息农业管理体系。“四级”就是国家、省区市、县市和乡镇。各级政府在农业生产中各自发挥管理功能优势，完成各自承担的任务；“五融”就是打通领导、科技、推广、培训与农业生产发展的通道，并融为一体组成网络化的全国农业生产“一盘大棋”的组织形式。这种组织形式能够充分发挥各级领导在农业生产中的管理职能优势，实施信息农业的措施也可以全面落实，既能提高农作物的产量和质量，又能提高土地产出率和劳动生产率。

(4) 信息农业是以乡镇为农业生产的基层组织，是以乡镇为单位规模化经营的。它是在乡镇党政领导下，以农技站为技术核心和承担农业生产的技术全责，由乡镇领导，与涉农机构，成立“乡镇农业生产协作组织”，分部门专业化、相互协作完成农业生产任务。这样既能加速农业科技成果的最优化推广应用，做到科技进步与农业生产同步，又能提高农业生产的科技水平；还能有效地提高农业生产技能，提高农作物产量和质量；提高土地产出率和农业劳动生产率。

(5) 信息农业是打通领导、科技、推广、培训和农业、生产发展通道的，并由具有农业科学知识的、掌握农业信息技术的农技人员和掌握专业技能的农业工人，联合协作完成农业生产任务的。所以，这种生产形式能以最快速度，组织研究和解决农业生产中出现的问题，并可立即将最新的科技成果有效地用到农业生产中去，做到农业科技进步与农业生产发展同步推进，及时、完整地、最大程度地发挥科技是第一生产力的作用。这既能不断提高农业生产的科技水平，快速提高农作物的产量和质量，又能走出“授人以渔”的科技助农之道。

绽上所述：实施信息农业能走出习近平主席提出的“新型农业现代化道路”和“现代农业发展道路”；能全面的、不断地发挥土地创造财富的三条途径。所以，信息农业能适应农业生产特征，能把“五大基本困难”的损失，减少到最低程度，它是信息时代、中国特色社会主义新时代的最佳农业模式。

（二）信息农业优势的10种表现

（1）信息农业是综合各种专业信息系统，用最佳信息以农产品为单元建成生产模型，组织农业生产，并实施技术密集和优化组合的、通过专业信息化技术管理的。在各个专业化生产中，都是遵循因地制宜的、最佳技术综合的生产模型进行的，都能最大地发挥最好的作用。农业生产就能取得经济高效、产品安全，资源节约、环境友好的农业生产效果，走出“新型农业现代化道路”。

（2）信息农业坚持绿色发展理念，坚持具有农业农村特色的“三业”融合发展的科学化、信息化的大农业。这就能发展和维持生态环境优势，并将其转化为生态农业，生态工业，生态旅游等的经济优势；又能发挥人文社会资源、人才资源和地理区位等优势，因地制宜地发展乡村旅游、特色产业、高效产业等快速、综合提高经济效益，走出“现代农业发展道路”。

（3）信息农业在国家、省区市和县市都拥有为农业生产自身服务的科研机构。农业生产出现问题就能随时组织研究，可以最快、最佳地解决农业生产中发现的问题。保证农业生产能顺利进行，取得最好的收获，发挥科学技术是第一生产力的巨大作用。

（4）信息农业拥有科技、推广、培训体系，这就能以最快速度，把最新的科技成果和生产技能，通过示范试验，推广到基层生产单位。农业科技成果可以以最快速度转化为生产力，做到科技进步与农业发展同步。

（5）信息农业是以乡镇为农业生产基层组织。它是在乡镇党政统一领导下，以农技站为技术核心，组织涉农单位成立集体规模经营的协作组织，分专业负责农事操作，共同协作完成生产任务的。这样就能做到专业化、规模经营效益最大化，又能快速提高科学种田和生产技能水平。

（6）信息农业的灾害预警系统是根据灾害的类型，分别由国家、省区市或县市的职能部门主持牵头与协作，分别组织科教专业机构研制。例如地质灾害由国家地质局、气象灾害由国家气象局、旱涝水灾由国家水利部、病虫灾害由农业农村部等部门主持牵头等，组织科教机构研制，再组成网络化的研究联盟，分级实施。这样能发挥各专业部门的专业管理和技术特长，又可以加快提高预警系统的预测精度。把灾害损失减到最小程度。

（7）组织与涉农单位参加的农业生产联盟的效益很多。例如，种子公司扩大技术功能，有助快速、全面良种化和培育壮苗，以及提供优良苗本等；农资公司庄稼医院扩大技术功能，可以达到因地制宜专业化的土、肥和病虫害的精准管理，提高病虫害的防治和精准施肥效果，还能与农资的产销、需求连接；农机站扩大功能，可以因地制宜地加速农业机械化、电气化、自动化，还能提高农事操作的质量等；土地管理所（站）扩大技术功能，负责土地利用总体规划及其调整，土地利用动态监测及其变更调查，土壤质量调查及其污染监测、评价与改良，可以不断提高土地、土壤的最佳利用和预防土壤退化等。还有乡镇畜牧兽医站也要直接参加乡镇畜牧场（猪场、牛场、奶牛场和羊场、羊奶场；养鸡场、鸭场、鹅场，以及宠物场等）的经营管理，都可以提高经营效益，又有助于农业可持续发展。

（8）信息农业是有计划地种植粮食作物和重要农作物的，既能发挥农业区域优势，又可以保证国家粮食安全和重要农产品的有效供给，确保国家社会安定和国家经济建设按计划进行，保证我国农业经济建设有序的稳定发展。特别是有能力利用天然、农作、畜牧和人们生活等产生的废弃有机物（肥），创办有机无机肥料工厂，生产优质肥料。它能保护和提高土壤肥力，为农作物持续高产打下稳健的基础，还能防止环境空气污染等。

（9）农作物卫星遥感估产系统，能监测国内外的农作物生长状况，既能针对性采取措施，又能提早预报产量。特别是有可能将粮价补贴等用经济支农方式，改变为由领导通过农业科技、农作技能、农业物资，以及完善农业基础设施等方式支助农业，走出“授人以渔”的助农之道。这对支农的可持续效果、国内农产品调节和对外贸易都有很好效益的。

（10）信息农业的最大潜在优势是发射农业卫星应用和开发信息农业新产品，形成新的产业链。信息农业广泛利用专业农业卫星，不但可以大幅度提高农业信息化程度，而且不断提升农业卫星的强大功能，以及开发信息农业的新产品，形成产业链。特别是农产品形成模式生产，有利于促进农业智能化，加速智慧农业的发展。它的社会效益和经济效益都是很大的。有人预测：如果可控核聚变技术达到商用化，农业会有很大的根本性的改变。我预测信息农业模式就有可能提升为“工厂化的融合信息智慧农业模式”（简称智慧农业），其社会效益和经济效益之大是难以估量的。

二、实施信息农业的问题及其效益与发展趋势分析

（一）实施信息农业存在的问题

1. 研发的专业信息系统还没有经过生产实践检验

信息农业的全称是网络化的融合信息农业模式。它是随着农业历史发展到

信息时代、中国特色社会主义新时代；经过60年的农业科教和农技推广，其中40年的农业遥感与信息技术研究等，研发出来的最新农业经营模式。这个新模式，虽然已经初步完成了信息农业模式的理论研究与设计，提出了以种植业为主的农业信息系统概念框图、农业信息系统总数据库概念框图，并已研发出数十个专业信息系统。但是，这些研发的专业信息系统，只有土地领域的十多个专业信息系统，在土地管理部门的支持和推动下，得到及时的全面推广应用，并在推广应用过程中得到了修改、补充、提高和完善了各个专业信息系统的功能，现已形成系统的产业链和常规的土地利用管理系统等，极大地提高了土地管理水平，取得了很大的经济效益。但是，农业领域的几十个专业应用系统，除农业园区建设与管理信息系统，在省农业厅支持下推广应用，并取得好成绩以外，其他系统都因缺乏社会经济技术基础，都没有能及时推广应用，也就没有得到农业生产的实践检验。因此，已经研发的农业专业信息系统，也因为农作栽培、农业资源等的时空变化，失去直接推广应用的价值，必须都要在农业信息化（工程）建设过程中，试做适应性研究。同时还要通过实践、改革、创新，创造出与推广应用相适应的、信息农业的社会经济技术基础。

2. 大部分农业专业信息系统还没有研发出来

农业生产是最古老的产业、是基础产业，也是既简单又是非常复杂的、技术密集难度很大的产业。它牵涉到天、地、人、物的所有因素。例如，天是农业生产先天性的必需条件。它有多种天气灾害、多种地质灾害，都是人们难以调控、防止的灾害等；地是农业生产的基础。它有多种生态环境和几百种不同的土壤，如何正确利用也都是不同的；人是主导农业生产的动力。现有多种农作物，种植栽培也都不同，使用的农业器具也是不同的；适宜的农业环境也因农作物种类不同、甚至品种不同而有差异等；物是农业生产的目标和物质基础的保证，一千多个品种，有几十种栽培方式，还有几十种肥料、农药等农业物质资料。它们的施用技术、方法和效果都不相同，而且也都是农作物不同和因时、因地而有差异。总之，归纳一句话，农业生产是极其复杂的、技术难度很大的产业。如果由缺乏农业科学知识的农民，以农户分散的个体经营，这样的农业模式是绝对不可能获得快速的可持续发展的。只有把现行的农业经营模式，跨越式转型为信息农业模式，农业才有可能取得快速的可持续发展。因此，只有发挥社会主义新时代的制度优势，在党的坚强领导下，需要在长达10年左右的农业信息化建设的过程中，不断研发完成数百多个农业专业信息系统，都能因地区差异配套集成为适合本地区的农业信息系统（总系统），以及数千个农产品的生产模型，逐步组织推广应用。同时还要通过改革、创建网络化的“四级五融”农业管理体系，以保证信息农业模式能顺利推进，并得到发展、改进和完善成为更加先进的信息农业经营管理模式。

3. 网络化的“四级五融”信息农业管理体系的人才奇缺

人才是农业高质量快速发展的第一资源。可是我国现有的信息农业技术人才，40年来培养出博士后、博士、硕士和本科毕业的学士也只有300多名（其他单位培养的没有统计在内）。但是，他们大部分都不在农业领域工作，即使留在农业领域也是在教学和科研部门从事科教工作。在农业生产第一线的几乎是空白。因此，培养出足够的网络化的“四级五融”信息农业管理体系的各级人才，包括各级领导管理人才、各级研发农业信息化技术人才、各级信息农业研究成果应用与推广人才等。其中特别是乡（镇）级的技术人才，负有培训农民成为信息农业的专业技工，以及组织农业生产等任务。因此，培养大量的网络化的“四级五融”信息农业管理体系的各级人才，是研发、推广和实施信息农业的关键。

4. 推行信息农业的困难

（1）现行农业模式转型为信息农业的难度比较大　信息农业的核心技术是以卫星遥感和信息技术为主的高新技术。由于农业生产是在地球表面露天进行的有生命的社会性的生产活动。它伴随着农业生产的分散性、时空的变异性、灾害的突发性、市场的多变性，以及农业种类及其动植物生长发育的复杂性等5个人们运用常规技术难以调控和克服的困难。因此，运用高新技术，促使现行农业模式跨越跳跃式转型为信息农业，确实有很大的难度。但是，在40年研究取得一系列研究成果的基础上，只要通过国家“试点”摸索经验，也是有可能解决的。

（2）农业信息化技术的研发很难　研发信息农业的科技工作者，需要有深厚的数理化等学科的基础，以及广泛的农业科学与农业生产知识。现在从事农业科技工作者，数、理、化等学科基础是比较差的，运用卫星遥感与信息技术研究农业信息化是比较困难的。而从事信息科学的科技工作者，又因缺乏农业科学和农业生产知识，开展农业信息化研究也有困难，很难启动，也很难获取实用性的科技成果。实践已经证明，成立农业信息化研究机构，通过多学科的技术人员的合作研究，以及培育跨学科的博士研究生等，是有可能解决的。

（3）农业领导和广大农民的思想认识跟不上形势的发展　我国农民普遍缺乏全面的农业科学知识，又没有经过专门培训。因此，农民吸收复杂的农业科技成果和技能有困难，接收高新技术就更难了。农业领导干部多数存在循规蹈矩、保守思想，对农业技能习惯于修修补补，在农业技术上满足现状，对高新技术不认识，引用不积极。大多数是等待上级领导布置，缺乏主动性。特别是国家正在实施“乡村振兴”战略和“扶贫脱贫”伟大工程，以及国家最新发布的土地使用政策等，在认识上也可能会阻碍农业模式转型运动的开展。但是，在2018年12月19日，中央经济工作会议上指出：“继续深化土地制度改革”；在2019年1月3日，中共中央国务院关于坚持农业农村优先发展做好“三农”工作的若干意见，还是指出“深化农村土地改革”“进一步深化农村土地制度改革”。说明还是可以讨论的。因此，只要通过信息农业的大力宣传活动也是有可能解决的。

（4）丘陵山区地形复杂，农田地块小、落差大，大田规模经营有困难　我国丘陵山区的比例大，地形复杂，田块地块小、落差坡度大，大田规模经营是有困难的。但也有可能克服的，首先通过国家、省区市、县市、乡镇逐级有序的因地制宜的农业总体规划，发展丘陵山区的果树、竹笋、药材等特产类、畜牧宠物产业类以及乡镇企业（适合农业农村的工业和各类服务业）等；其次可以因地制宜组织农业合作社，甚至发展家庭农场为生产单位。但都要加入“乡镇信息农业生产协作组织”。这就可以打通农技、培训和科技服务等与农业生产单位的通道，以及发挥党和政府的领导作用。这也可以取得很大效益的。

（二）实施信息农业的效益分析

1. 实施信息农业后，能大幅度提高农作物的产量

实施信息农业能把现有积蓄的科研成果和先进技能，因地制宜地推广应用，最佳地转化为生产力，农产品的产量与质量都会有大幅度的提升。其中农作物的产量，据保守估计：低产区增产1~2倍，中产区增产1倍左右；高产区增产在50%以上，并有省肥、节水和减药等的良好效果，能起到防止或减少农业面污染的作用。

2. 信息农业拥有自上向下的完整的科研机构和科技推广、培训体系

实施信息农业后，人们通过卫星遥感技术、或者是领导、技术员和专业农技工等发现农业生产问题时，就能立即根据问题的大小和难易程度，布置给有能力解决的研究机构组织研究解决。研究成果也能很快由科技推广、培训体系，因地制宜地推进到生产基层，以最快速度转化为生产力，做到科学技术和生产技能的进步与农业生产的发展同步推进，达到可持续提高农作物的产量和质量。这也是确保实施“乡村振兴”战略和“扶贫脱贫”工程取得的成果，能持续发挥作用的关键，并有防止脱贫后返贫的作用。

3. 信息农业是以农业农村为特色的“三业”融合发展的信息化大农业

挖掘和研发出因地制宜的特色产业、高效产业和服务业都是信息化、大农

业的重要组成部分。它能快速而持续地挖掘土地潜力，大幅度增加农民经济收入，提高生活水平。我国正在开展的“乡村振兴”战略和“扶贫脱贫”伟大工程中兴办的特色产业、高效产业和特色小镇，以及扶贫典型等都是很好的例证。

4. 实施信息农业能为工厂化、智能化发展创造条件

随着科学技术和生产技能的进步与发展、农业基础设施的完善、以农产品为单元的生产模型完成农产品生产全过程，信息农业的发展很有可能创造条件向着工厂化和智能化发展，最后形成工厂化的融合信息智慧农业模式（简称智慧农业）。当前在农村发展的“塑料大棚”“设施栽培”，以及智能技术在农业生产中的应用，就是农业工厂化、智能化的露头。

5. 实施信息农业后，必然会产生新的信息农业产业链

随着信息农业的实施与发展，很自然地会产生全新的信息农业使用的农具和器材产品，并形成产业链。这是一个很好的机遇，有利于发展农业经济。也是促进国家经济新发展的一个先机。

6. 实施信息农业后，我国会很快发射专业性、功能性很强的农业卫星

在农业信息化工程建设的试点过程中，取得大量的卫星遥感数据，很有可能和农业遥感与信息技术研究建成的光谱数据库数字互补融合，研制出测试指标，获取农作物的信息，例如农作物的播种速度与面积，及其长势，营养丰缺、水分状况，以及各种灾害的监测与预报，等等。运用高科技将获取的卫星遥感信息，转化为卫星遥感诊断、测报所需的指标性数据，为我国发射功能性、专业性和应用性都很强的专用农业卫星提供数字技术条件。还有，专用农业卫星的发射和全面应用，将会极大地促进农业信息化技能的发展，形成信息农业的产业链。这必定会产生极大的农业的经济效益和社会效益，也会促进智慧农业的发展。

（三）信息农业的发展趋势分析

信息农业是运用卫星遥感与信息技术为主的高新技术，获取与农业生产有关的信息，提炼出最佳信息（数据、技术），再通过有机的融合其他最佳信息，集成、创建技术密集的、打通领导、科技、推广、培训与农业生产发展的通道、运用网络化技术组成全国农业生产“一盘大棋”，有计划的专业化、规模化农业经营模式。这种模式是能调动和发挥人才、劳力、科技、知识、资金，以及农村生态环境等一切资源的活力，最大程度地创造财富。因此，信息农业是现阶段最先进的农业经营模式，估计往后也不会有新的农业模式转型。但是，信息农业会随着科技进步和经营水平会不断提升和发展。为了避免农业灾

害，有效调控农业生产，以及提高土地产出率等，今后的信息农业有可能向智能化工厂化发展，最终形成工厂化的融合信息智慧农业（简称智慧农业）。

1. 信息农业工厂化发展的起因分析

科学技术和生产技能的不断进步，是人类研究自然、认识自然和利用自然，促进国民经济发展和提高创造美好生活的强大动力。信息农业也不例外，这是由于农业生产是在地球表面露天进行的、有生命的、社会性生产活动。它伴随着农业生产的分散性、时空的变异性、灾害的突发性、市场的多变性，以及农业种类及其生长发育的复杂性等5个难以调控和克服的困难，造成农业生产长期以来一直处于靠天的被动局面，导致农业的脆弱性、收入的不稳定，严重时几乎绝收。即使进入信息农业经营模式，虽能运用以卫星遥感与信息技术为主的高新技术，对调控农业生产的靠天被动局面和克服农业的脆弱性有较大的改变。但仍受到很大的限制。因此，人们为了有效地摆脱农业的靠天局面、克服农业的脆弱性，夺取农业永久的可持续发展，很有可能向着农业智能化工厂化的方向发展。例如，我国近期快速发展的塑料大棚栽培、设施农业栽培，就是农业智能化工厂化的露头。估计随着国民经济、特别是工业发展到高水平，加上农业卫星遥感与信息技术的不断发展，网络化的融合信息农业模式，将会逐渐升级为工厂化的融合信息智慧农业模式（简称智慧农业），这个时候，农业就有可能成为永久的、稳定的可持续发展产业。

2. 信息农业工厂化预测

（1）对农业工厂化的初步认识　1953年，我考进南京农学院，首次看到“玻璃房温室”，那是人为控制自然条件及其灾害等用于农作物试验的。1965年，我在杭州市郊区创办土化系综合教学基地时，为了推行早、晚稻双熟制，提早培育出早稻秧苗。我第一次做了塑料棚培育秧苗试验。1986年，我赴日考察了日本20多个大学和科研机构，看到了各有特色的设施农业。例如，东京农工大学是以蔬菜、草本果实为主的，静冈大学是以茶叶为主的，茨城大学是以蚕桑为主的，北海道大学是以小麦等冬作物为主的，岛根大学是以机械化为主的等。规模比较大的设施农业栽培，是岛根大学的设施栽培大约有3亩地，所有农事都在指挥室中，由农技员自动化操作完成。回校后，我拨款5万元给校农场，用于修整、改进、充实玻璃房温室调控技术。1979年，我国实行改革开放以后，随着工业的快速发展，塑料大棚和设施农业有了很快发展。到了21世纪初，蔬菜花果类的塑料大棚和设施农业，已大量用于大田农作栽培，有的已用到乔木果树栽培。我开始有了农业工厂化的初步认识。

（2）信息农业工厂化的萌发与预测　1979年，我开始运用卫星遥感与信息技术为主导的农业信息化研究。40年来，取得农业信息化的系列性成果，提出信息农业的概念。实施信息农业对调控和克服农业靠天被动局面及其脆弱性有较大的作用，农业有可能获得可持续发展。但是，信息农业还不可能从根本上调控和克服靠天的被动局面，农业就不可能达到稳定的、永久的可持续发展。我萌发出信息农业向工厂化发展的思想。因此，我预测：①信息农业的水平不断提高，农村特色的“三业”融合发展成效显著，大大提高了农村的技术经济实力。②国家工业高度发展，能保证基本农田标准化建设和设施农业建设所需的材料供给。③农作物栽培逐渐智能化，智能劳动逐步代替了繁重的体力劳动。④完善基本农田和设施农业栽培的农田标准化建设。达到基本农田旱涝保收；设施农业的全部农事操作可由农技员在“操作室”内，通过机械化、自动化、电气化等系列装置完成。⑤人们的食物结构也会改变。随着生活水平的提高，主、副食的比例会日趋平衡，例如多吃蔬菜和新鲜水果而减少主食等。⑥生物育种技术水平的提高，农作物向矮化发展，除乔木果树以外，都有可能矮化而工厂化生产；特别是信息农业采用以农产品为单元的生产模型，完成农产品生产全过程，就能积累农产品生产的大量科学数字等。这时的信息农业也有可能升级为工厂化的信息农业（全称是工厂化的融合信息智慧农业模式，简称“智慧农业”），农业除了特大的自然灾害以外，就有可能成为永久的稳定的可持续发展的产业。最古老的、落后的、艰苦劳动的农业，将会是高新技术武装的农业，并成为与农村工业、服务业“三业”融合发展的大农业，农民的收入也会大幅度增长，生活水平也会不断提高。从此，长年以来，社会上存在的“工农差别”“城乡差别”以及“农业简单、谁都能干”，干部犯错误就说“大不了回家种田”等轻视农业的思想也会随着消失。

第六章　信息农业的专业应用系统及其实例

一、专业应用系统的概念

专业应用系统是农业信息系统以下的、所有的、有目标的直接用于农业生产的信息系统的总称，因此，它是一个以专业大小不同的性质、内容而定名的信息系统，例如水稻栽培信息系统、水稻长势监测系统、水稻施肥系统、水稻病虫害监测与防治系统，等等。最终形成一个因地制宜的、综合性的、最佳的以品种为单元的水稻栽培模型。这应该有一个从上向下的分级系统。但是，由于信息农业是一个全新的农业经营模式，处在起步阶段，系统分类很不成熟。现在要想提出一个科学的分级系统是不可能的。因此，只能根据作者的初步认识，提出一个以种植业为主的信息农业的专业应用系统（又称信息系统）的分级试行方案，其实专业应用系统与信息系统之间也难以严格分别。

农业信息系统（暂名总信息系统，简称“总系统”）。它的分类可根据农业生产的大类或者是影响农业生产的重要因素，分为若干类型的专业应用系统（简称“专业系统”）。例如，在第一章，信息农业的的理论研究与设计中的四、十大专业信息系统，就是根据上述原则划分的。再在“专业系统”下面，是根据专业系统的功能类别分为若干“分系统”。举例如下。

例1，农作物长势监测与估产信息系统，是根据农作物类型分为：粮食作物长势监测与估产信息系统；经济作物长势监测与估产信息系统；其他作物长势监测与估产信息系统等3个分系统。在“分系统”下面，又可根据作物种类分为若干“子系统”，例如粮食作物长势监测与估产信息系统，主要有①水稻长势监测与估产信息系统，②小麦长势监测与估产信息系统，③玉米长势监测与估产信息系统，以及其他农作物长势监测与估产信息系统等子系统。

例2，农业环境资源信息系统，是根据资源类别功能分为：土地资源信息系统；土壤资源信息系统；肥料资源信息系统；气候资源信息系统；水资源信息系统；农业环境资源评价系统等6个分系统。在“分系统”下面，又可根据资源的主要功能分为若干“子系统”。例如土壤资源信息系统可以分为①土壤类型及区划信息系统，②土壤质量评价信息系统，③土壤适宜性评价信息系统，④土壤污染评价及其治理信息系统等子系统。

例3，粮食安全保障信息系统，是根据影响粮食安全的重要因素分为：粮食需求量预测与耕地总量动态平衡系统；粮食市场预测及其动态监测系统；粮食生产安全和保收减损技术系统；科技动态及其潜力发挥预测与跟踪监测系统；粮食生产安全及其贮存基础研究等5个分系统。在“分系统”下面，又可根据功能分为若干“子系统”，例如粮食需求量预测与耕地总量动态平衡监测系统分为①粮食需求量预测系统，②耕地总量动态平衡的实施与监测系统等2个子系统。

以上信息系统的分类举例，都是作者为了说明问题的初步认识。有关正确的系统分类分级，有待信息农业发展到一定水平以后，才能提出一个正确的信息系统分类。因此，以上除了“总系统”以外，其他各级信息系统，在目前都可以称为“专业应用系统”，因为，信息系统和专业应用系统，两者还很难划分。

二、专业应用系统举例

40年来，我们已经研制完成以种植业为主的农业信息系统概念框图、农业信息系统总数据库概念框图，并已研发出20多个专业应用系统，曾获得省部级以上的科技进步奖，以及科技成果推广奖励共23项（含参加协作研究的成果奖励）。其中国家科技进步奖3项，省部级科技进步奖一等奖3项、二等奖11项、三等奖5项，以及国家奖二级证书1项。还有，通过省部级鉴定的科技成果7项。

现在，作者从2018年，浙江大学出版社出版的《浙江大学农业遥感与信息技术研究进展》中的下篇：农业遥感与信息技术研究成果的第一部分、科技成果中摘录“农作物长势监测与估产信息系统”“农业环境资源信息系统”“信息农业管理系统”“其他农业信息系统”等四个方面举出5个实例简介。

（一）农作物长势监测与估产信息系统研究

实例1. 浙江省水稻卫星遥感估产运行系统

1. 研究成果获奖

20年的研究过程中，曾获国家科技进步奖三等奖，农业部科技进步奖二等奖、浙江省科技进步奖二等奖2项和三等奖2项，共6项（次）。

2. 研究取得成果

水稻遥感估产研究的时间最长，自1983年开始，一直到21世纪，单项研究成果获奖也最多。水稻遥感估产研究经过水稻遥感估产预试验、水稻遥感估产技术经济研究、我国南方水稻遥感估产技术攻关研究、浙江省水稻卫星遥感估产运行系统研究及其验证试验等五个阶段。其中前三个阶段，取得一系列关键技术突破：①水稻遥感估产农学机理研究（抓住卫星遥感监测水稻氮素营养水平及其与群体数量的相关性为突破口，揭示了卫星遥感的光谱信息与水稻长势、产量之间有很高的相关性）；②水稻区分类（层）技术（研制出4种稻区分类技术）；③稻田信息提取技术（研制出4种稻田信息提取技术，其中以水稻土的土壤分布图为基础的信息提取精度最高，并建立了稻田面积遥感监测信息系统）；④水稻单产估测建模技术（研制出4类2种单产估测模型，其中以结合农作估产模型研制的Rice-SRS模型的估产精度最高）；⑤气象卫星遥感估产技术（提出以像元为单位的气象卫星水稻遥感估产模式）等，解决了一批水稻遥感估产的特殊难题及其关键技术，为建立省、县、乡三级水稻遥感估产运行系统提供了技术条件。

1997—2002年是浙江省水稻卫星遥感估产运行系统及其应用基础研究，其中1999—2000年是“系统运行试验”；2001—2002年是省长基金资助的“系统验证试验”，其目的都是解决估产成本与估产精度之间矛盾，并研发出能实际运行的水稻卫星遥感估产系统。我们采取综合运用卫星遥感技术和地理信息系统、全球定位系统、模拟模型、计算机网络等信息技术，以及融合农学的作物估产模式的技术路线，研制出国际上第一个浙江省水稻卫星遥感估产运行系统（简称“运行系统”）。每年水稻估产费用从198万元降至5万元；4年8次早、晚稻的平均预报精度：种植面积是93.12%，总产是92.18%。达到或超过国家合同指标的面积精度90%~95%、总产精度>85%的要求，每次的估测精度都超过国内外其他同行利用卫星资料进行遥感估产的预测精度。研究成果具有实用性。经由陈述彭、李德仁、辛德惠、潘云鹤、潘德炉5位院士和张鸿芳教授级工程师（农业厅副厅长兼总农技师），梅安新、周长宝、朱德峰、吕晓男、杨忠恩等著名研究员，高级工程师组成的鉴定委员会鉴定，结论是：该项成果的总体水平达到同类研究的国际先进水平，其中多项技术综合集成和遥感定量化技术的应用研究成果有明显创新，具有独到的贡献。鉴定委员会一致同意通过该成果的鉴定。建议有关部门继续支持开展水稻遥感估产技术的深化应用研究和完善业务化运行系统，尽快在省内外推广应用。

3. 存在问题及继续研究

“运行系统”研究成果还存在着估产稳定性欠佳；水稻营养卫星遥感诊断技术还处在地面水平；没有研发出水稻卫星遥感估产的专用软件等3个问题，影响研究成果的推广。我们经过①2003年至2007年，用MODIS卫星替代NOAA卫星和用MODIS数据更新Rice-SRS模型，进行提高水稻卫星遥感估产的稳定性研究，其结果是稳定性平均提高5.3个百分点，每次估产精度都在94%以上。以上研究成果经过湖南省水稻卫星遥感估产系统研究，平均估产精度提高到95%以上。②2010年至2014年，开展基于数字图像和基于机器视觉技术的水稻氮、磷、钾营养诊断研究，初步取得有一定参考价值的诊断指标。往后，要着重研究水稻氮、磷、钾，以及其他营养元素的卫星遥感诊断机理，并将地面遥感诊断移用到卫星遥感诊断。③水稻遥感估产和长势监测的专用软件开发是今后重点研究内容。还有，2006年至2008年，我们已经做过运用微波遥感技术进行水稻面积提取试验，证明有很大优越性，只是估测成本太高，但也是今后研究内容。另外，我所黄敬峰研究员在新疆工作时，参加协作完成“北方冬小麦气象卫星动态监测与估产系统”研究。1991年，获得国家科技进步奖二等奖。

附录：应用基础及方法研究

卫星遥感技术的应用基础是为卫星遥感在农业中应用提供理论依据，也是不断深入研究的理论基础。我们先是在水稻卫星遥感长势监测与估产研究过程中开展的。研究证明：研究地物光谱特性及其变化规律是开展卫星遥感信息在农业上应用的理论依据。因此，研究地物光谱特征及其变化规律，特别是研究不同地物或相同地物处于不同形态时，用其光谱变异性，及其研发的参数（或叫光谱变量）来识别地物是遥感科学的基础。现从大量的应用基础及其方法研究项目中选录如下。

（1）水稻营养氮素水平与光谱特性研究

（2）遥感提取不同氮素水平的水稻信息研究

（3）光谱遥感诊断水稻氮素营养机理与方法研究

（4）不同氮、磷、钾营养水平的水稻叶片及冠层的光谱特性研究

（5）基于高光谱成像技术的作物叶绿素信息诊断机理与方法研究

（6）水稻高光谱特性及其生物理化参数模拟与估测模型研究

（7）水稻 BRDF 模型集成与应用研究

（8）水稻生物物理和生物化学参数的光谱遥感估算模型研究

（9）水稻双向反射模型（BRDF）及其应用研究

（10）植物叶绿素荧光被动遥感探测及应用研究

（11）基于 PROSPECT-PLUS 模型植物叶片多种色素高光谱定量遥感反演模型机理研究

（12）不同土壤（含诊断层）的光谱特性及其在土壤分类中的应用研究

（13）土壤有机质含量高光谱预测模型及其差异性研究

（14）基于土壤可见——近红外光谱数据库的土壤全氮预测模型研究

（15）河口水库悬浮物的光谱性质及浓度遥感受反演模型研究

（16）水库水体叶绿素 a 光学特性及浓度反演研究

（17）基于 Montcavb 方法的水体二向反射分布函数（BRDF）模拟

（18）基于神经网络和支持向量机的水稻信息提取研究

（19）MODIS 数据提高水稻卫星遥感估产精度稳定性研究

（20）MODIS 数据更新 Rice-SRS 的水稻估产研究

（21）区域性冬小麦籽粒蛋白质含量遥感监测技术研究

（22）农作物群体长势遥感监测及参量空间尺度问题研究

（23）基于遥感数据的作物长势参数反演及其作物管理分区研究

（24）基于 MODIS 和气象数据的陕西省小麦和玉米产量估算模型研究

（二）农业环境资源信息系统

实例 2：浙江省红壤资源信息系统

1. 研究成果获奖

研究期间曾获浙江省科技进步奖二等奖 2 项，另外，王人潮等 7 人参加协作研究完成的“浙江土壤资源调查研究”，1990 年获浙江省科技进步奖一等奖。

2. 研究取得成果

首先在 1979—1987 年，运用航卫片进行小、中、大、详细等四种比例尺的土壤调查与制图技术研究，创造性地研制提出航、卫片土壤调查与制图技术规范，解决了土壤图的精度差和重复性差的国际性技术难题，大幅度地提高了土壤图的精度、可信性和实用性，获浙江省科技进步奖二等奖。该项技术用于浙江省土壤资源调查研究，主要是检查和修正土壤普查成果图以及补充土壤调查等，发挥重要作用。它是浙江省科技进步一等奖的重要内容之一。

其次是运用航、卫片土壤调查技术，用于“浙江省红壤资源遥感调查及其信息系统研制与应用”的研究，取得以下主要成果：①首次提出四级红壤资源分类法；②查明红壤资源的数量与质量及其分布现状，其中特别是查清未利用土地的分布现状及其空间分布规律和质量情况；③研制出由省级（1∶50 万）、地市级（1∶25 万）和县市级（1∶5 万）3 种比例尺集成的具有无缝嵌入和面向生产单位服务等良好功能的土壤资源信息系统；④研制出容差格网矢量法支持下的遥感信息逐步分类技术；⑤研制出县级柑橘选址，以及玉米计量施肥两个具有人工智能化功能的咨询系统；⑥开发出气象空间分布模拟等 5 个模型，为实施现代化农业管理计算机化提供了技术条件。研制的红壤资源信息系统是国内第一个由 3 种比例尺集成的具有智能化性质的土壤资源信息系统，也是国内第一个农业资源领域的信息系统。经由赵其国、辛德惠、潘云鹤等 3 位院士，以及国内的土壤、植物营养、地理、测绘、遥感、信息技术、模拟模型领域的 12 位著名专家组成的鉴定委员会的成果鉴定。结论是：该项成果获得了丰硕的集成性、开创性科研成果，解决了一批关键技术问题，在同类研究中总体水平达到国内领先和国际先进水平。

附录：其他研究内容

农业环境资源领域是我们研究内容也多、面也比较广的内容，其中研究完成的还有①浙江省海涂土壤资源利用动态监测信息系统；②浙江省低丘红壤调查与评价；③农业资源信息系统；④浙江省土壤资源数据库；⑤浙江省三个主要农业地貌区的土壤与稻谷微量元素空间变异规律；⑥“3S”支持下的区域资源可持续利用模式；⑦不同尺度土壤质量空间变异机理、评价及其应用研究；⑧无人机农田实时信息获取和卫星墒情遥感于一体的多维管理决策系统；⑨浙江省地质环境与农产品安全研究；⑩设施栽培农作物冠层养分测试、病虫害无线远程控制系统等。

实例 3. 土地利用总体规划信息系统

1. 研究成果获奖

研究期间，“土地利用总体规划的技术开发与应用”获浙江省科技进步奖三等奖。另外，王人潮参加研究完成的“浙江土地资源详查研究”，1998 年获浙江省科技进步奖一等奖。

2. 研究取得成果

本项研究是在执行国家土地管理局的试点项目：“杭州市土地利用总体规划”和“温岭市土地优化配置技术开发与应用研究”过程中进行的。研究目的是研发出杭州市和温岭市的土地利用总体规划系统。我们运用地理信息系统（GIS）和模拟模型等高新技术，分为开发数据库、模型库、方法库和空间分析系统等专题研究。主要创新性成果有：①研发出具有土地数量合理分配和空间优化布局，并能适应情况变化进行调整等良好功能的杭州市土地利用总体规划信息系统、温岭市土地利用总体规划系统；②自行开发了土地利用总体规划信息系统通用软件（ILPIS），作为土地利用总体规划的主要技术工具，这在国内外均属首次；③ILPIS 中的土地动态仿真系统，可实现土地利用的动态规划，使规划方案具有动态性、弹性和可调节性，以适应不同的社会经济条件和政策水平，并可对规划方案进行跟踪管理和适时调整；④ILPIS 中的可能—满意度多目标决策方法，可用于对各种用地进行综合性评判和多目标决策；⑤应用 ILPIS 进行土地利用总体规划，把数据的定量分析与图形图像的空间分析相结合，具有直观性，使结论更具有可靠性；⑥完成、特别是运用 ILPIS 完成杭州市土地利用总体规划信息系统，这在国内是首次。经由国家土地管理局业务副局长马克伟教授、国务院农业规划办公室主任兼农业部规划司司长张巧玲教授和梅安新、马裕祥、何绍箕、李百冠、何守成等著名教授和高级工程师等组成成果鉴定委员会鉴定，结论是：该成果具有很高的创新性、通用性和实用性。总体水平处于国内领先地位，达到国际先进水平。

附录：其他研究内容

土地资源信息系统是农业环境资源信息系统中，研究数量最多、范围也最广，特别是成果推广应用是最好的。全部研究成果都由土地管理部门组织推广，大大提高了土地管理水平，取得了很大的经济社会效果。

其他研究成果有：①土地利用现状调查信息系统；②土地利用变化动态监测及其变更调查信息系统；③农业、农村、城镇土地分类、定级、评价信息系统；④城市、乡镇扩展动态监测及其变更、定界信息系统；⑤耕地分等、定级、估价和耕地动态监测、总量动态平衡，以及基本农田保护管理等信息系统；⑥土地利用管理决策支持系统；⑦基于 WebGIS 的富阳市耕地质量查询与施肥咨询系统研制；⑧基于 HTMS 与金属污染可视化评价系统研究；⑨基于 WebGIS 的龙井茶溯源与产地管理系统研究；⑩农业环境评价信息系统等。

其他还有基础性研究内容：①中国经济发达地区土地利用变化及扼动机制与预测模型研究；②城乡土地分等定级及其划界的综合因子定界模型研究；③土地利用覆盖变化分类研究；④各业用地土地适宜性评价及指标研究；⑤村镇土地空间优化配置研究；⑥湿地动态变化分析及其生态健康评价；⑦水体水质参数遥感及其估测模型研究；⑧工业园区土地覆盖与建筑密度的航空遥感及其适宜配比研究；⑨生态保护红线划定和土地分区（布局）研究；⑩保证粮食安全的耕地保护及其多种规划融合的“三业”用地合理布局的探索性研究等。

（三）信息农业管理系统

信息农业管理系统是指：网络化的“四级五融”信息农业管理体系（简称“四级五融”农业管理系统和信息农业管理系统）。它是由国家、省（区市）、县（市）、和乡（镇）四级，根据各级的职能把领导、科技、推广、培训和生产五个融为一体的信息农业管理系统。现今，我们虽已研制出“四级五融”信息农业管理体系的框架，但需要通过“国家试点”才能完成。我们已经做了农业生产单位，或专业项目的管理系统，例如农业高科技示范区管理信息系统和黄岩柑橘生产管理信息系统。从农业管理来说是很不完整的，有待在农业信息化（工程）建设过程中，通过改革创新，因地制宜地研发出各级信息农业管理系统。再融合集成为网络化的“四级五融”信息农业管理体系。但是，农业高科技示范区管理信息系统和黄岩柑橘生产管理系统，都在生产管理中发挥一定的作用，前者获得省级科技进步奖二等奖。

实例 4. 农业高科技示范园区信息管理系统

1. 研究成果获奖

获浙江省科技进步奖二等奖（我所章明奎教授参加研究，由我的博士研究生吕晓男带课题到省农科院，在博士论文的基础上研究完成的）。

2. 研究取得成果

农业高科技示范园区是我国农业信息化发展的重要内容之一，具有高投入、高产出以及物质、能量和信息运转快的典型特征。在信息技术的支持下，大量图件资料通过数字化设备输入计算机，建立园区数据库及其信息管理系统，通过GIS强大的空间分析功能，产生各种专题图，为决策者提供全面、丰富和综合的信息，综合提高园区建设、生产管理和经营的技术水平以及示范作用的效果。取的主要成果如下。

（1）农业高科技示范园区数据库构建。构建数据库内容包括：①园区和周边地区的各种图件资料或空间信息 主要包括行政图、土壤图、土地利用现状图、地形图、遥感影像资料、园区规划图、绿化带分布图、道路图、地下或地面的灌排水图、地下有线电视管线、路灯管线、通信管线和网络线图等；②农业科技资料有作物品种、作物产量、施肥量、土壤样点测定值、土壤剖面性状、肥料类型、施肥资料、作物和农业景观照片等；③社会经济资料有人口、收入、土地面积等；④经过空间分析形成的各种专题图，如土壤氮、磷、钾、有机质和重金属等空间变异图，作物产量空间变异图等；⑤其他农业园区中的一些企业和产品资料等。

（2）农业高科技园区信息管理系统研制。该系统是以ESRI公司的地理信息系统二次开发软件MapObjects为核心，以ShapeFile为主要空间数据格式，实现图属一体化管理。并以Visual Basic 6.0为二次开发语言，在Windows 2000或Windows XP环境下进行开发集成的。该系统主要应用于高效、有序地管理园区的资源环境信息、社会经济信息、农业科技信息以及园区的景观作物长势信息等，还可以根据特定园区的具体要求增加一些专业模块如精确施肥、土壤质量评价等。该系统的主要功能：①地图发布；②信息更新；③空间和属性信息的查询检索；④决策咨询。

附录：其他研究内容：①柑橘优化布局及其生产管理决策咨询系统（这是我国研发的第一个农业管理信息系统）；②农业园区管理信息系统的构建研究；③农业园区管理信息系统；④农产品安全基础数据库和决策咨询系统；⑤黄岩柑橘生产管理咨询系统与应用；⑥基于的现代WebGIS化农业园区管理系统关键技术及其应用研究；⑦现代农业示范园区网络化管理信息系统设计与实现；⑧农业养分流失风险评价及养分平衡管理研究等。

（四）其他农业信息系统

其他农业信息系统的研究内容，包括农业灾害（地质灾害、气象灾害、病虫害和旱灾洪水灾害）、生态环境、水稻以外的农作物，以及设施栽培等内容。其他类的获奖成果最多，但都是我所参加协作完成的项目，共获奖成果13项，其中国家科技进步奖3项（含国家奖二级证书1项），省部级科技进步奖一等奖3项、二等奖6项。

实例 5. 浙江省实时水雨情 WebGIS 发布系统

1. 研究成果获奖

浙江省科技进步奖二等奖（我所史舟教授参加水利厅协作完成），另外，我所黄敬峰研究员参加协作完成的“农业旱涝灾害遥感监测技术”科技成果，获国家科技进步奖二等奖。

2. 研究取得的成果

地理信息系统（GIS）能够高效快速地表达、管理和分析各类空间数据。将 GIS 技术与水雨信息采集系统相结合，并辅助以各类水利工程数据和水利专业模型，为防汛指挥部提供多方位的参考数据。同时，对各种水利信息进行深层次的分析，使系统具有决策辅助支持能力，为防汛指挥调度建立基于 Web 技术的水雨信息系统，加快浙江省防汛抗旱指挥系统的建设工作。水雨 WebGIS 发布系统是为防汛提供决策依据，需要保证水雨数据的实时性和有效性为前提，提供可视化的 GIS 图形操作界面，实现水位雨量的分级显示与标注；查询各个不同时段不同站点的水位雨量数据，实现水位雨量数据的图形化表达等功能。主要研究成果如下。

（1）研发出水雨信息查询模块，水雨情监视模块，水雨情预警模块，水雨形势分析模块，水雨情过程表达模块，系统管理模块等 6 个功能模块。

（2）采用统计模型同空间插值相结合的方法进行降雨空间分布插值研究，并对生成的面域图按等级、按流域进行面积统计，实现降雨等值线的绘制。能进行①水情监视预警、包括四种报汛站点水库水位站、河道水位站、堰坝水位站、潮位水位站进行实时监视及预警，能根据不同类型站点各自的预警条件在图上以不同颜色表示，同时在图上标注出各个站点当前的水位值，并能够查看站点的其他属性信息及其水位过程线信息。②雨情监视预警。雨情的预警包括 1 小时、3 小时、6 小时、1 天、2 天、3 天六个时间段的累计雨量信息的监视和预警。

实现水雨 WebGIS 发布系统的主要功能：①能用地图符号分颜色表示不同雨量级别的预报站点；②能在图上标注出所有超警站点的雨量值；③能以统计表的形式列出所有超警站点的详细信息；④能查看站点详细过程线信息。最后，在实时汛情监测的应用中需要了解水位站点的变化情况。本系统的实现是在用户对站点定位时候，同时开一单站雨水信息变化的图形过程显示窗口，并在图上同时显示该站特征参数。对雨量、水位、流量等信息按时段和累计进行过程显示分析。分析方式有图表类（日降雨量图表、水位过程线、降雨累积曲线、流量过程线等）、报表类（逐时水雨情报表、四段制水雨情报表、水库水情表等）、静态信息类（流域雨量信息图、预报信息等）等。本系统在省水利厅发布应用。

附录：其他研究内容

农业灾害类：①中国南方双季稻低温冷害评估、遥感监测与损失评估研究；②基于多源数据冬小麦冻害遥感监测研究；③基于GIS和遥感的东北区水稻冷害风险区划与监测研究；④川渝地区农业气象干旱风险评估区划与损失评估研究；⑤耦合遥感信息与作物生长模型的区域性低温影响监测；⑥多源遥感数据和GIS支持下台风影响研究；⑦中国南方稻区褐飞虱灾害分析及预警系统的研究与应用；⑧稻飞虱生境因子遥感监测与应用；⑨多源遥感数据小麦病虫害信息提取方法研究。

生态环境类：①地表演变时城市热环境的定量研究；②多时空尺度的生态补偿量化研究；③基于GIS的气候要素空间分布研究和中国植被净第一生产力的计算；④利用生态因子和遥感分区对小麦品质监测研究；⑤基于多源数据和神经网络模型的森林资源蓄积量动态监测；⑥富春江两岸多功能用材林效益一体化技术研究。我所史舟教授参加协作研究完成，获浙江省科技进步二等奖；⑦浙江省农业地质环境与农产品安全研究；⑧农业生态环境评价系统研究；⑨城市生态环境评估系统研究。

其他作物类：①不同水平油菜氮素含量遥感信息提取方法研究；②基于光谱及光谱成像技术的果蔬类农产品快速分级和品质监测仪器试验；③大型海澡（羊栖菜和石莼）生理生化特性对营养和水流失的环境影响研究；④基于信息技术的枫桥香榧特征分布与适应性研究；⑤面向对象的高分辨率影像香榧分布信息提取研究；⑥香榧资源遥感调查及其生长适宜性评价研究；⑦草地、小麦、土壤水分的卫星遥感监测与服务系统研究（我所黄敬峰研究员在新疆工作时，参加协作研究完成，获新疆维吾尔自治区科技进步奖二等奖）；⑧新疆主要农作物与牧草生长发育动态模拟与应用（我所黄敬峰研究员在新疆工作时，参加协作完成研究，获新疆维吾尔自治区科技进步奖三等奖）。

设施栽培类：设施栽培物联网智能监控与精确管理关键技术与装备。我所史舟教授参加协作完成，获浙江省科技进步奖一等奖。

著后语

我在退休14年以后，88岁高龄时完成最后一部创新著作：《网络化的融合信息农业模式》（信息农业）第一稿。我思绪万千，很高兴。但是，我在写作过程中，也产生过和遇到一些思想矛盾和实际问题。首先是有的同事、同行朋友劝我专心养身保健，享受晚年的幸福生活，不要去写关于国家大事的著作，以免不顺心而自找烦恼。其次是高龄撰写创新著作，思维有些迟钝，特别是系统性思维不能完整表达；还经常发生短暂失忆，例如常用的一些字、词、人、事都一时想不起来、前面写的后面就忘记。这样写作不仅速度慢，而且会发生前后矛盾、重复或差错等，影响写书的质量。但是，我回忆起：我自幼农业劳动、务农 3 年半，从事高等农业教育、科研及农技推广 60 年，其中农业信息化研究为主的有 40 年；除畜牧系外，我主讲过浙农大所有专业的相关课程，以及 20 多个农技培训班的讲课（含编写讲义）；我主讲土壤农化专业密切联系农业生产的专业课，及其教学实习、生产实习、综合教学基地建设等，还多次下乡蹲点从事科学研究和农技推广工作等，每年都有机会从事农业、农村调查。特别是我曾担（兼）任：省农科院土壤研究室主任、红壤改良利用试验站站长，浙农大土壤教研室副主任，土化系副主任、系主任，土地科学与应用化学系系主任、研究所所长，校科研处长，校务委员会副主任；省重点实验室主任，省科协委员、常委兼科技兴农工委副主任，省人大科工委委员、省遥感中心副主任（主任由省科委主任兼）、省高校遥感中心主任等职务；国家自然科学基金、国家科技项目及重大专项，国家科技成果、国家重点实验室等的评审及中期检查委员会委员（专家组成员），以及中国遥感应用协会等 6 个国家级学（协）会的理事、常务理事；浙江省土地学会等 5 个省级学（协）会的理事、常务理事，副理事长，名誉理事长和《科技通报》《遥感应用》等 5 个科学杂志的编委、副主编、主编等；省农资技术顾问团团长，省高新技术产品审定委员会委员，省高校职称、科技奖励和优秀论文等评审委员会委员或副主任委员，还被世界教科文委组织聘为专家组成员，并获“首届特殊贡献专家金质勋章”等。社会兼职很多很广，有时同时兼职 20 多个，其主要任务都是科技成果的评审、管理及其科普宣传、推广工作。我是一个坚持 25 年争取才入党的老党员，为了不忘立志学农的初心、终生为“三农”服务、为农业找“出路”的心愿；更是为了落实党中央总书记、国家主席习近平提出的走出“新型农业现代化道路”和“现代农业发展道路”，全面、加速摆脱农业经营落后、农民低收益的困境。我深知、有责任排除思想障碍、克服所有困难，在系统总结 60 年的高等农业科教成绩及其科技推广的经验、教训和体会，以及系统总结、深化农业遥感与信息技术研究成果的基础上，根据“新型农业现代化道路”和“现代农业发展道路”；遵循“绿水青山就是金山银山”的发展理念，以及大农业、信息化的发展思路，撰写出《网络化的融合信息农业模式》(信息农业) 第一稿创新专著，用作推动我国农业信息化（工程）建设，促进农业经营模式跨越式转型，实施信息农业，以求取得农业可持续发展、获取大幅度提高农业产值，增加经济收益、提升农民生活水平。可见，它应该是我国全面实施“乡镇振兴”战略和“扶贫脱贫”伟大工程的重要内容及其持续发挥作用的有效措施。

《网络化的融合信息农业模式》是在信息时代、中国特色社会主义新时代，从无到有的创新专著。它的创新性、理论性、先进性、综合性、科学性、技术性、实用性都是很强的著作。它是浙江大学农业遥感与信息技术应用研究所、浙江省农业遥感与信息技术重点研究实验室的全体同志，以及历届250多名研究生、进修教师和合作研究人员们共同协作、坚持艰苦研究取得的重大成果。由于作者的业务水平和老年多病等原因，对一部从无到有的、完全是创新的科技著作，在撰写内容、文字表达、章节安排等都会有不妥，甚至错误，敬请读者批评指正。

最后，我要首先深情感谢浙江大学航空航天学院副教授、81岁高龄、我的夫人吴曼丽，在体力不济、视力不佳的情况下，全方位支持我撰写“专著”，还承担校、审，坚持打字成册。其次，《网络化的融合信息农业模式》(信息农业) 第一稿的内容还不完整，更没有经过实践检验。特别“专著”是从无到有的创新著作，某些提法和用词都有可能不妥，甚至是错误的。因此，我决定暂不出版，内部印发，把出版的希望，寄托于我的学生们，有志推动、实施信息农业的继承者来完成吧！

著者　王人潮

2018年8月1日

于浙江大学

附1：撰写《网络化的融合信息农业模式》创新著作的说明

1979年是我国实施改革开放的第二年。我获得农业部首次下达的“卫星资料在农业上的应用研究”项目，开始运用卫星资料在土壤中的应用研究，1982年成立土壤遥感应用科研组。随着研究内容的扩展，1986 年校领导批准扩建为农业遥感技术应用研究室。1992 年提出农业遥感与信息技术新概念，省教委批准扩建为浙江农业大学农业遥感与信息技术应用研究所。到 1999 年，我在国家教育部“农业新技术工作会议”上作“论农业信息系统工程建设”专题报告与讨论后，有了信息农业的想法；2001 年，经过近 20 年的运用信息技术，进行卫星遥感资料在农业上的应用基础和基础研究，取得一系列成果后，提出了农业信息系统、专业应用系统、农业信息管理系统、农业决策咨询系统、农业信息系统（工程）建设，以及信息农业、农业信息科学与农业信息技术等等一系列的新概念，并开始组织编写《农业信息科学与农业信息技术》专著，其中将信息农业界定为“在全面掌握和综合分析农业生产信息（农业数字化）的基础上，因地制宜地运用现代农业遥感与信息技术，选出组合最佳信息实施农业生产的全过程”。于 2003 年由中国农业出版社以重点科技著作出版；2003 年，应国家科委邀请，在“中国数字农业与农村信息化发展战略研讨会”上，作“中国农业信息技术的现状及其发展战略”的报告与讨论后，参加“十一五”国家支撑计划“现代农业信息的关键技术研究与示范”重大项目的立项论证与评审（副组长）；同年，我中标主编农业部的《农业资源信息系统》新编统用教材，对农业信息科学与农业信息系统的形成与发展作了较详细的讨论，教育部批准为“面向 21 世纪课程教材”。

2014 年，我已是退休 9 年、74 岁的老人了，我才看到时任浙江省委书记习近平在 2007 年提出：“努力走出一条经济高效、产品安全、资源节约、环境友好、技术密集、凸显人才资源优势的新型农业现代化道路”，（简称新型农业现代化道路）。我很兴奋，对我的启发很大。我开始从如何走出新型农业现代化道路进行研究，有了促进农业模式转型的想法。2009 年初，国家遥感中心建议我写一份“中国农业遥感发展纲要”。我愉快地答应了，并在 8 月 28 日完成《中国农业遥感与信息技术十年发展纲要》（国家农业信息化建设、2010—2020 年）征求意见稿（3）。我开始从我国几千年来的农业模式转型的历史认识，提出了现行农业经营模式急需转型为信息农业模式的建议。

2015 年，我再次看到中共中央总书记习近平主席提出：“同步推进新型工业化、信息化、城镇化、农业现代化，薄弱环节是农业现代化。要着眼于加快农业现代化步伐，在稳定粮食和重要农产品产量、保障国家粮食安全和重要农产品有效供给的同时，加快转变农业发展方式，加快农业技术创新步伐，走出一条集约、高效、安全、持续的现代农业发展道路”（简称现代农业发展道路）。此时，我完全明确：我国农业必须运用农业遥感与信息技术，通过深化改革与实践，走出“新型农业现代化道路”和“现代农业发展道路”（简称“两条道路”），农业才能有大发展。2016 年，我组织梁建设研究员（副所长）担任主编，我任顾问，开始系统总结浙江大学，近 40 年的农业遥感与信息技术研究成果，2017 年 8 月完成《浙江大学农业遥感与信息技术研究进展》（1979—2016）的撰写任务，2018 年 5 月由浙江大学出版社出版。《研究进展》中提出了“网络化的融合信息农业模式”（简称信息农业），并提出了“浙江省农业信息化（工程）建设国家试点方案”（推动新一次农业技术革命、促农业经营模式转型升级）。2018 年，我又看到习近平主席指出："信息化为中华民族带来了千载难逢的机遇，必须敏锐地抓住信息化发展的历史机遇，发挥信息化对经济社会发展的引领作用"和"加强创新驱动系统能力整合，打通科技和经济社会建设发展的通道，不断释放创新潜能，加速聚集创新要素，提升国家创新体系效能"等。我结合自身的学业认真学习后，深刻地认识到：运用农业遥感与信息技术为主的高新技术，研究走出"两条道路"是解决"农业老大难问题"的出路和方向，坚定了我推进现行农业模式转型为信息农业的意志与信心。

我出身农村，自幼农业劳动10多年，其中务农三年半，我一生从事高等农业科教、农技推广、农科普及与管理，以及下乡蹲点科研和农村、农业调查等工作60年，特别是我有40年的农业信息化研究的实践。因此，我不忘初心，有责任、有条件建议我国在党和政府的领导下，组织科技人员，发动群众，发动一次新的农业技术革命，通过农业信息化（工程）建设，促进农业农村社会变革；促进现行农业模式跨越式转型，实施信息农业，走出"新型农业现代化道路"和"现代化农业发展道路"，实现我国农业大发展。为此，2018年，我又开始撰写《网络化的融合信息农业模式》（信息农业）第一稿。2018年8月，该书由浙江大学农业遥感与信息技术应用研究所、浙江省农业遥感与信息技术重点研究实验室付印。希望该新著与《浙江大学农业遥感与信息技术研究进展》共同用作推动《信息农业》的文字资料。

附2：《信息农业》的创新科技著作和高校教材目录

王人潮，黄敬峰著. 2002. 水稻遥感估产［M］. 北京：中国农业出版社.

王人潮，史舟，王珂等. 2003. 农业信息科学与农业信息技术［M］. 北京：中国农业出版社.

黄敬峰，王福民，王秀珍. 2010. 水稻高光谱遥感实验研究［M］. 杭州：浙江大学出版社.

黄敬峰，王秀珍，王福民. 2013. 水稻卫星遥感不确定性研究［M］. 杭州：浙江大学出版社.

王人潮，史舟，胡月明. 1999. 浙江红壤资源信息系统的研究与应用［M］. 北京：中国农业出版社.

周斌，丁丽霞，史舟等. 2008. 浙江海涂土壤资源利用动态监测系统的研制与应用［M］. 北京：中国农业出版社.

史舟. 2014. 土壤地面高光谱遥感原理与方法［M］. 北京：科学出版社.

史舟，李艳. 2014. 地统计学在土壤学中的应用［M］. 北京：中国农业出版社.

王珂，张晶. 2017. "多规融合"探索：临安实践［M］. 北京：科学出版社.

王人潮. 2000. 农业资源信息系统［M］. 北京：中国农业出版社.

王人潮，王珂 . 2009. 农业资源信息系统（第二版）［M］. 北京：中国农业出版社.

史舟 . 2003. 农业资源信息系统实验指导［M］. 北京：中国农业出版社.

梁建设 . 2018. 浙江大学农业遥感与信息技术研究进展［M］. 杭州：浙江大学出版社.

张建华，黄敬峰 . 1995. 农牧业生产模拟研究［M］. 乌鲁木齐：新疆科技卫生出版社.

黄敬峰，谢国华 . 1996. 冬小麦气象卫星综合研究［M］. 北京：气象出版社.

李建龙，黄敬峰，王秀珍 . 1997. 草地遥感［M］. 北京：气象出版社.

朱志泉，朱有为，史舟等 . 2009. 农业土壤环境与农产品安全研究［M］. 北京：中国农业出版社.

史舟 . 2011. 农业前沿技术与战略性新产品［M］. 北京：中国农业出版社.

王人潮 . 2011. 王人潮文选续集——退休后的工作与活动［M］. 北京：中国农业科学技术出版社.

附 3：用作补充教材的相关著作目录（不同生源研究生的选修资料）

王人潮 . 1982. 水稻营养综合诊断及其应用［M］. 杭州：浙江科学技术出版社.

王人潮 . 1993-1994. 诊断施肥新技术丛书（13 分册）［M］. 杭州，浙江科学技术出版社.

王人潮（业务主编）. 1999. 浙江省土地资源，杭州：浙江科学技术出版社.

王人潮 . 1983. 土壤遥感技术应用 . 浙江农业大学土壤教研组印.

王人潮编著 . 2011. 土壤调查与制图（组编本），浙江大学农业遥感与信息技术应用研究所印.

B. A. 安德罗尼科夫著，王深法译 . 1998. 土壤研究的遥感方法（俄译本）［M］. 成都：成都科技大学出版社.

李艳、史舟（参译）. 2017. 环境科学与管理采样方法［M］. 北京：科学出版社.

推动现行农业模式快速转型为信息农业所做的工作

我在协助指导梁建设研究员（副所长），撰写《浙江大学农业遥感与信息技术研究进展》（1979—2016），以下简称《研究进展》的过程中，我明确：推动以农民为主体、由农户经营的农业模式，快速转型为以乡镇为主体的专业化集体规模经营的信息农业模式，能破解国家重中之重“三农”老大难的关键环节，走出习近平主席提出的“新型农业现代化道路”和“现代农业发展道路”，以下简称“两条道路”。它是适合信息时代、中国特色社会主义新时代的农业经营模式。但它的实现，必定会牵涉农业农村的多方面制度的改革。因此，它不仅是一次新的农业技术革命，还是一次农业农村的社会变革，困难会很大。特别是国家为了稳定土地承包制，以搞活土地经营关系，提出实现农村土地所有权、承包权、经营权“三权”分置并行制度。正在推广土地流转、大力培育家庭农场、农业合作社等新型农业经营主体，以解决农户经营面临的困难。我国还正在实施“乡村振兴”战略和“扶贫脱贫”伟大工程等。这些都有可能在认识上增加现行农业模式转型为信息农业模式的困难。其实他们的工作目标是一致的，并有助于“乡村振兴”和“扶贫脱贫”可持续发挥作用，还能防止脱贫后的返贫等。

为了推动现行农业模式快速转型为信息农业，我竭尽全力，做了最大努力。2016 年 12 月 12 日，我第一次给校长写了“关于农业信息化建设的建议”的报告。校长回答是：拿出具体方案来。我们在完成《研究进展》专著后，2017 年 9 月 10 日，我第一次给提出“两条道路”的习近平主席写了报告，并附上“试点方案”和《研究进展》的前言两个附件。还委托浙江省老书记、党中央书记处书记赵洪祝转交。9 月 12 日，我第二次给校长写信，并附送给主席的报告和材料。12 月 16 日，我给浙江省委领导写了“关于《落实习近平总书记的指示、促进现行农业模式转型升级》的报告”，并附送给主席的报告与材料。

在完成《网络化的融合信息农业模式》（信息农业）第一稿以后，2018 年 9 月 20 日，我第二次给习主席写报告，并寄去《研究进展》和《信息农业》

两册科技专著，被转到国家信访局，没有能送到主席手上。同日，我给浙江省科技厅写了报告，并附上《研究进展》和《信息农业》两本专著。9 月 25 日，我第三次给校长写报告，并附上《研究进展》和《信息农业》两本专著。10 月 27 日，我第四次给校长写报告，要求能听汇报和召开论证会。

2019 年 3 月 15 日，我第五次给校领导写报告，并送去《我国现行农业模式快速转型为信息农业的紧迫性及其“试点”可行性报告》，要求召开一次规模比较大的，全校、省级、甚至国家规模的“论证会”。4 月 18 日，吴朝晖校长批示：发展数字农业，聚集智慧农业是我校涉农学科的主要方向。请小撑阅研并学部研究，加以推进。接着我在农业遥感与信息技术应用研究所，进行一次题为“科学研究的目的和新学科的发展及其为农业发展服务的问题”（推动农业信息化、促进农业模式转型，争取国家试点、助推新学科发展）的动员报告；2019 年 5 月 23 日，在浙江大学农业生命环境学部“论证会”上作：我国现行农业模式快速转型为信息农业的紧迫性及其“试点”可行性报告；2019 年 6 月 9 日，在浙江大学“西湖学术论坛”上作：论我国农业模式转型、解决国民经济建设的“短板”问题（破解国家重中之重“三农”老大难的关键环节），2019 年 7 月 1 日，我代学校起草呈报“中央全面深化改革委员会、党中央总书记习近平主席”的报告和建议，报送给吴校长和任书记。不久，当我看到习近平主席在 2019 年 9 月 5 日给全国涉农高校的书记校长和专家代表的回信，在 2019 年 9 月 15 日第七次给吴校长、任书记写信。汇总如下。

一、两次呈报习近平总书记的报告

（一）2017 年 9 月 10 日，第一次呈报习近平总书记的报告

尊敬的中共中央总书记习近平主席钧鉴

总书记、主席好！

早在 2007 年，主席在主政浙江省工作时，就提出“努力走出一条经济高效、产品安全、资源节约、环境友好、技术密集、凸显人才资源优势的新型农业现代化道路”（简称新型农业现代化道路）。2015 年，我又看主席提出“要着眼加快农业现代化步伐，在稳定粮食和重要农产品产量、保障国家粮食安全和重要农产品有效供给的同时，加快转变农业发展方式，加快农业农业技术创新步伐，走出一条集约、高效、安全、持续的现代农业发展道路”（简称“现

代农业发展道路"），往后，简称为"两条道路"。这是我国"三农"工作的一件划时代的大事，也是我国农业科技工作者的伟大使命，更是为我们农业遥感与信息技术应用研究所明确了研究方向和奋斗目标。我经过60年的农业科教、及其近40年的卫星遥感与信息技术的应用研究，找到了一条科研型的"两条道路"。

我出生在半山区农村，6岁学种田、9岁上山砍柴，12岁小学毕业后务农。15岁抗日胜利后进了初中，毕业后仍务农。1949年家乡解放，我有机会从事小教工作。1952年，我通过"国家同等学历考试"保送进高三读一年，1953年高中毕业。我立志学农，以第一志愿考取南京农学院。1957年毕业后分配到浙江省农科院从事科研工作，1960年转到浙江农业大学任教。我一直担任联系农业生产的科教任务，我除了畜牧系以外，主讲过浙农大所有专业的相关课程，并为20多个各类农技培训班讲课并写讲义。还有，我每年带学生下乡教学、生产实习和调研；多次长期蹲点科研和农技推广，都取得很好成绩。例如"文革"期间，在富阳县蹲点8年，全县平均亩产从350千克增加到800千克，基地亩产达到830千克。"文革"结束后，我能独立自主开展科教工作。1979年，我开始接触并开展卫星遥感与信息技术在农业中的应用研究。60年来，我拒绝专职担任行政领导和从事土地资源开发等的名利引诱，全身心地投入农业科教工作，教学、科研都取得好成绩。1986年和1991年两次得到以邓小平同志为核心的党和国家领导的接见合影，深受鼓舞、激励和教育。

2007年和2015年，我看到主席"两条道路"的指示后，就下定决心为实现主席的指示而努力奋斗。这也是我立志学农的初心和毕生心愿。在2009年，我曾接受国家遥感中心的建议，起草了《中国农业遥感与信息技术研究十年发展纲要》（农业信息化建设，2010—2020）。上报给国家农业部和科技部。

我是2003年办了退休手续，学院续聘2年，于2005年（75岁）退休，但工作不停，现在已是87岁的老人了，体力有些不济，看书写字都有点困难。但是，为了落实主席的走出"两条道路"的指示，我在指导编写《浙江大学农业遥感与信息技术研究进展（农业信息化研究，1979—2016）》的基础上，起草了《浙江省农业信息化建设国家试点》实施方案。我校新任校长已有意上报，争取通过试点实践、改革创新，走出能在我国全面推行的"两条道路"。这是我国在信息时代、中国特色社会主义新时代，以卫星遥感与信息技术等高新技术为主导的、技术密集的新一次农业技术革命和农业农村的社会变革；是农业经营模式的飞跃转型，技术经济难度都会很大，推动农业模式转型需要国家党政领导的支持。为此，我把主要资料呈报给您——我最尊敬的、提出“两条道路”的国家主席，敬请审阅、赐教、批示。

报告人
浙江大学退休教师，中共党员
王人潮　敬上
2017年9月10日

附件1：《浙江省农业信息化建设国家试点》实施方案
（推动新一次农业技术革命、促现行农业模式转型升级）

早在2007年，习近平主席在主政浙江省工作时就提出：“努力走出一条经济高效、产品安全、资源节约、环境友好、技术密集、凸显人才资源优势的新型农业现代化道路”，2015年又提出“要着眼加快农业现代化步伐，在稳定粮食和重要农产品产量、保障国家粮食安全和重要农产品有效供给的同时，加快转变农业发展方式，加快农业农业技术创新步伐，走出一条集约、高效、安全、持续的现代农业发展道路”。这是我们农业科技工作者，在新时期、信息时代，促进农业信息化、农业经营模式转型升级的伟大使命。浙江省具备农业信息化建设、走出“两条道路”的技术条件。

一、制订“实施方案”的说明（依据）

农业信息化建设就是要走出习主席提出的“两条道路”。这是一次以卫星遥感与信息技术为主导技术的、新的农业技术革命和农业农村的社会变革；是促进我国现行的、由封建社会和资本主义社会两种混合型的农业模式，向着信息时代、中国特色社会主义新时代的网络化的融合信息农业模式（简称信息农业）快速转型。这是一次从几百年的农业模式转型期，缩短到10年左右的腾飞式的农业模式转型，不仅技术性强、难度很大，而且推行实施也很困难。

1. 农业生产伴随着运用常规技术难以调控与克服的5个基本难点，这是严重影响农业生产发展的自然原因

农业生产是在地球表面露天进行的、有生命的、社会性的生产活动。它伴随着生产的分散性、时空的变异性、灾害的突发性、市场的多变性，以及农业种类及其动植物生长发育的复杂性等人们运用常规技术难以调控与克服的5个基本难点。这就是形成农业生产长期以来，一直处于靠天的被动局面、农业生产脆弱性的自然原因，也是农业行业的发展速度始终落后于其他行业的根本原因。我经过60年的农业科教、近40年的卫星遥感与信息技术在农业中的应用研究与实践证明：在我国社会进入以遥感与信息技术为特色的、大数据、云计算、网络化的信息时代、中国特色社会主义新时代，只要在农业生产中，全面研究和运用农业遥感与信息技术，实施信息农业，就有可能较大程度地改变农

业生产的靠天被动局面及其脆弱性，加快农业的发展。

2. 极其复杂的、技术含量很高的农业生产，长期来由农户独家经营，严重阻碍科技成果的吸收和生产技能的进步，这是严重影响农业发展的人为原因

科学技术和生产技能的不断进步是人类研究自然、认识自然和利用自然，促进国民经济发展和提高创造美好生活的推动力。例如农业生产从远古石器时代的刀耕火种渔猎农业模式，进到铁器时代的连续种植圈养农业模式，再进到工业化时代的工业化的集约经营农业模式，都是随着农业科技和生产技能的进步，缓慢地推动着农业经营模式的转型升级。但是，在我国对极其复杂的农业生产，长期以来都是以个体农户、不分专业的由农民独家综合经营的模式，严重地阻碍农业技术成果吸收。其结果是农业发展的速度很慢、行业经济实力不足，直接影响生产技能的进步。这是严重影响农业发展的人为原因。如果实现信息化分专业管理的、规模化经营的信息农业，就会随着从事农业人员科技素质和管理水平的提高，农业发展速度就能达到与科技进步同步，这就有可能取得很大的农业生产效果。

3. 在以卫星遥感与信息技术为主导技术的信息时代，通过农业信息化建设，促使现行农业模式向着网络化的融合信息农业模式转型，就能走出“两条道路”

网络化的融合信息农业模式，简称信息农业。信息农业就是运用卫星遥感和信息技术、大数据、网络化等高科技，通过农业信息化建设，以最快的速度促进我国现行的混合农业经营模式，向着信息化时代的网络化的融合信息农业模式转型。所谓信息农业，①能快速获取并融合土、肥、水、气、种、密、保、工、管，以及生物自身的生长发育及其环境等现实性信息；②能综合利用长期积累的科技成果和生产实践的信息与经验，运用大数据的计算，找到其变化规律及其相关性，为农业生产所用；③研制出由最佳信息组合的各种专业信息系统，建成技术密集的、由专业人才管理的、网络化的、以农产品为单元的农业生产管理模式；④能挖掘农村的自然环境和人文社会两大资源优势，发挥区位优势，聚集创新信息、调动一切积极因素，向着信息化、大农业模式发展。通俗地说：信息农业就是运用遥感与信息技术等高科技，因地制宜地聚集融合最佳的信息（技术），组织网络化的、专业化的农业生产，向信息化、大农业发展。这是一次农业经营模式腾飞的转型。这种模式随着农业科技和生产技能的不断发展，特别是农业基础设施的不断完善，以及农业生产实践信息的积累与有效利用，信息农业的经营水平会不断提高，其结果是必然会稳健地提高产品安全的农业收入，实现农业永久的可持续发展。

4. 浙江省的科技和农业生产水及其历史数据积累，基本具备农业信息化建设国家试点的条件

浙江省具备农业信息化建设国家试点的条件，首先是浙江大学农业遥感与信息技术应用研究已40年，取得了系列成果：①已建有“研究所”“省重点实验室”“校学科交叉中心”和一个新专业，并已建成农业遥感与信息技术新学科。这在国内是唯一具有硕士、博士学位授予权的，已经培养国内外研究生200多名；②获省部级以上的科技成果奖励（含协作研究）23项，其中国家科技进步奖3项，省部级科技进步一等奖3项，二等奖

10 项；③现已研发出 20 多个农业专业信息信息系统（含合作），其中土地资源领域的信息系统都已通过土地管理局或专业公司推广应用；④提出以种植业为主的农业信息系统概念及其总数据库框架图，明确了农业信息化建设的技术思路；⑤发表创新性的论文 1 000 多篇，撰写了《农业信息科学与农业信息技术》等科技专著和高校统用教材 10 多部，奠定了农业信息化的理论和技术基础；⑥曾应邀参加编制“国家农业发展规划”，负责编写“农业信息技术及其产业化”专项（与中科院地理所合作），以及接受国家遥感中心的建议，撰写起草《中国农业遥感与信息技术研究十年发展纲要》（国家农业信息化建设，2010—2020 年）等。其次是浙江省的信息化技术，其中网络技术和地理信息技术在国内外都是名列前茅的。最后是浙江省的农业历史悠久，特别是经过“八八战略”和“千万工程”15 年的建设，农业科学研究和生产技能，以及农业经济等在国内也都处于领先水平。因此，浙江省具备农业信息化建设国家试点的条件。

5. 农业信息化建设，必须要有领导、有组织，边研发、边推广，因地制宜地有序地同步推进，并通过改革创建农业经营管理新体系

农业信息化建设就是运用农业遥感与信息技术等高新技术，快速地促进现行的农业经营模式，向着网络化的融合信息农业模式转型。这是一次跨越腾飞式的农业模式转型，其实质是一次以高科技为主导的新的农业技术革命和农业农村的社会变革。在制订实施方案时，需要考虑以下特点。

（1）农业经营管理形式　极其复杂的农业由农民独家笼统经营，改为信息化、分专业以农产品为单元建立生产模型，联合协作规模经营。所以，现行农业经营管理机构要全面改革、创新。

（2）农业经营管理手段　运用高科技和技术密集进行农业信息化管理和生产，所以要创建一套全新的信息化管理的软件、硬件设备。

（3）农业经营管理者　由缺乏科学知识的农民经营管理，改为具有农业科学知识、掌握信息技术的专业人员和农业工人（农民培养），分专业联合经营管理。所以，要培养有农业科学知识的、掌握信息技术、分专业操作的人才和专业农工。

（4）农业信息是变动的　农业信息是因时变化、因地而异，而且是经常变动的。所以，农业信息系统要因时、因地及时调整改进的，需要培养具有农业科学知识、掌握农业信息化建设的、具有调整和改进农业信息系统的专业人员。

（5）农业模式的转型时间　从几百年的农业模式的自然转型期，压缩到十年左右的转型期是很困难的。所以，必须要经过“省级试点”，因地制宜地拟订出周密而科学的、能够执行的实施计划。

综观上述，根据农业模式转型的特点，农业信息化的建设，必须在党和政府的统一领导下，成立专门研发与推广机构，设立专项基金，制定各业支持的政策，发动广大群众，做到边研发、边推广，边改革、边建设，因地制宜地有序地同步推进。在农业信息化建设过程中，改革旧的农业经营管理模式。创建适合信息农业新模式的经营管理机构及其快速运行的新体系。

二、浙江省农业信息化建设国家试点方案（提要）

农业信息化建设概分两个阶段。第一阶段是新的农业经营模式的创建阶段，就是现行的农业模式，向着网络化的融合信息农业模式转型和形成高新技术产业阶段；第二阶段是信息农业全面发展和常态化管理阶段，就是信息农业的经营管理不断调整、改革、充实、向前发展的提升阶段。这两个阶段是有先后的，又是相互穿插的、永久不断地向前推进的。本方案只是创建阶段的“提要和个别例子”，待批准后，再制订详细的实施方案。

浙江省农业信息化建设的目的是：促进现行的工业化时代的和封建时代两种混合型的农业模式的快速转型。这就是运用卫星遥感与信息技术为主导的、大数据、云计算、网络化等高新技术，快速地创建信息时代、中国特色社会主义新时代的网络化的融合信息农业模式。这种新模式能够实现科技进步与农业生产同步发展；能最大程度地改变农业生产靠天的被动局面，改善农业行业的脆弱性，走出习近平主席提出的“两条道路”。从此，农业就能顺利地、可持续地向前发展。

1. 成立强有力的领导机构，统一领导农业信息化建设，实现信息农业

农业信息化建设是促进农业经营模式的转型。这是一次以卫星遥感与信息技术为主导的、信息时代的、新的农业技术革命和农业农村的社会变革。它牵涉与农业生产有关的许多部门。所以，要在省政府统一领导下，组织与农业生产相关的单位领导成员，成立浙江省农业信息化建设委员会，由省领导兼任主任委员，统一领导农业信息化建设及其适应信息农业经营管理的机构改革。下设办公室，由省农村农业厅主要领导兼任办公室主任，农村农业厅各处室负责人兼任办公室成员，并按业务性质分组，负责领导和组织农业信息化建设、参与专业信息系统的研制、推广，以及与其相适应的机构改革等。

2. 组建农业信息化研发机构，负责农业信息化建设的研发与推广指导工作，促进形成信息农业及其高新技术产业

首先建议浙江大学在浙江省农业遥感与信息技术重点研究实验室、浙江大学农业信息科学与技术中心的基础上，把浙江大学农业遥感与信息技术应用研究所，扩建为浙江大学农业信息化（工程）研究院，再根据农业信息化建设的需要设立若干研究所；其次以浙江大学农业信息化（工程）研究院为核心，联合省内与农业信息化有关的单位，组织成立浙江省农业信息化研究联盟，负责农业信息化建设的研发，及其有序地推进，同时负责研究成果应用推广的技术指导工作，近期可以研发急需有效的专业信息系统。例如浙江省农作物（以粮食作物为主）生产和主要畜禽养殖的网络化信息系统，做到因地制宜、产销对接，减少盲目生产造成的损失，还可溯源追查，保证食物安全等。又如，浙江省重大自然灾害预测预报系统，可以提高防止或减少自然灾害损失的能力。还有，不断研发信息农业所需的仪器、成套装备和专业软件，为发展农业高新技术产业获得先机。

3. 成立农业信息化培训机构，培训农业信息化专业人才，以及健全和改革信息农业推广体系

首先成立农业信息化培训机构，从农业技术人员中培养出能适应新一次农业新技术革命所

需的、不同层次的专业技术人才；其次是充实调整各级农业技术推广系统（或改革成立新建单位）的人员，以及购买信息农业所需的科学仪器装备等，形成信息农业的推广体系（见：本文5（3）），保证信息农业的科技成果能顺利地推广运行，做到农业科技进步与农业生产发展同步。近期可在总结和提升近40年的研究成果产业化的基础上，开展成果产业化的应用推广研究，例如浙江省水稻长势卫星遥感监测与估产运行系统；又如红壤资源和海涂土壤资源利用动态监测与合理开发等20多个信息系统的业务运行研究与推广应用。

4. 设立农业信息化建设的专项基金，制订各方支持农业信息化的政策

国家工业化以后的农业就成为国家政府和社会资助的产业了。特别是运用卫星遥感与信息技术等高新技术为主导的，在大数据、云计算、网络化的信息时代，促进农业经营模式转型的新的农业技术革命和社会变革，农业部门是缺乏经济技术能力的。因此，国家各级政府都要设立专项基金，分年按需拨款开展各种专业信息系统的研发和购买新装备，用于农业信息化建设和常态化的信息农业的研究与管理费用，这是一种把财政助农改为“授人以渔”的科技助农之道。其次确立并制定出与农业生产有关的单位，都要支持农业信息化建设的政策，例如无偿提供资料，配合研发，以及机构调整等政策性支持。

5. 信息农业的分层（级）、分专业经营管理系统的初步构想（在农业信息化建设过程中摸索、创新，逐步完成）

（1）省级信息农业分省（区）、县（市）、乡（镇）三级经营管理模式（国家参加就成为国家、省区市、县市和乡镇四级经营管理模式） 其中①省级负责建立省市、县（市）、乡（镇）三级网络化的融合信息农业经营管理体系。首先是负责宏观性强的、技术难度大的，例如农业区划、农业灾害预测预报、农业环境资源利用动态监测、卫星遥感监测农作物长势及其估产等；其次是逐步完成1∶50万比例尺的各种专业管理信息系统及其推广应用体系；第三是在信息农业常态化管理过程中负责充实、改进和提升各种信息系统的管理水平。②县（市）级的主要责任是在省级研制的1∶50万比例尺的信息农业管理系统的基础上，在省研究院和培训机构的指导下，结合本县实际、经过放大，制订1∶5万比例尺的信息农业管理信息系统；其次是根据本县实际，在县级信息农业管理信息系统的基础上，放大成1∶1万比例尺的各种专业管理信息系统，提供给乡（镇）使用。③乡（镇）是负责操作的基层组织，主要任务是根据实际情况，组织与涉农单位，制订出分部门、分专业管理的农业生产协作经营计划，并负责实施各专业信息系统及其以农产品为单元的生产模式完成生产任务。

（2）信息农业是分专业由相关单位负责、共同协作经营的信息化管理模式 信息农业是以乡镇或农业生产合作社为经营主体，分部门协作负责专业信息化管理的。这种管理模式，不但能提高农业规模经营效率，而且利于农业装备的更新，快速提高农业经营管理的科学和技能水平，达到农业持久地可持续发展。例如，由农资公司的庄稼医院扩大功能和延伸技术规模，分工协作负责农作物的肥、水和病虫害信息管理。这样还能做到农资的产销对接；又如由种子公司扩大功能和延伸技术规模，分工协作负责种子供应和秧苗培育等信息化管理。这样能做到全面快速推广良种和壮秧，为优质高产打下基

础……。另外，以乡镇为经营主体，要与各个协作单位签订一个共担风险的、利益共享的“农业生产协作计划”。这样更能促进农业生产快速稳定的发展。

（3）充实和健全乡（镇）农业技术推广站　农业生产、特别是实施信息农业就成为更加复杂的、技术含量很高的产业，更加需要遵循因地制宜的原则。农业的任何科技成果的推广应用，都必须结合当地实际做“适应性试验”（或称推广适应性研究），才能取得最大、最佳的效果。因此，实施信息农业必须建立省市、县（市）、乡（镇）农业技术推广体系。其中乡（镇）是农业生产基层单位，必须充实、健全农业技术推广站。它的职责是乡镇农业生产与发展的技术总负责。主要任务是组织农业生产和技术成果应用推广；其次是解决农业生产中出现的技术性问题，以及排除专业信息系统运行障碍；最后是担任农业合作社的“农业经营和技术顾问”（最佳是参与生产的技术总负责），为他们提供技术、经营管理和培训农民成为农业技术人员等。当前农业技术推广站的人员编制，在我国南方初步建议5人。他们都需要具有农业遥感与信息技术知识的农业专业技术人才。建议由①农学专业，具有全面的农业知识，特长栽培、种子和经营管理，任站长（最佳是由乡镇党委委员、副乡镇长担任）；②农业环境资源专业，具有农业环境资源生态的知识，特长土壤、肥料和田间水分管理、以及农业环境生态的规划、监测与评估技术，任副站长；③植物保护专业，具有农作物灾害防治的知识，特长农作物病虫害检别、预测与防治；④果树蔬菜专业，具有全面的经济作物的知识，特长果树和蔬菜的栽培技术；⑤畜牧兽医专业，具有全面的畜牧兽医知识，特长养猪、羊、牛和鸡、鸭、鹅等畜禽的饲养技术；⑥土地管理所负责土地利用总体规划，利用动态监测，土壤肥力变化监测等。最后，要因地、因时、因需调整、充实乡（镇）农技站。制定培训制度，由县（市）负责培训，不断提高农技站的科技水平、提高农技工（农民）的技能水平，使农技成果得到全面、及时地推广应用，适应信息农业的发展。

6. 网络化的融合信息农业模式是技术层次最高的农业经营模式，至少有十大优势

信息农业是运用遥感与信息技术等高新技术，因地制宜地聚集融合最佳信息（技术）组合的专业生产模型，完成农业生产全过程；是由能运用高新技术的、有现代农业知识的、不同专业的技术人员相互协作共同完成的农业生产经营管理模式。这是一种最高级的农业经营模式，至少有十大优势：①能充分凸显人才优势，以“绿水青山”，“一个规划、一张蓝图”的发展理念，挖掘农业农村优势，因地制宜地“三业”的平衡协调融合发展，做到经济高效、环境友好、生态文明的大农业可持续发展；②能因地制宜地高密度聚集最佳的农业科技组合，以农产品为单元，建成生产模型完成生产过程，做到农业生产的最高科技水平，获得优质高产农业生产全过程的可持续发展；③能从农业发展的历史过程中总结经验、吸取教训，为现代农业服务；④能根据农产品的需求变化，调整农业生产，并在农产品滞销时，通过网络向社会促销，可以最大程度地降低产销失调的损失；⑤利用卫星资料能快速及时获取农业生产的现时性信息，采取针对性的最佳措施，可以取得最好的农作效果；⑥能最大程度地有效利用和节约农业资源，做到资源节约，防止环境污染，获取产品安全；⑦能有效预测预报农业自然灾害的信息，及时采取针对性的预防和治理措施，使灾害损失降到最小的程度；⑧能通过网络化的各专业信息系统，随时检查农业生产状况，及时发现问题、提出指导

意见，并采取针对性的措施，取得最佳的栽培效果；⑨能及时吸取最新农业科技成果，做到农技进步与农业生产发展同步推进，不断提高科学种田的水平；⑩能以最快速度更换农业器具和装配，提高农业生产的技能水平和提高农业生产效率。最后是随着农业基础设施建设的完善、农业科技水平的提高、生产经验的积累、信息农业知识的有效利用，农业经营管理水平会不断提高。最终就能走出习近平主席提出的“新型农业现代化道路”和“现代农业发展道路”。这种模式在实践过程中，能不断地提高信息农业的技术水平；能尽早发射专业化的农业卫星，发挥其特殊功能的作用；最终达到极大地加快农业的发展速度。从此，我国农业就会走上高效的、安全的、稳健的、永久的可持续发展的轨道，社会上存在的、面对黄土背朝天的、轻视农业的现象也会改变。

附件 2：《浙江大学农业遥感与信息技术研究进展》（农业信息化研究 1979—2016），“前言”（见本续集）

附：给浙江省省委老书记、中共中央书记处赵洪祝书记的信

尊敬的浙江省省委老书记、中共中央书记处赵洪祝书记钧鉴

老书记，您好！

我是浙江大学的退休教师，为了落实习近平总书记在浙江省主持工作时提出：走出“新型农业现代化道路”和 2015 年提出“现代农业发展道路”（简称“两条道路”）的指示。我在整理汇总 60 年的农业科教成绩以及系统总结 40 年的农业遥感与信息技术研究成果的基础上，提出通过农业信息化建设，发动新一次农业技术革命和农业农村社会变革，推动农业经营模式转型升级，走出现代农业的“两条道路”的设想；写出《浙江省农业信息化建设国家试点》实施方案等资料，因为这是我国“三农“工作的一件划时代的大事，但推行会遇到很大困难。为了我国农业能走出“两条道路”，我鼓足勇气写报告给主席。为了能送到主席手上，我先报送一份向老书记汇报，敬请老书记先审阅、赐教。如无不妥、敬请老书记把另一份报告、资料转报给习近平主席审阅，衷心感谢。

浙江大学退休教师

中共党员　王人潮拜托

2017 年 9 月 10 日

（二）2018 年 9 月 20 日，第二次呈报习近平总书记的报告

尊敬的中共中央总书记习近平主席钧鉴：

我是一个 73 岁退休、学院续聘 2 年，75 岁离职，但工作不停，已是 88 岁的老人了。我看到主席提出运用网络化、信息化等高科技，有可能走出“新型农业现代化道路”和“现代农业发展道路”后，。我逐步认识到：这“两条道路”应该是我国“三农”工作的一项具有划时代意义的大事，也是我国农业

科技工作者的伟大使命，更是我们农业遥感与信息技术应用研究所的奋斗目标，负有责任去落实。从此，我把它确定为“研究所”和“省重点实验室”的研究方向和努力奋斗的目标。

2017年开始，我根据“绿水青山就是金山银山”的绿色发展理念，以及“乡村振兴”、大农业、信息化的发展思路，在系统总结、提升40年农业遥感与信息技术应用（农业信息化）研究成果的基础上，总结和吸取60年高等农业科教与农技推广的经验教训和体会；我运用高新技术吸收绿色（生态）农业、数字农业、精准（确）农业等现代农业的优点；结合我国几千年来的多次农业模式演变及其农业农村实际情况等，研发出一种能走出主席提出的“两条道路”的“网络化的融合信息农业模式”（简称信息农业），及其网络化的“四级五融”农业管理体系（简称信息农业管理体系）。破解了国家重中之重“三农”工作老大难的关键环节，找到了科研型的“两条道路”。这就是：在党政统一领导下，发动群众，组织科技力量，掀起一次以卫星遥感与信息化技术为主导的新的农业技术革命和农业农村社会变革，开展农业信息化工程建设，推动严重阻碍我国农业发展的的农业模式转型为信息农业；通过改革创新、创建适合农业生产特征的网络化的“四级五融”信息农业管理体系，打通领导、科技、推广、培训与农业生产发展的通道，以确保全面走出“两条道路”。这就是实现信息农业，能取得农业经济跳跃式的大发展，并获得创建信息农业的高新技术产业链的先机，还能为我国发射不断提供专用功能的“农业卫星”创造条件。实施信息农业还能助推我国“乡村振兴”战略和“扶贫脱贫”伟大工程，并能防止脱贫后的返贫等，又可把“农业粮价补贴”等经济支农转变为改善农业生产条件，挖掘和提高土地生产潜力，增加农业产值，走出“授人以渔”的科技助农之道。

我把《网络化的融合信息农业模式》（信息农业）专著第一稿，呈报给提出“两条道路”的、我最敬爱的总书记习近平主席，敬请审阅。建议您先审阅“先看三个实例摘要，再想想这是为什么？”“序言”“总论”“第一章、信息农业的理论研究与设计”，“第三章、信息农业管理体系”和“著后语”等。如有可能，再审阅其他材料。最后，敬请主席赐教，渴望能尽快促进我国农业经营模式转型。农业生产经营走出“两条道路”。促使农业，大幅度地提高产值，改善农民生活水平等。敬祝主席健康。

报告人：中共党员、浙江大学退休教授
王人潮　敬上
2018年9月20日

附件：1.《网络化的融合信息农业模式》(信息农业)，第一稿（8.5万字）

2.《浙江大学农业遥感与信息技术研究进展》(1979—2017)（42.3万字），浙江大学出版社，2018。(此书是连续40年的农业信息化研究成果总结，是研发“信息农业”的重要依据)

二、给浙江省委书记、省长和管农业副省长的报告

关于《落实习总书记提出的“两条道路”、促进我国现行农业模式转型升级》的报告

我是浙江大学（“四校合并”前在浙江农业大学）、已87岁的退休教授。早在2007年，习近平总书记主政浙江省工作时，就提出“努力走出一条经济高效、产品安全、资源节约、环境友好、技术密集、凸显人才资源优势的新型农业现代化道路”（简称“新型农业现代化道路”）。2015年5月，又提出“要着眼加快农业现代化步伐，在稳定粮食和重要农产品产量、保障国家粮食安全和重要农产品有效供给的同时，加快转变农业发展方式，加快农业农业技术创新步伐，走出一条集约、高效、安全、持续的现代农业发展道路”（简称“现代农业发展道路”），以下统称“两条道路”。我经过深入学习后认识到：这“两条道路”从根本上解决农业发展缓慢、靠天的脆弱的农业经营道路，这是我国重中之重的“三农”工作的一件划时代的大事。从此，如何走出“两条道路”就是我们农业遥感与信息技术应用研究所的研究方向和奋斗目标。

我经历60年的高等农业教育与科研工作，以及下乡蹲点科研、农技推广和农村调查等实践，获得很多经验、教训和体会；经过40年的农业遥感与信息技术研究，获得大量成果和初步应用，研制出科研型的“两条道路”。这就是：运用农业遥感（卫星资料开发为主）与信息技术、大数据模拟预测、网络化等高新技术，推动新一次农业技术革命和农业农村社会变革，通过农业信息化（工程）建设，建立适合农业生产特性的网络化的“四级五融”农业管理系统，加速农业经营模式转型升级，实现网络化的融合信息农业模式（简称“信息农业”），再通过“试点”改革创新，实施信息农业，并形成高新技术产业等，可以加快农业经济可持续发展。

所谓信息农业，简要地说，就是运用遥感与信息技术，聚集历史的和现势的、宏观的和微观的、外部的和内部的、最佳的和最新的等有关农业生产与发

展的信息（技术）；挖掘和开发农业农村的优势，通过因地制宜地融合而成的农业经营方式；运用全新的信息农业经营管理体系、分专业共同协作完成农业生产的全过程，以及有序地发展具有农业农村特色的“三业”融合发展的信息化大农业。这是贯彻“两条道路”的最高级的农业经营模式。它能吸取国内外正在提出的生态农业、绿色农业，有机农业，精准农业，数字农业和智慧农业等现代农业的优点；它能快速地汲取并普及最新科技成果的应用落地。特别是随着农业科技的不断发展，农业基础设施建设的不断完善，以及农业生产实践知识的积累和有效利用，信息农业的经营水平会不断提高，农业生产必然会稳定快速地提高农业生产的发展速度，并走上永久地可持续的现代农业发展道路。从此，社会上存在面朝黄土背朝天的、轻视农业的现象也会改变。

2017 年 12 月 8 日，习近平总书记主持的中央政治局会议，分析研究 2018 年的经济工作，重点是为现代化经济体系开篇布局。我的学习体会是：争取“浙江省农业信息化建设国家试点”，加速农业经营模式转型升级，就是紧扣新时代的为浙江省现代农业经济体系开篇布局，也是落实习近平主席提出农业的“两条道路”，为全国农业经济稳健加速、并可持续发展作出贡献。

最后，浙江大学在全国是第一批（24 个单位）开展农业遥感（卫星资料）应用研究的，而且是全国唯一坚持不中断、持续研究的单位，取得了创建一个全新的“农业遥感与信息技术”学科、新办一个农业信息化管理专业，培养出 200 多名研究生，以及取得系列的农业信息化的科技成果。我们已经找到科研型的“两条道路”。特别是浙江大学已经建有卫星地面接收站，具有卫星数据处理功能以及设有能放射卫星的航空航天学院。这为我省争取农业信息化（工程）建设国家试点提供了基础条件。为此，我把报呈给提出“两条道路”的、敬爱的习近平主席的报告信、资料，转报给省委、省政府领导审查（见附件）。如有可能，我要求向领导进行详细的口头汇报，可以汇报得更清楚，以及回答提出的问题等。妥否，敬请批示。

报呈

中共浙江省委书记车俊书记钧鉴
浙江省委副书记袁家军省长钧鉴
浙江省人民政府孙景淼副省长钧鉴

报告人　中共党员
浙江大学退休教师 王人潮敬报
2017 年 12 月 16 日

附件：1. 2017 年 9 月 10 日给习主席的信
　　2. 附件 1《浙江省农业信息化建设国家试点》实施方案
　　3. 附件 2《浙江大学农业遥感与信息技术研究进展》的“前言”

三、六次给浙江大学校领导的报告和信

（一）2016 年 12 月 23 日，第一次给吴朝晖校长的信和报告

尊敬的吴朝晖校长

您好，我们不相识，我是首次给您而且是退休十多年后给您写报告，请求支持。

我写了一个“关于农业信息化建设的建议”，请您审阅以后，能否以学校的、还是用您的名义，把“建议”转报省委副书记袁家军（他是航天遥感专家）和主管农业的副省长。如果同意，我建议请您来直接领导组织实施。这次研究的实施将为实现浙江大学“立足浙江、面向全国、走向世界、奔国际一流”的奋斗目标起到重要作用。

退休教师　王人潮
2016 年 12 月 23 日

关于农业信息化建设的建议

农业生产是在地球表面露天进行的有生命的社会性的生产活动。它伴随着生产的分散性、时空的变异性、灾害的突发性、市场的多变性，以及农业种类及其动植物生长发育的复杂性等五个特性。这是人们运用常规技术难以掌握与调控农业生产过程的基本难点。这就是形成农业生产长期以来，一直处于靠天的被动局面的根本原因。这也是很难推进农业信息化的原因。农业信息化是一项专业性很强的高新技术，推广普及科研成果也需要相适应的社会技术经济的基础，需要人才和必要的设备等条件。这些就是在世界上、我国的研究、发展

和实现农业信息化，落后于其他行业的原因。我们的研究结果已经证明：农业更需要信息化，全面运用农业信息技术，对克服五个基本难点会有很大的效果。说明农业生产更需要信息化，对农业生产及其发展都有很大效果。

我校从1979年开始农业遥感技术应用研究、1986年建立农业遥感技术应用研究室、1992年省教委批准扩建为农业遥感与信息技术应用研究所、1993年省府批准投资75万元、建设浙江省农业遥感与信息技术重点研究实验室、2002年浙江大学批准投资200万元、成立农业信息科学与技术中心，同年，国务院学位委员会在国家一级重点学科：农业资源利用学科下面，设立全新的农业遥感与信息技术二级学科。我校是全国唯一的农业遥感与信息技术学科博士点。我们研究的主要目的就是为农业信息化提供技术，探索农业信息化的技术思路，最终实现信息农业。我们经过37年的研究（国内是唯一的），已经取得系列成果，例如研发出涉及农、林、水、肥、气和环境生态与管理等领域的20多个信息系统，有的已可运行，还培养了200多位硕士、博士研究生和博士后。特别是已经找到农业信息化建设的总体设想和技术思路，已经有一个以种植业为主的农业信息化系统工程的概念框架等。

我们在1999年应国家教育部的邀请，在农业新技术科技工作会议上，作“农业信息系统工程的建设”专题报告（大会两个高新技术报告之一）；2000年参加编制“国家农业科技发展规划”，负责起草“农业信息技术及其产业化”专项；2003年应国家科技部的邀请，在“中国数字农业与农村信息化发展战略研讨会”上，作“中国农业信息技术的现状及其发展战略”的专题报告；2005年参加“十一五”国家科技支撑计划“现代农村信息化关键技术研究与示范”的立项论证和2006年的“评审”，担任副组长（这是国家第一个农业信息化的重大课题，总投资2亿元）。我校在15个专项中，中标主持2项；参加2项。主持中的一项是总结性的：“基于农村综合信息服务技术集成与应用”；2009年，应国家遥感中心的邀请和建议，我们起草《中国农业遥感与信息技术十年发展纲要》（国家农业信息化建设、2010—2020）等。还有，我校在国际上也有较大影响，例如学术交流、科技合作的国家也很多；再如叙利亚1993年开始，选派多名留学生，指定到浙江农业大学攻读农业信息化的硕士、博士研究生和博士后研究，以及我校史舟教授现任国际土壤学会土壤近地遥感专业工作委员会主席等。

1998年四校合并后，新浙大首任校长潘云鹤院士（他是主持浙江省农业遥感与信息技术重点实验室的论证，以及验收组的组长）。他想在“四校合并”后，新浙大在农业信息化领域有所突破，他曾与章猛进副省长商讨，浙江省同意出资4亿元，再会同章副省长一起与农业部陈耀邦部长共商，农业部也同意出资4亿元，由浙大牵头，在浙江省实施农业信息化建设的“试点”。但陈耀邦部长提出这个项目8亿元，很大，要经过副总理同意才能实现。后来，可能是副总理没有同意或其他原因停止了。

基于上述情况，在浙江省党政领导下，争取国家试点，有计划、有组织地推进农业信息化建设。我建议：在省委省政府的领导下，在省农业厅的具体领导下，在浙江大学农业遥感与信息技术应用研究所和省重点研究实验室的基础上，融合校内相关学科扩建浙江大学农业信息化（工程）研究院，再联合省内的有关部门组成研究联盟，由浙大主持设计、组织，边研发边推进，分步骤有序地落实浙江省农业信息化建设工作。这样可以少走弯路，取得事半功倍的效果。估计花10年左右时间，促使现行农业模式快速转型为信息农业模式。

妥否，请指示。

浙江大学退休教授

王人潮敬写　2016年12月22日

附：我年纪大了（86岁），出门不便，请农业遥感与信息技术应用研究所所长史舟教授代为转送，并可较详细地向您口头汇报。

吴朝晖校长口头答复：拿出具体方案来。

（二）2017年9月12日，第二次给吴朝晖校长写信送材料

吴校长：您好！

根据您的口头指示，我写出初步方案，连同9月10日，我呈报给习近平主席的信和资料，一并送给您审阅。

（1）2017年9月10日呈报给主席的报告

（2）两份附件资料

附件1.《浙江省农业信息化工程建设试点》实施方案
（推动新一次农业技术革命、促现行农业模式转型升级）

附件2.《浙江大学农业遥感与信息技术研究进展》（1979—2016）的前言
（新学科的创建过程及现状、新学科的研究成绩与水平、新学科的研究方向和目标）

（三）2018 年 9 月 25 日，第三次给吴朝晖校长的报告及资料

尊敬的吴朝晖校长钧鉴：

您好！

我看到 2007 年习近平主席主政浙江省工作时提出："努力走出一条经济高效、产品安全、资源节约、环境友好、技术密集、凸显人才资源优势的新型农业现代化道路"（"新型农业现代化道路"），2015 年，我又看到主席提出"要着眼加快农业现代化步伐，在稳定粮食和重要农产品产量、保障国家粮食安全和重要农产品有效供给的同时，加快转变农业发展方式，加快农业农业技术创新步伐，走出一条集约、高效、安全、持续的现代农业发展道路"（简称"现代农业发展道路"），往后合称为"两条道路"。我经过认真学习后，发现与我所的研究内容基本相符，我们有能力研究找出、走出"两条道路"。

2016 年，我组织力量，系统总结我校近 40 年的农业遥感与信息技术应用（农业信息化）研究成果，2017 年完成了《浙江农业大学农业遥感与信息技术研究进展》初稿。其中主要成果是破解国家重中之重"三农"老大难的关键环节，找到了走出"两条道路"。这就是运用卫星遥感与信息化、网络化、大数据、云计算、模拟模型等高新技术，在我国发动一次新的农业技术革命和农业农村社会变革，促使现行农业模式转型，实施信息农业。就在我提出网络化的融合信息农业模式（简称信息农业），及其信息农业管理体系的框架时，9 月 12 日，我就给吴校长写了报告，并附上《浙江省农业信息化（工程）建设国家试点方案》（推动新一次农业技术革命，促进现行农业模式的转型）和《浙江大学农业遥感与信息技术研究进展》的"前言"（学科创建、科研成绩、方向目标）两份材料。这也是回答您的口头答复：拿出具体方案来。

2018 年 8 月，我完成撰写《网络化的融合信息农业模式》（信息农业）第一稿，付印。《浙江农业大学农业遥感与信息技术研究进展》（1979—2016）也由我校出版社出版了。9 月 20 日，我给提出"两条道路"的习近平主席再次写了报告，同时寄去上述两册科技专著。2018 年 9 月 21 日，习近平主席在政治局第八次集体学习时又强调："没有农业农村现代化，就没有整个国家现代化"。可见农业农村现代化是很难的，又是很重要的。它是我国四个现代化建设的"薄弱环节"，也是国民经济发展中的"短板"，是国家建设的急需。解决"短板"的关键环节是农业信息化，实施信息农业，走出"两条道路"。这应该是我国社会经济建设的迫切需求。

现在，国内只有我们能提出农业信息化的试点，也只有我校有条件组织力

量，在党政领导的支持下，有能力承担农业信息化工程建设国家试点任务。这项工作对我校的“双一流”建设、《创新 2030 计划》和实现“立足浙江、面向全国、走向世界、奔国际一流”的目标，以及提高我校在国内外的影响力都有重大作用。农业信息化试点和今后的持续研究还能给我校创建信息农业的高新技术产业链，特别是我国现在只有我校有能力设计和发射“农业卫星”。这也是极好的机会。最后，我希望、要求有一次详细的口头汇报机会。妥否，请批示。

88 岁高龄的退休教授

王人潮　敬上　2018 年 9 月 25 日

附件：1. 呈报主席的报告信

2. 两册科技专著

（1）《浙江农业大学农业遥感与信息技术研究进展》（1979—2016）

（2）《网络化的融合信息农业模式》（信息农业）第一稿

（四）2018 年 10 月 15 日，第四次给邹晓东书记、吴朝晖校长的报告

尊敬的校党委邹晓东书记、尊敬的吴朝晖校长

你们好！我在 9 月 25 日托梁建设研究员给两位领导送去一封信，并附上①呈报主席的信，②两册科技专著，审阅否？发动与推广“信息农业”科技成果，促进农业模式转型，确实是我国重中之重“三农”工作的一件具有划时代意义的大事；也是我国“乡村振兴”伟大工程的重要措施之一，并具有持续效果。请考虑。

我国的农业、工业、服务业（三业）都有突飞猛进的发展，但是，农业发展比较慢，在我国的国民经济建设中已经形成“短板”；在国家四个现代化建设中是“薄弱环节”。说明解决农业在国民经济发展中是“短板”和农业现代化是国家四个现代化的“薄弱环节”，应该是国家急需、是人民的需要。在浙江大学 2018 年会上，我看到邹书记说：“充分发挥学科综合优势，在重大改革和成果培育上不断取得关键突破”。吴校长说“坚持国家目标——国际前沿——优势延拓三维一体发展布局”。我的领会是：我们经过 40 年研究，取得的“网络化的融合信息农业模式”（简称“信息农业”）科技成果，是适合信息时代、中国特色社会主义新时代的农业模式。它是一项能够发挥我国社会制度优势的、国内外只有我校能够完成的重大成果。正如邹书记所说的、也是吴

校长说的是一项发挥学科综合优势的、坚持国家目标——国际前沿——优势延拓的重大成果。因为，只要“信息农业”能在我国推广与实施，不但能解决农业“短板”和四个现代化的“薄弱环节”问题，而且也为我校“立足浙江、面向全国、走向世界、奔国际一流”目标的实施，以及培养掌握现代高新技术的农业技术人才都会起到重要作用；也可以发挥我校卫星地面接收站的作用，并与航空航天学院等结合，取得发射“农业卫星”的先机。这对提高我校在国内外的地位及其影响力都有重大作用的。我建议召开一次由农生环学部、信息学部、社会科学学部（管理学院）、航空航天学院以及新农村发展研究院、中国新农村发展研究院等有关教授、研究员参加的听证论证会。妥否，请安排。

88岁高龄退休教授

王人潮　敬上　2018年10月15日

（五）2018年12月22日，第五次给任少波书记、吴朝晖校长的报告

吴朝晖校长　任少波书记：钧鉴

我在2016年12月23日，给吴校长写了第一封信，并附上“关于农业信息化建设的建议”，要求能口头汇报一次。吴校长口头指示：拿出具体方案来。

2017年9月12日，第二次给校长写信，并送去呈报习主席的信，以及“试点实施方案”和“专著”的前言。

2018年9月25日，第三次给吴校长写报告信，并附上：①报送给习主席的信；②两册有关农业信息化的新专著。要求有一次口头汇报机会。

2018年10月15日，第四次给邹书记、吴校长写报告信。在写明农业信息化重要性及其我校的责任后，建议召开一次由农生环学部、信息学部、社会科学学部（管理学院—农业）、航空航天学院以及新农村发展研究院、中国新农村发展研究院等有关教授、研究员参加的听证会。

2018年12月10日，我看到浙江日报头版头条长篇报导“扎根中国大地办大学——习近平同志关心浙江大学发展纪事”。提到习近平主席的几条指示：“更好地立足浙江，才能更好地面向全国、走向世界”，“自觉服务于党和国家的重大战略决策，积极服务于地方经济社会发展是建设中国特色社会主义之义”。我的建议与习主席的指示是非常契合的。为此，我在2018年12月22日，第五次起草给校领导写报告。

推动现行农业模式转型为信息农业模式，能从根本上解决我国农业在国民经济建设中的“短板”和在国家现代化建设中的“薄弱环节”，农业会有一个

大发展。这是响应和执行习主席“关心浙江大学发展”的实事；更是建设信息时代、中国特色社会主义新农业的一项关键性的重要举措。我最近写了《我国现行农业模式快速转型为信息农业的紧迫性及其“试点”可行性报告》（初稿），请审阅，希望由校领导主持召开全校、全省、甚至全国范围的大规模“论证会”深入讨论。

推广农业信息化技术、推动农业模式转型，是一次新的农业技术革命、农业经营模式转型的特大行动，也是我国农业农村社会的一次大变革。因此，必须发动学校的力量与作用，由学校领导组织推动。这就是我多次向校领导写报告的原因，希能谅解。这也是我立志学农、终生为“三农”服务；为农业走出“两条道路”，建立起适应农业生产特征的农业高效、安全、持续发展的农业模式和经营管理体系；为学校“立足浙江、面向全国、走向世界、奔国际一流”做最后努力。

88 岁高龄的退休教授

王人潮　敬上　2018 年 12 月 22 日

附件：我国现行农业模式快速转型为信息农业的紧迫性及其“试点”可行性报告

注：此信是在写好《可行性报告》初稿后，于 2018 年 12 月 22 日就已写好的。后因考虑到 2019 年年初，党中央对“三农”工作会有新的指示，故延至 2019 年 3 月 15 日，与《可行性报告》定稿后，一并报送校党政领导，要求能仔细审阅。

吴朝晖校长批示：发展数字农业，聚集智慧农业是我校涉农学科的重要方向。请小撑阅研并学部研究，加以推进。

2019. 4. 18

（六）2019 年 9 月 15 日，第六次给吴校长、任书记的报告

吴校长、任书记：您们好，开学了，一定很忙吧！

2019 年 7 月 7 日，我请朱利中院士审阅后，并转报我给学校起草的一份报送中央全面深化改革委员会、党中央习近平总书记的建议报告（附件 2 个）收到否？请示。

2019 年 9 月 5 日，习近平主席给全国涉农高校的书记校长和专家代表的回信中指出：“中国现代化离不开农业农村现代化，农业农村现代化关键是科技、

在人才”；“希望你们继续以立德树人为根本，以强农兴农为己任，拿出更多科技成果，培养更多知农爱农新型人才，为推动农业农村现代化、确保国家粮食安全、提高亿万农民生活水平和思想道德素质、促进山水林田湖草系统治理，为打赢脱贫攻坚战，推进乡村振兴不断作出新的更大贡献”。

我们向党中央和总书记的报告：关于加速农业经营模式转型、解决农业“短扳”问题的建议报告（附件2个）。这是对标解决国家重中之重“三农”工作老大难的关键环节。这是一次在党政坚强领导下，我校运用高新技术为主的农业科技成果，带头发动一次新的农业技术革命，及其农业农村的社会变革，创建一个全新的适应中国特色社会主义新时代、发挥社会主义制度优势的，网络化、信息化的农业经营模式。最终，通过试点实现农业农村现代化的建议报告。如果被中央采用，这是我校紧跟以习近平同志为核心的党中央、为实现农业农村现代化、推进乡村振兴作出新贡献的重大举措，也是促进我校涉农学科大发展的极好机遇。这应该是我校的一件大事，为此，我再次建议学校党政领导和涉农专家们能够听一次口头汇报和审查式的讨论。妥否，盼复。

不忘初心、牢记使命，89岁的退休教授　王人潮　敬上

2019年9月15日

四、给浙江省科学技术厅领导的报告

关于报送“省重点研究实验室”科研成果汇报及其建议更改名称的报告

研究成果汇报资料：1.《浙江大学农业遥感与信息技术研究进展》（1979—2016）；2.《网络化的融合信息农业模式》（信息农业）第一稿。

建议：“浙江省农业遥感与信息技术重点研究实验室”改名为“浙江省现代农业信息化工程重点研究实验室”。

1979年，我们承担农业部的科研任务，在国内首先开展农业卫星遥感应用研究，土化系土壤教研组成立课题组；1982年，土化系成立土壤遥感技术应用科研组，1986年，学校批准扩建为浙江农业大学农业遥感技术应用研究室；1992年省教委批准扩建成立浙江农业大学（1998年“四校合并”为新浙江大学）农业遥感与信息技术应用研究所。特别在1993年，省府批准投资创建国内第一个浙江省农业遥感与信息技术重点研究实验室以后，研究规模和内容有

了很大发展。2002年，浙江大学批准投资组建校级农业信息科学与技术中心、国务院学位委员会批准在我校国家一级重点学科：农业资源利用（现改名为农业资源与环境）下面，设立全新的农业遥感与信息技术二级学科。从此，研究内容进一步扩大，遍及国内外。2007年，时任浙江省委书记习近平主席提出："努力走出一条经济高效、产品安全、资源节约、环境友好、技术密集、凸显人才资源优势的新型农业现代化道路"（简称"新型农业现代化道路"）。2015年，习主席又提出"要着眼加快农业现代化步伐，在稳定粮食和重要农产品产量、保障国家粮食安全和重要农产品有效供给的同时，加快转变农业发展方式，加快农业农业技术创新步伐，走出一条集约、高效、安全、持续的现代农业发展道路"（简称"现代农业发展道路"），以下合称"两条道路"。农业走出这"两条道路"，它既要获取最高最佳的农业经济效益、又要产品安全可靠；使用农业资源必须是科学的节约型，不能有浪费，不可造成污染；形成的农业环境是良好的生态型，对人民生存有利无害，需要技术高度密集和高新技术来保证；关键还是要由掌握农业科学和高新技术的人才，有能力融合全部最新最佳的技术（信息）组织大农业、大产业的农业发展道路。所以，这是科学的、以人才为主导的、关乎我国"乡村振兴"战略和"脱贫扶贫"工程成果持续的，适合信息时代、中国特色社会主义新时代的大农业、信息化的现代农业发展道路，是我国农业走向有计划、安全的、稳健的可持续发展的道路。从此，我们把走出"新型农业现代化道路"和"现代农业发展道路"，确定为我们研究所和省重点研究实验室的研究方向和奋斗目标。

2016年，我们开始系统总结连续40年的卫星遥感与信息技术（农业信息化）研究成果。首先是我们与协作单位共同完成了国家基金（含专项和重点项目)、国家"863"和"973"、支撑计划、重大专项和国际合作等项目；省部级攻关、专项、省长基金和自然科学基金项目，以及土地领域为主的众多横向项目，共计300多个项目（课题)，取得了一系列的研究成果。创建了一个从无到有的农业遥感与信息技术新学科和资源环境信息化管理新专业。具体研究成果有：（1）获得国家和省部级的科技进步奖（含推广奖）24项（含合作奖)，其中国家科技进步奖3项以及国家科技进步二等奖的二级证书1项；省部级科技进步一等奖3项、二等奖11项和三等奖5项。还有通过省级鉴定的科技成果6项。(2）发表创新论文1 000多篇，正式出版的、创新专著16部，其中由中华农业科教基金资助图书《水稻遥感估产》与《农业信息科学与农业信息技术》中国农业出版社列为重点图书出版。(3）农业部新编统用教材、教育部面向21世纪课程教材、高等农林院校规划教材3部，为培养研究生编著的参考或补充教材8册，其中《水稻营养综合诊断及其应用》专著，获全国优秀科技图书二等奖，还有为研究生和本科生编写的教材（讲义）20多种。(4) 人才培养。1982年开始招收农业遥感硕士研究生，1991年开始招收博士研究生，共计培养研究生和博士后320多名。其中博士研究生（含博士后）大部分在国内高教科研单位任职，少部分在国外科教单位任职，绝大多数已晋升高级职称，40%左右已是研究员或教授、博士生导师。他们都在发展农业遥感与信息技术新学科中发挥重要作用。有不少人还在科教单位担任校、院、系(所) 的领导和学科负责人，或担任省级以上的学术团体的负责人。其中比较突出的是硕、博连读的首届博士赵小敏，曾任中国土壤学会土壤遥感与信息专业委员会主任，现任江西农业大学校长；第四届硕、博（在职）连读的吴次芳，曾任浙江大学环境资源学院、管理学院副院长，现任东南土地管理学院院长、国土资源部属的土地研究院院长；第六届硕、博连读的史舟，现任浙江大学环资学院副院长，浙江大学求是教授，当选中国土壤学会土壤遥感与信息专业委员会主任，特别是当选国际土壤学会近地传感工作委员会主任委员，这个国际学术职务，至少是原浙江农业大学和我院的首次。还有王人潮教授被世界科教文委组织聘为专家组成员，并获“首届特殊贡献专家金质勋章”等。(5) 在土地，以及水利、农垦、林业等领域取得的研究成果，都在主管领导部门的支持下，得到推广应用，取得较大的社会经济效益。

其次，农业遥感与信息技术新学科建有三个科教组织：(1) 浙江大学农业遥感与信息技术应用研究所（中心研究基地）和分散组建的6个专业分支研究机构，能招收6个研究方向以上的硕士、博士研究生和博士后。(2) 浙江大学农业信息科学与技术中心，由校内相关学科组成（学科发展及其研究方向的学术活动基地)。(3) 浙江省农业遥感与信息技术重点研究实验室（科研与教育平台)。设有遥感技术（附遥感制图室)、地理信息系统（附数字图像处理室)、地物光谱（有多台高价光谱仪室)。MODIS 地面接收站（浙大已建有卫星地面接收站）等实验室。还建有各类基础数据库、数据共享网以及部分研究成果显示屏等。研究所和实验室的科教用房1 000平方米以上；拥有1 700万元以上的仪器设备等。已经具备与国际接轨、承担国内外的重大科研项目的条件，总体水平处在国内农业领域的领先地位，达到国际先进水平，部分研究成果处于国际际领先。详情请查阅附件1：《浙江大学农业遥感与信息技术研究进展》，浙江大学出版社2018年出版。

2017年，为了落实走出“两条道路”，我们针对以下问题 (1) 在农村蹲点时的科研成果很好，既能解决农业生产的问题，又能促使农作物大幅度增产，效果显著。但是推广效果不佳、不能持久，特别是在科技人员离开后的作物产量不增，反而减产。(2) 综合性的，科技含量高的研究成果能取得农作物产量成倍的增产，但推广效果不佳，更难以全面推广。(3) 农业卫星遥感与信息技术（农业信息化）研究成果，在土地等领域的推广效果很好，取得明显的社会经济效益。但是，特别需要信息化的农业，在农业部门很难推广应用等问题。我们在系统总结、提升连续40年的农业遥感与信息技术研究成果的基础上，吸取60年的农业高教、科研及其农技推广、农村调查取得的经验教训和体会；结合我国几千年来的多次农业模式演变和农村农业的实际情况；融合生态（绿色）农业、数字农业和精准（确）农业的优点；根据中共中央总书记习近平主席提出的“绿水青山就是金山银山”的绿色发展理念，以及具有农村特色的“三业”融合、信息化大农业的发展思路，研制出：很有可能走出“两条道路”的，适合信息时代、中国特色社会主义新时代的具有划时代意义的农业模式。这就是：网络化的融合信息农业模式（简称信息农业），及其适合农业生产特征的网络化的“四级五融”信息农业管理体系，打通领导、科技、推广、培训与农业、生产发展的通道，确保全面走出“两条道路”，实现信息农业。我国农业就能取得农业经济跳跃式的大发展，并能获得创建信息农业高新技术产业链的先机，也为我国发射农业卫星创造条件。为了在全国推行信息农业，我们提出在党的统一领导下，发动一次适合中国特色社会主义新时代的，以卫星遥感与信息技术为主要手段的新的农业技术革命，在全国开展有领导、有组织，边研发、边推广，边改革、边建设的，因地制宜地同步推进我国农业模式快速转型，并建立“四级五融”信息农业管理体系，实现信息农业。我们还提出实现信息农业的国家农业信息化（工程）建设试点方案等建议。详见附件2：《网络化的融合信息农业模式》（信息农业）科技专著（第一稿）。

综上所述，重点研究实验室通过研究已经找到“两条道路”。这就是适合社会主义新时代的网络化的融合信息农业模式，及其适应农业生产特征的网络化的“四级五融”信息农业管理体系。因此，密切联系农业生产及其发展阶段的“重点研究实验室”，应该进入以卫星遥感与信息技术为主要手段的农业信息化工程建设新阶段。它的研究目标是促使我国农业模式转型，实现信息农业。实施信息农业既能有效地配合“乡村振兴”战略和“脱贫扶贫”伟大工程，还能把“农业粮价补贴”等经济助农等改为建立和改善农业生产条件，挖掘和提高土地生产潜力，增加农业产值，增强集体经济实力，达到“授人以渔”之道助农。详见附件3：据此，为了体现信息时代、中国特色社会主义新时代，凸显“重点研究实验室”的目标任务是：现代农业信息化工程的建设与实施。我们建议：将

“浙江省农业遥感与信息技术重点研究实验室”改名为“浙江省现代农业信息化工程重点研究实验室”。妥否？敬请领导审查，盼望批准和支持。特此

呈报

浙江省科学技术厅领导

浙江省农业遥感与信息技术重点研究实验室
起草报告人：首任实验室主任王人潮
2018年12月28日

附件：(1)《浙江大学农业遥感与信息技术研究进展》
(2)《网络化的融合信息农业模式》(信息农业)第一稿
(3)《我国现行农业模式快速转型为信息农业的紧迫性及其“试点”可行性报告》

五、在农业遥感与信息技术应用研究所的动员报告

科学研究的目的和新学科的发展及其为农业发展服务的问题（提要）

(推动农业信息化、促进农业模式转型，争取国家试点、助推新学科发展)

引　言

邓小平说：科学技术是第一生产力

习近平说：打通科技和经济社会发展的通道

科学技术和生产技能的不断进步，是人类研究自然、认识自然和利用自然，促进国民经济发展和提高创造美好生活能力的强大动力。

创建优化适应社会时代、遵循农业生产特征的经营模式及其科学管理（含政策)，是保证农业经济发展和提高美好生活的强大动力的保证。

在党的坚强领导下，新中国建设70年，特别是改革开放40年，农业、工业和服务业都有突飞猛进的发展。但是，我国农业在国民经济建设发展中是“短板”；在国家经济技术“四个现代化”建设中是“薄弱环节”；在国家GDP增长中的比重越来越轻。这是为什么？如何解决？

一、我国农业形成“短板”和“薄弱环节”的原因分析

(一) 举三个亲身经历的实例找原因
1. 1958—1959 年，衢县千塘畈低产田改良研究
2. 1971—1978 年，浙江省富阳县水稻省肥高产栽培试验
3. 1979—2017 年，农业遥感与信息技术应用研究（农业信息化研究）
(二) 从我国几千年的多次农业模式演变概况及其作用中找原因
1. 石器时代的农奴社会：刀耕火种渔猎农业模式
2. 铁器时代的封建社会：连续种植圈养农业模式
3. 工业化时代的资本主义社会：工业化的集约经营农业模式
4. 我国现在是：封建社会和资本主义社会的两种模式的混合型农业模式
(三) 从农业模式转型很慢、很难中找原因
1. 从农业生产特征分析找原因
2. 从人们对农业的认识找原因

二、研究解决农业“短板”和“薄弱环节”问题和责任

(一) 走出“两条道路”及其关键技术
1. 习近平主席提出“两条道路”
2. 走出“两条道路”的关键技术和方法
(二) 走出“两条道路”是我们研究所的责任
1. 40 年的研究基础
2. 有责任有能力研究走出“两条道路”

三、创建网络化的融合信息农业模式（信息农业）

(一) 创建信息农业的根基——土地潜力的全面挖掘与发挥
(二) 创建我国新时代的农业模式——信息农业
1. 研究提出信息农业模式
2. 完成《网络化的融合信息农业模式》科技著作（第一稿）
(三) 促进现行农业模式转型、实现信息农业

四、信息农业的解释及其优势分析

(一) 信息农业的解释
1. 实施信息农业的目标

2. 信息农业的主要创新与优势

（二）信息农业优势的10种表现

五、我国实施信息农业的可行性、困难和效益分析

（一）实施信息农业的可行性分析

1. 实施信息农业是中国特色社会主义新时代的国家与社会的需求、农民的要求

2. 我国有过人民公社集体经营的试验

3. 我国进入信息时代、中国特色社会主义新时代，农民的土地意识也淡化了

4. 浙大有40年的农业信息化研究基础

（二）实施信息农业的困难

1. 农业信息化的研发很难，研究成果的推广应用更难

2. 实施信息农业需要很复杂、难度很大的高新技术

3. 农业领导和广大农民的思想认识跟不上形势

（三）实施信息农业的效益分析

1. 实施信息农业能大幅度提高农作物产量

2. 信息农业拥有自上向下的科研机构及其推广、培训体系

3. 信息农业是以农业农村为特色的“三业”融合发展大农业

4. 实施信息农业为工厂化、智能化发展创造条件

5. 实施信息农业，为产生信息农业产业链获得先机

6. 实施信息农业，为我国发射农业卫星创造条件

六、争取国家“试点”，助推新学科大发展

（一）争取浙江省农业信息化工程建设国家试点

1. “试点”要考虑的6个特色

2. “试点”要坚持的10个原则

（二）“试点”扩建研究机构，直接为信息农业经营模式的高级服务

（三）“试点”还能促进新学科的大发展，为发射“农业卫星”创造条件

（四）“试点”形成新的信息农业产业链，促进国民经济发展

最后，谈谈研究所（学科）和个人的发展问题

（一）研究所的发展，就是学科的发展

研究所和学科的发展，决定于全体人员的团队精神和领导的才能

1. 所长，也是学科带头人，是关键，是决定性的。所长第一要有全局观点；第二要有担当和开拓精神；第三要发现人才和培养人才；第四要善于抓住发展机遇；第五要关心每个人的进步。最忌的是所长私心，只为个人用“权”为自己服务。

2. 研究所（学科），第一是要有一个中、长期的发展规划，提出研究方向和奋斗目标；第二是每年要有一个研究工作计划和年终总结；第三是发展到一个阶段，要进行系统总结，提出新的奋斗目标。特别要抓住为社会技术经济发展服务的机遇，做出成绩，扩大发展研究所。

（二）学术团队，是研究所的实体组织，是发展的基础。发展到一定阶段（程度）时，可以成立研究室。

团队也要有一个发展规划和明确主要研究方向。

团队负责人也要有公心，保证研究方向的发展。也要发现人才、培养人才，关心团队每个成员的进步，指导他们找到主攻方向。

（三）个人的发展，首先要正确认识自己的强处、确定主攻方向；其次个人的发展与成就决定于①机遇；②勤奋；③天赋等三个因素，有机的结合。

这次推动农业模式转型、促使农村农业社会变革，其目的是要全面落实习近平主席提出的、走出“两条道路”，建立起适应农业生产特征的高效、安全、持续发展的信息农业模式，从根本上改变我国农业在国民经济建设中的“短板”和国家四个现代化建设中的“薄弱环节”。这样，研究所（学科）也会有个大发展，个人也就有发展机遇了。这种适应、推动技术经济发展的社会需求，是扩大科研机构的最佳途径，也是个人发展的机遇。

六、我国现行农业模式快速转型为信息农业模式的紧迫性及其“试点”可行性报告（见本《续集》的首篇）

七、在浙江大学农业生命环境学部“论证会”上的报告

我国现行农业模式快速转型为信息农业模式的紧迫性及其“试点”可行性报告（略）　（见本《续集》的首篇）

八、在浙江大学“西湖学术论坛”的报告

论我国农业模式转型、解决国民经济建设中的“短板”问题
(破解国家重中之重“三农”工作老大难的关键环节)

[提要] 总结60年的农业科教、农技推广和农业农村的调查，40年的农业遥感与信息技术研究成果的研究分析提炼等，找到我国农业在国民经济发展中形成“短板”，以及在同步推进“四个现代化”建设中是薄弱环节的原因是：我国现行农业经营模式（含管理）大大落后于社会和科技进步，已严重阻碍农业的大发展，导致影响农民的经济增收和生活的快速改善。报告提出了有效的解决途径。

引言（对标做好国家重中之重“三农”工作的关键环节）

我国的农业（一产），工业（二产）、服务业（三产）都全面快速发展。但是，农业的发展相对缓慢，是国民经济建设中的“短板”：是“四化”建设中的“薄弱环节”。

我国的“三农”工作，长期来是国家重中之重的战略任务，是国家的需要、时代的召唤。

因此，本项目是对标做好国家重中之重的“三农”工作的关键环节的重大的深化改革举措；是破解国家重中之重“三农”老大难的关键环节的实践。如果能与实施“乡村振兴”战略和“扶贫脱贫”伟大工程，同时推进，取得成功，就能解决农业在国民经济建设中的“短板”、在“四化”建设中的“薄弱环节”，并能从根本上解决我国长期来的“三农”工作这个老大难问题，还能起到防止脱贫后返贫的作用。

一、我国农业的现状、存在问题及其原因分析

（一）我国农业的现状与问题

1. 农业在GDP中的占比不断下降（以浙江省为例）

2002年，农业在GDP中占8.6%；2016年占4.2%；2017年占3.9%。

2. 城镇居民和农村居民收入的占比分析（据浙江省资料）

1978 年，城镇居民人均可支配收入 332 元；

农村居民人均可支配收入 165 元，占城镇居民的 49.7%；

2017 年，城镇居民人均可支配收入 51 261 元；

农村居民人均可支配收入 24 956 元，占城镇居民的 48.7%；

经 39 年后，①农村居民收入比城镇居民收入降低 1 个百分点；②城[illegible]居民增收提高 15.44 倍；农村居民提高 15.12 倍，比城镇居民降低 0.32 倍[illegible]

浙江省经过 15 年的农村“千万工程”建设和“扶贫脱贫”以后，农业[illegible]GDP 中的占比降低 4.7 个百分点。农村居民增收的相对速度还是慢一些。为什么[illegible]

（二）举三个亲身经历的实例，说明农业的现状和问题

实例 1. 1958—1959 年，衢县千塘畈低产田改良研究

全畈 17 000 亩低产农田，1957 年水稻亩产 100~150 千克，高的[illegible]0 千克，绿肥种不好，亩产 50~100 千克，甚至绝收。

经过综合改良后的结果：（原亩产以 125 千克计算）

（1）试验基地（大队）水稻亩产 365 千克，增产 1.9 [illegible]

（2）两块试验田的水稻亩产 490 千克，增产 2.9 [illegible]

（3）绿肥亩产 4 000 多千克，以亩产 100 千克计[illegible]产 40 倍。

经过 4 年后的调查：平均亩产降到 240 千克[illegible]产 34.25%。

说明：①当时科技水平，在 20 世纪 50 年[illegible]末，水稻就有可能达到亩产 500 千克，②推广的科研成果没有能持久，为[illegible]么？

再看看现在：国家正在实施政府补贴[illegible]绿肥为主的“沃土工程”，还在推广 60 年前的科技成果。

实例 2. 1971—1978 年（“[illegible]期间蹲点 8 年），富阳县省肥高产栽培试验（在低产田改良和缺素[illegible]研究的基础上）

1970 年：富阳[illegible]均粮食亩产 350 多千克（浙江省 1966 年已 437 千克）

试验结果：①1978 年全县平均亩产 800 多千克，增产 1 倍多；试验基地（大队）亩产 930 千克，增产 2 倍多。②每千克硫铵增产稻谷从 4.56 千克提高到 10.44 千克，打破全国最高记录 7.0 千克。③试验还有明显的节水、减药功效。国家农业部在富阳县召开二次现场会，这是少有的。④研制出批量生产“75”型水稻营养诊断箱，在富阳县用作辅助推广的手段。⑤创建了农作物生理病害综合诊断理论与方法，其中《水稻营养综合诊断及其应用》专著，获全国优秀科技图书二等奖。

推广效果：①浙江省推广 4 000 万亩，增产粮食 10 亿千克，节省标肥

1.81 亿千克；②全国推广 4 亿亩，增产幅度 10%~15%，总增产粮食 79.4 亿千克。

经过 39 年后的 2017 年，富阳县的粮食亩产降到 475 千克，以 800 千克计，减产 40.6%，以 937 千克计，减产 56.9%。

说明；①当时科技水平，20 世纪 70 年代末就有可能达到亩产 1 000 千克了。②这是一个综合性的科技成果不能全面推广，效益也不能持久，这又是为什么？

再看看现在；国家还在设立“省肥、节水、减药”工程专项研究，在做 40 年前的科技成果。

实例 3. 1979—2018 年（改革开放以后），农业遥感与信息技术应用（农业信息化）研究

我们攻克高度跨学科的艰难，攻破卫星遥感为主的农业遥感与信息技术，在农业上应用的系列关键技术，取得一系列成果，其中获省部级以上的科技进步奖 19 项（含合作），创建了跨领域、综合性的“农业遥感与信息技术”新学科。

高科技成果在农业部门应用，作用会很大，但无法推广应用。

以上 3 个例子说明：①我国科学技术的发展速度，远比农业生产发展要快，而且差距越来越大；②农业生产非常需要科学技术，由于没有打通科学技术进步与农业生产发展的通道，科技成果不能全面推广，甚至无法推广，严重阻碍农业生产与发展。

（三）我国农业生产存在问题的原因分析

1. 从农业生产特征分析

农业生产是在地球表面露天进行的、有生命的、社会性的生产活动。农业生产伴随着生产的分散性、时空的变异性、灾害的突发性、市场的多变性以及农业种类及动植物生长的复杂性等 5 个人们难以调控和克服的困难。但在农业生产过程中，既没有有效的应对措施，推广的科技成果又不能全面、持久发挥作用，特别是高新技术无法推广应用。这就是形成农业生产靠天的被动局面的自然原因。

2. 从人们对农业生产产业认识的分析

古老的农业都是以农户为单位，以农民为主体的个体经营，传带式跟着做，形成人们普遍认为农业很简单、务农不需要技术，是低级的艰苦劳动，轻视农业的意识很严重、很顽固。农业干部也存在着循规蹈矩、保守思想，口头上重视农业、实际上不重视农业技术的推广与应用，形成农业生产，长期以

来，没有遵循农业的特征组织生产与经营管理，这是农业生产发展缓慢的人为原因。

由于农业生产和发展都很复杂、很困难，非常需要科学技术，特别需要高新技术武装，更需要提高人们、尤其是领导对农业更需要信息化的认识。

二、实施信息农业能走出可持续发展的道路

（一）经过40年的农业遥感与信息技术应用研究，研制并创建了信息农业模式

（1）在2000年编写全国高校新编统用教材《农业资源信息系统》时，首次提出信息农业；2003年在编写《农业信息科学与农业信息技术》专著中；有了信息农业及其技术体系的探讨，对信息农业作出初步界定；2009年，在起草《中国农业遥感与信息技术十年发展纲要》（国家农业信息化建设、2010—2020年）征求意见稿（3）中，从农业经营模式发展史介绍了信息农业。

（2）2015—2018年，学习习近平有关“三农”工作的讲话，他提出的“新型农业现代化道路”和“现代化农业发展道路”（以下简称“两条道路”），以及“发挥信息化对经济社会发展的引领作用”“加快转变农业发展方式”“打通科技与经济社会发展通道”“提升国家创新体系的效能”等，得到很大启发。

（3）2016年开始，2017年完成1979—2016年的《浙江大学农业遥感与信息技术研究进展》，比较完整的提出“网络化的融合信息农业模式”（简称信息农业），及其网络化的“四级五融”信息农业管理体系；2018年，完成《网络化的融合信息农业模式》（信息农业）第一稿。

农业科技工作者，特别是农业遥感与信息技术研究的农业科教工作者，有责任通过科技创新，走出两条道路。

（二）“两条道路”的共同点是“农业高效”

农业高效要依靠农业的“根”——土地，挖掘和发挥土地产生财富的潜能。依靠土地的农业高效途径有三条。

（1）依靠科技进步，不断提高农作物的产量和质量，这是可持续发挥作用的。

（2）依靠生产技能进步与科学管理，提高土地产出率和农业劳动生产率，减少农业人口，产生剩余劳力，这也是可持续发挥作用的。

（3）挖掘和开发农业农村的人文社会、环境生态、人才资源优势，以及发挥地域（区位）优势等，调动一切生产要素的活力，实现具有农业农村特色的

"三业"融合发展的信息化大农业，可起到突发性的大作用。实施信息农业能有效地同时抓住、最佳开发农业高效的三条途径，农业能实现可持续发展，走出"授人以渔"的科技助农之道，意义重大。

（三）从我国农业模式几次转型的巨大作用，看农业模式转型的紧迫性及其效果

（1）石器时代的农奴社会是：刀耕火种渔猎农业模式，每500公顷土地养活<50人。

（2）铁器时代的封建社会是：连续种植圈养农业经营模式，每500公顷土地养活1 000人，提高20倍。

（3）工业化时代的资本主义社会是：工业化的集约经营农业模式，每500公顷土地养活5 000多人，提高5倍多。

我国现行农业模式是封建社会与资本主义社会的混合模式，而我国已进入信息时代，中国特色社会主义新时代，农业模式极大的落后了，严重阻碍农业生产及其发展，适应信息时代、中国特色社会主义新时代，现行农业模式转型为信息农业，能大幅度增值，并能可持续发展。

三、信息农业的解释及其主要优势

（一）信息农业的解释

"信息农业"的全称是：网络化的融合信息农业模式。以及针对农业产业的特征研制出网络化的"四级五融"信息农业管理体系。其主要特点与优势：

（1）通过农业信息系统的众多专业应用系统，找出农业理论、技术、方法、人才、农资和其他一切涉农的最佳信息，融合成农作物（或农产品）的生产经营方式，在完成国家任务的前提下，由乡镇（农业专家）领导，由农业技术人员与技术工人，有计划地完成农业生产全过程。走出农业生产过程的现代化道路。

（2）因地制宜地挖掘和发挥可产生财富的农业农村的优势资源，有规划地发展绿色的、专业化的、具有农业农村特色的、规模经营的"三业"融合发展的大农业。走出现代农业的现代化道路。

（3）运用网络化技术，根据农业生产特征，把农业生产构成全国"一盘大棋"，全国上下互动，聚集各级政府机构的职能优势，发挥国家整体效能，达到最大程度地调控与克服农业生产的五个基本难点。

（4）以乡镇为农业经营基层单位，组建由涉农单位参加的乡镇农业生产协作联盟组织，专业分工，由农技员和农技工为主体，做到集体经营规模的效益

最大化，加速提高农业生产的科技水平，取得最佳的农业效益。

（5）组建直接为农业服务的、从国家到乡镇的四级科研联盟及其农技培训、推广体系，打通领导、科技、推广、培训与农业、生产发展的通道，确保及时研究解决农业生产和发展过程的问题，发挥科技是第一生产力的巨大作用，并做到科技成果能以最快速度在生产基层落地。既能做到科技进步与农业发展同步，又能走出“授人以渔”的科技助能之道。

请看下面两张“概念框图”。

图1　农业信息系统总数据库概念框图（以种植业为主）（略）。

图2　农业信息化系统概念框图（以种植业为主）（略）。

农业生产与发展是极其复杂的，不确定性因素也是很多的、是一个很不稳定的产业。因此，特别需要科学技术武装，更需要高新技术的支持，还要改变人们，特别是提高领导对信息化的现代农业的认识。

（二）信息农业优势的十种表现

（1）根据农业信息系统选出最佳的生产技能和农业物资等信息，以农产品为单元建立生产模型，组织农业生产，能走出最佳的、技术密集的、由技术人员为主导的“新型农业现代化道路”。

（2）执行绿色发展的理念，挖掘和开发农业农村可发生财富的土地潜力，实施具有农业农村特色的“三业”融合发展的网络化、信息化大农业，走出“现代农业发展道路”。

（3）国家、省区市、县市都拥有为农业服务的科研机构，能及时组织研究解决农业生产与发展的问题，发挥科技是第一生产力的巨大作用。

（4）拥有国家到乡镇的各级科技推广、培训体系，能分级负责培训和推广，及时提高各级农业领导、农技员和农技工的科学技能水平，科技成果能最快、最全面落地，做到科技进步与农业生产发展同步。

（5）以乡镇为农业生产单位，并与涉农单位共同签订“农业生产协作计划”，做到专业化、分工负责的规模经营效益最大化，并可以最快速度提高农业经营者的科技水平，加快农业发展。

（6）组织涉农单位参加农业经营联盟，能用最佳技术组织生产，提高经营效益，农业能优化可持续发展，还能防止脱贫后返贫。

（7）农业灾害预警系统分别由相关的国家或省区市职能部门牵头联合研发，能加速提高预测精度，把损失减到最小程度。

（8）有计划地种植粮食作物和重要农作物，可发挥区域优势，保证国家粮食安全和农产品有效供给，能确保社会安定，农业经济快速稳定发展；特别是有效利用天然、农作、畜牧和人们生活等产生的废弃有机物（肥），创办有机无机肥料工厂，生产优质肥料。它能保护土壤肥力，为农作物持续高产打下稳健基础，还能减轻土、水气环境污染等。

(9) 农作物卫星遥感监测及其估产系统，能及时快速、科学指导农业生产，还能预测、提早预报农作物产量、有利于农产品调配，还有利于对外贸易。

(10) 信息农业的最大优势是发射农业卫星和开拓信息农业的新产业，促进农业智能化，为发展“工厂化的融合信息智慧农业模式”（简称智慧农业）创造条件，加快农业向更高水平发展。

终之，实施信息农业能走出“两条道路”，并走出“授人以渔”的科技助农之道，还能为发展“智慧农业”创造条件、打好基础。

四、我国农业模式转型为信息农业的紧迫性及其“试点”可行性分析

(一) 我国进入中国特色社会主义新时代，农业模式转型为信息农业模式，是社会发展的必然、是国家发展的需求、更是广大农民的迫切要求

它有三个有利因素。

(1) 有中国共产党的坚强领导，有中国特色社会主义新时代的制度优势。因此，转型为信息农业是完全可能的，这也是社会发展和农业发展的必然趋势。

(2) 我国有过人民公社集体经营的探索，有一定的经验。20 世纪 60 年代，有过人民公社（相当于现在的乡镇）为单位专业化、规模经营的探索。方向对头，只是行动过急、也太脱离当时的社会经济技术基础而失败了。但获得的经验教训，对实施信息农业规模经营是有利的。

(3) 我国进入中国特色社会主义新时代、城镇化、工业化的快速发展，农民大量外出打工，他们对占有土地使用权的意识淡化了。这对收回农民的使用权有利，对加强社会主义土地集体所有制更为有利。

(二) 浙江大学有 40 年（1979—2019）的农业信息化研究基础

国内只有浙江大学在党的领导下，各级政府的支持下，有能力承担和发动群众、组织科技力量，成立领导和专门机构，掀起一次新的农业技术革命和农村农业社会变革，促进农业模式转型为信息农业。

(从略，请看《浙江大学农业遥感与信息技术研究进展》)

在浙江省进行试点还有两个优势。

(1) 习近平主持浙江省工作时提出农村“千万工程”建设已有 15 年，农

村经济实力有很大提升，农村居民人均可支配收入从 5 431 元提高到 24 956 元，增加 4 倍多；

（2）浙江省的地理信息技术和网络化技术处在国际前沿，例如世界互联网大会和联合国世界地理信息大会都在浙江省召开。

这对农业信息化建设国家试点是十分有利的。

（三）推行信息农业有 4 个困难，但都能克服

1. 现行农业模式转型为信息农业是跳跃式的，管理难度很大，可以通过加强分区联网研究解决

（1）信息农业的核心技术是卫星遥感与信息技术为主的高新技术，对农业科技工作者来说很难。

（2）农业生产及其经营很复杂，例如“农业生产的五大特征与困难”很难调控与克服。

（3）农业生产的不确定性因素很多而且极其复杂，因此，提高测报精度很难。

2. 农业信息技术的研发难度大，需要同时掌握深厚的数理化知识和农业科学知识，培养农业信息化专业人才解决

（1）信息技术人员，有数理化基础，但缺乏农业科学知识。

（2）农业技术人员，有农业知识，但缺乏深厚的数理化知识。

3. 农业领导和广大农民的思想认识跟不上形势的发展，加强宣传和信息化技术培训解决。

4. 我国丘陵山区多，地形复杂，农田地块小，大田规模经营有困难，通过农业区划、分类组织经营解决。

（四）实施农业信息的效益分析

（1）实施农业信息后，运用现有积累的科技成果，推广应用后能大幅度提高农作物的产量和质量。其中农作物的产量，据保守估计，低产区增产 1~2 倍，中产区增产 1 倍左右，高产区也能增产 50%以上。

（2）信息农业拥有网络化的“四级五融”农业管理体系，能针对农业生产过程中的问题及时研发解决，能很快转化为生产力，做到科技进步与农业生产、发展同步，农业能可持续快速发展。

（3）信息农业是以“绿水青山就是金山银山”的绿色发展理念，构成具有农业农村特色的“三业”融合发展的大农业，这就能充分挖掘和开发生态环境、人文社会和地理区位等优势资源。农业不只是快速发展，而且是可持续的发展。

(4) 实施信息农业，为农业工厂化、智能化发展创造条件。

(5) 实施以卫星遥感和信息技术为主的信息农业，我国会很快发射专业性的农业卫星，农业会有大发展，并为智慧农业创造利用卫星的条件。

(6) 实施信息农业为开发信息农业的产业链获得先机，促使农业经济发展。

实施信息农业既能走出“授人以渔”的科技助农之道，解决农业在国民经济建设中的“短板”和在同步推进“四化”建设中的“薄弱”环节问题；又能为发射农业卫星和发展“智慧农业”创造条件，还为研发、形成信息农业的产业链获得先机等，促进农业向更高的水平的可持续发展。

结束语：四点补充解释和一个重要建议与要求

(一) 四点补充解释

(1) 任何产业，要能保持优势持续发展，都必须拥有直接为企业发展服务的、科技水平很高的、科技队伍结构合理又强大的科研（研发）机构，而我国农业这个古老产业至今没有直接为自身服务的科研机构，没有科技培训和科技成果推广体系。农业生产极大地落后于科技进步，严重阻碍农业发展。

(2) 任何产业的经营模式，都必须遵循产业自身特征，并与社会发展、时代相适应，产业才能可持续的快速发展，而我国的现行农业模式处在封建社会和资本主义社会的混合型模式，极大地阻碍农业的快速发展。

(3) 土地集体规模经营既是实施信息农业专业化、规模经营的基础，又能巩固社会主义制度。现在收归土地集体使用权是最好时机，时候到了。

(4) 我国的现行农业模式快速转型为信息农业模式，能修补农业在国民经济建设中的“短板”，农业会有可持续的大发展。

(二) 一个重要建议与要求

2019年1月23日，习近平总书记主持的中央全面深化改革委员会第六次会议，强调深化改革要对标重要领域和关键环节。

多抓根本性、全局性、制度性的重大改革举措；

多抓有利于保持经济健康发展和社会大局稳定的改革举措；

多抓有利于增强人民群众获得感、幸福感、安全感的改革举措。

5月29日，第八次会议又提出：要把关系经济发展全局的改革、涉及重大制度创新改革、有利于提升群众获得感的改革放在突出位置，优先抓好落实。

我们提出现行农业模式快速转型为信息农业的紧迫性及其“试点”可行性报告，要求国家立项是完全契合以上三条改革举措的要求，也契合第八次会议提出的要求。它是对标做好国家重中之重的“三农”工作的关键环节的重大的深化改革举措。

为此，我建议举办规模较大的论证会，从校内到校外组织论证。经论证后，获得认可。我建议以学校名义上报给省委和党中央、中央全国深化改革委员会、国务院等。

如果能获得对标国家重中之重的“三农”工作的关键环节的重大改革举措的立项。这不仅对改变农业在国民经济发展中的“短板”状态，也对我校的“双一流”建设、“创新 2030 计划”和实现“立足浙江、面向全国、走向世界、奔国际一流”的目标，都大为有利。

附：这项成果的形成

这项成果是会聚我校、国家和国际的创新资源，经过 40 年的跨领域融合创新研究，攻破卫星遥感为主的农业遥感与信息技术，在农业发展中应用的系列关键技术，创建了跨领域、综合性的“农业遥感与信息技术”新学科（2002 年国家批准）。这是“信息农业”的学科基础。其形成主要经历如下。

1999 年，在国家教育部“农业新技术工作会议”作“论农业信息系统工程建设”专题报告与讨论；

2000 年，参加制订《国家农业科技发展规划》，并主持起草“农业信息技术及其产业化”专项（为浙江省的规划也写了一份）；

2003 年 3 月 24 日，应国家科委邀请，在“中国数字农业信息化发展战略研讨会”上作“中国农业信息技术的现状及其发展战略”的专题报告与讨论后，应邀参加“十一五”国家科技支撑计划“现代农村信息的关键技术研究与示范”重大项目的立项论证和评审（副组长）；

2009 年，为国家遥感中心起草的《中国农业遥感与信息技术十年发展纲要（国家农业信息化建设，2010—2020 年）》征求意见稿（3）；

应中国农业出版社的建议，组织撰写我国第一部系统论述的、内容比较完整的《农业信息科学与农业信息技术》和世界首部《水稻遥感估产》专著，以及其他 10 多部创新科技专著和国家新编统用教材；

系统总结、提升，我 8 次应邀参加国家有关农业信息化学术会议的专题报告和讨论，以及多次出国考察参会的收获；

特别是我在学习习近平主席对“三农”工作的讲话，获得很大启发，提高为农业找出路的信心等以后，经过 3 年多时间的系统总结、提升，研制出信息农业及其管理体系。

报告人　浙江大学农业生命环境学部　王人潮

九、代学校起草呈报中央全面深化改革委员会、习近平总书记的报告

关于加速农业经营模式转型、解决农业“短板”问题的建议报告

[提要]：对标解决国家重中之重“三农”工作老大难的关键环节，运用网络化、信息化等高新技术，研制出发挥社会主义制度优势的、适应信息时代、中国特色社会主义新时代的、遵循农业产业特征的信息农业模式及其管理体系，并与“乡村振兴”战略、“扶贫脱贫”伟大工程同步推进，既能助推，又能防止脱贫后返贫等，走出习主席提出的“新型农业现代化道路”和“现代农业发展道路”，从根本上解决农业在国民经济建设中的“短板”和四个现代化建设中的“薄弱环节”问题。这项建议完全契合中央全面深化改革委员会第六次和第八次会议强调提出的重大改革举措。建议国家立项，分级成立专门机构，先在浙江省试点。

我校科教人员在学习主席有关“三农”工作的讲话后，明确我国农业可持续快速发展的方向和目标，以及运用高新技术破解并解决农业在国民经济建设中是“短板”，以及在同步推进四个现代化建设中是“薄弱环节”等问题。建议在我国发动一次新的农业技术革命和农业农村的社会变革。设立专项基金，通过农业信息化工程建设及其国家试点，促进现行的、严重阻碍农业大发展的混合农业模式，加速转型为适应信息时代、中国特色社会主义新时代的信息农业模式及其管理体系，走出习主席提出的“新型农业现代化道路”和“现代农业发展道路”（简称“两条道路”）。

一、农业在国民经济建设中形成“短板”的原因

农业是在地球表面露天进行的、有生命的、社会性的生产活动。它伴随着农业生产的分散性、时空的变异性、灾害的突发性、市场的多变性，以及农业种类及其动植物生长发育的复杂性等5个人们运用常规技术难以调控和克服的困难。说明农业是极其复杂的难度很大的古老产业。这就是形成农业难以信息化和靠天的被动局面的自然原因。但是，人们把农业生产看得很简单，谁都能做，以及农产品在社会是缺乏竞争性等，导致缺乏科学技术的直接有效支持，形成农业经营模式转型升级很慢、很难、转型期很长，远远落后于社会科技进步。这就是农业在国民经济建设中形成“短板”的人为原因。

我国5 000多年的历史证明：农业模式随着社会的发展，有过几次转型升级，每次农业模式转型都会有一个大发展。农业产值从几十倍到几倍的增加。现在，我国已经进入信息时代、中国特色社会主义新时代，但现行的的农业模式还是：封建社会和资本主义社会两种模式的混合型模式。这种模式严重阻碍吸取科技成果转化为生产力，既无能力吸取先进技能，又不能发挥农业生产专业化、规模经营等科学管理的效能。我校科教人员下乡蹲点科研及其推广发现：①1958年衢县低产田改良研究（以磷增氮种好绿肥为主）。两块试验田的水稻亩产从125千克增至490千克。4年后调查，亩产降到240千克；②1971—1978年富阳县土壤改良和水稻省肥高产栽培研究，基地粮食亩产从350多千克增至930千克。39年后调查，粮食亩产降到475千克。特别到21世纪20年代，还在推广60年前的科技成果，推行政府补贴种绿肥的“沃土工程”；还在重做40年前的科研成果，国家设立“省肥、节水、减药”专项研究。尤其是近期取得的农业信息技术应用研究成果，在我国农业领域已是无法推广了。

二、学习主席对“三农”的讲话，研制出信息农业模式

习主席在2007年到2018年期间，对“三农”工作讲了很多，归纳其核心是运用信息化、网络化等高新技术，“努力走出一条经济高效、产品安全、资源节约、环境友好、技术密集、凸显人才资源优势的新型农业现代化道路”和“要着眼于加快农业现代化步伐，在稳定粮食和重要农产品产量、保障国家粮食安全和重要农产品有效供给的同时，加快转变农业发展方式，加快农业技术创新步伐，走出一条集约、高效、安全、持续的现代农业发展道路”。主席提出的“两条道路”，农业科技工作者获得极大的启发，找到了“三农”工作的创新改革的方向和目标；更是必须承担的伟大使命。

我校科教人员在完成撰写出版《浙江大学农业遥感与信息技术研究进展》（农业信息化研究1979—2018）的基础上，系统总结60多年的农业科教工作的经验与教训；吸取国内外有关现代农业的优点；结合我国农业农村的现状，研制出适应信息时代、中国特色社会主义新时代的“网络化的融合信息农业模式”（简称信息农业），及其遵循农业产业特征的“网络化的‘四级五融’信息农业管理体系“（“四级”是指国家、省市、县市和乡镇；“五融”是指领导、科技、推广、培训与生产）。

三、实施信息农业能走出“两条道路”、解决农业“短板”难题

信息农业的全称是网络化的融合信息农业模式。通俗简化地说：信息农业是运用以卫星遥感为主的农业遥感与信息技术，搜索与农业经营有关的一切信息，包括人文社会经济、科技成果资源、生态环境资源及地域（区位）优势等的数字、科技、技能、农资等现势的和过去的信息，选择最佳信息融合，遵循农业产业特征，构成众多的技术密集的专业应用系统，集成为农业信息系统（总系统），形成网络化的、信息化的、专业化的、规模化的、全国"一盘大棋"的农业经营模式。

信息农业（含"四级五融"管理体系）的优势：

（1）信息农业是选用最佳信息、技术密集的、发挥人才优势，特别是以农产品为单元建立的信息化、专一性的生产模型，实施农业生产的全过程。模型化的生产方式能实现农业生产全过程的现代化，能走出新型农业现代化道路。

（2）信息农业是坚持绿色发展理念，全面挖掘和开发能发挥创造财富的三大途径的土地潜力，因地制宜地实施具有农业农村特色的"三业"融合、可持续发展的大农业，走出现代农业发展道路。

（3）信息农业通过规划、计划有序地发展农业，能最佳发挥地域（区位）优势，并保证国家粮食安全和重要农产品有效供给，确保社会安定；特别是有能力利用天然、农作、畜牧和人们生活等产生的废弃有机物（肥），创办有机无机肥料工厂，生产优质肥料。它能保护土壤肥力，为农作物持续高产打下稳健基础，还能防止环境空气污染等。

（4）信息农业拥有直接为自身服务的国家、省区市、县市和乡镇的科研体系及其地区联盟组织，能及时全面解决农业生产与发展过程中的问题，发挥"科技是第一生产力"的巨大的持续作用，确保农业可持续的快速发展。

（5）信息农业拥有国家、省区市、县市和乡镇的科技推广及其培训体系，能分级推广和培训，不断提高各级领导、科技人员及专业化的农技工（农民培训）的科学和技能水平，打通科技与农业生产发展的通道，确保科研成果快速落地应用，做到科技进步与农业生产发展同步。

（6）信息农业是以乡镇集体为农业生产基层单位，并与涉农单位签订"农业生产协作计划"，能够发挥农业专业化、区域化、规模化的经营效益最大化，还能防止脱贫后的返贫。

（7）多类的农业灾害预警系统是根据灾害的性质，分别由相关的国家或省区市的职能部门牵头，从全国乃至全球出发，组织联合研发，能大大提高克服灾害的科技能力，加快提高预测精度，把灾害损失降到最低程度。

（8）农作物长势卫星遥感监测及估产系统，能及时、持续、全面获取现势性农作信息，还能预测、提早预报农作物产量，有助于各级政府领导和科学指导农业生产，并有利于农产品的计划调配和对外贸易，及其有序地指导农业生产与发展等。

（9）实施信息农业为发射农业卫星和开拓信息农业的高新技术产业获得先机；为发展“工厂化的融合信息智慧农业模式”（智慧农业）打开通道。

（10）实施信息农业，能走出“授人以渔”的以农业基础设施、科技为主的助农之道，这是永久的、可持续发挥作用的。

总之，实施信息农业能走出习主席提出的“两条道路”；能根本解决农业在国家建设中的“短板”和国家四个现代化建设中的“薄弱环节”等问题。

四、建议国家立项、开展国家试点

2019年1月23日，习近平总书记主持的中央全面深化改革委员会第六次会议，强调深化改革要对标重要领域和关键环节。提出：（1）多抓根本性、全局性、制度性的重大改革举措；（2）多抓有利于经济健康发展和社会大局稳定的改革举措；（3）多抓有利于增强人民群众获得感、幸福感、安全感的改革举措；2019年5月29日，第八次会议提出：要把关系经济发展全面的改革、涉及重大制度创新的改革、有利于提升群众获得感的改革放在突出位置，优先抓好落实。我校提出“现行农业模式快速转型为信息农业的紧迫性及其国家试点可行性报告”，完全契合中央全面深化改革委员会两次会议都强调提出的重大改革举措。它是对标做好国家重中之重的“三农”工作的关键环节的重大改革举措。据此，建议批准国家立项、分级设立专门机构，先在浙江省开展国家试点。妥否，请批示。

特此呈报

中央全面深化改革委员会、党中央总书记习近平主席

浙江大学

2019年7月1日

附件：

1. 在浙江大学农业生命环境学部“论证会”上的报告：我国现行农业模式转型为信息农业模式的紧迫性及其“试点”可行性报告。（见本《续集》首篇）
2. 网络化的融合信息农业模式（信息农业）第一稿。（见本《续集》第二篇）
3. 在浙江大学“西湖学术论坛”上的报告：论我国农业模式转型、解决国民经济建设中的“短板”问题（破解国家重中之重“三农”工作老大难的关键环节）。见本《续集》：推动现行农业模式快速转型为信息农业所做的工作：八。

《浙江农业大学农业遥感与信息技术研究进展》的“前言”和“尾声”

一、前言（学科建设、科研成绩、方向目标）

（一）新学科的创建过程和现状

农业遥感与信息技术，在我国是20世纪70年代末开始发展起来的高新技术，是国家学科名录中没有的全新学科，要想取得国家的认可，它的创建成过程就会比较长，也会比较困难。我们经过37年的创新研发，建成了一个包括浙江大学的“研究所”，“省重点研究实验室”，浙江大学的“校学科交叉中心”三个科研组织和一个新专业，以及具有博士学位授予权的农业遥感与信息技术新学科。研究所现有1 000平方米以上的科教用房，单价10万元以上的仪器设备价值超过1 400万元，已具备全面开展农业信息技术及其产业化研发的基础条件。

1979年10—11月，浙江农业大学（1998年“四校合并”为新浙江大学）指派王人潮参加由农业部和联合国粮农组织（FAO）、开发总署（UNDP）共同举办的，由北京农业大学（现为中国农业大学）承办的“以MSS卫片影像土地利用和土壤目视解释”为主要内容的卫星资料在农业中的应用讲习班。国家、省部属的24个单位，32人参加。讲习班结束时，农业部领导和联合国专家指定，由承办单位（北京农业大学）和浙江农业大学两校，分别在我国北、南承担农业部首批“卫星遥感资料在农业中的应用研究”。我为了配合全国第二次土壤普查运动，成立了土壤遥感课题组，开展“MSS卫片影像目视土壤解释与制图技术研究”。研究成果获浙江省科技进步奖二等奖，将其成果在土壤普查中推广应用。这就是我们创建农业遥感与信息技术新学科的起步。

1980年，浙江农业大学土化系为土壤学研究生开设《航卫片在土壤调查中的应用》专题讲座。1982年，成立土壤遥感技术应用科研组。1983年，王人潮在土壤学科开始招收土壤遥感硕士研究生，吴嘉平是我国第一位土壤遥感硕士研究生。1986 年，随着农业遥感研究内容的扩大，浙江农业大学批准成立浙江农业大学农业遥感技术应用研究室，王人潮任主任。从此，土壤遥感硕士研究生都改为农业遥感技术应用研究生。

1989 年，我组织社会上的有关单位，向省科委申报批准成立浙江省遥感中心，由浙江省科委主任陈传群教授兼中心主任，王人潮任中心副主任兼《遥感应用》杂志主编。1991 年，随着信息技术的应用与发展，王人潮在土壤学科开始招收农业遥感与信息技术博士研究生，赵小敏是我国第一位农业遥感与信息技术博士研究生。

1992 年，经省教委批准，农业遥感技术应用研究室扩建为浙江农业大学农业遥感与信息技术应用研究所。从此，硕士、博士都改为农业遥感与信息技术应用研究生。同年，省教委批准成立浙江省高等院校遥感中心，王人潮任中心主任。

1993 年，在研究所的基础上组织申报，经省政府批准投资 75 万元，创建浙江省农业遥感与信息技术重点研究实验室。这是我国第一个省部级以上的农业遥感与信息技术重点实验室。王人潮任主任；我国遥感事业的开拓者、中科院遥感应用研究所首任所长陈述彭院士兼任学术委员会主任。1994 年，农业遥感与信息技术学科被浙江农业大学批准为校级重点学科，设生物资源遥感与信息技术及其系统开发研究、环境资源遥感与信息技术及其系统开发研究、遥感与信息技术应用基础研究三个方向。1995 年发起组建中国土壤学会土壤遥感与信息专业委员会，挂靠浙江农业大学。同年，由国家遥感中心主办的、浙江农业大学农业遥感与信息技术应用研究所承办的第十一届全国遥感学术讨论会在浙江农业大学召开。1997 年 12 月由中国土壤学会土壤遥感与信息专业委员会主办，浙江农业大学农业遥感与信息技术应用研究所承办土壤遥感与信息技术首届学术讨论会。1998 年，浙江省科委首次组织省级重点实验室评估工作，浙江省农业遥感与信息技术重点研究实验室被评为 10 个省级优秀重点实验室之一，获得 50 万元奖励金。往后，该室每次评估都被评为优秀或重点资助实验室。同年，学校拨款 50 万元，准备成立浙江农业大学农业遥感与信息技术中心，但适逢“四校合并”而停止。1999 年，应教育部邀请在全国高等农林院校高新技术工作会议做“农业信息系统工程建设”专题报告。2000 年，参加国家科委编制《国家农业科技发展规划》，由浙江大学农业遥感与信息技术应用研究所与中科院地理研究所共同负责起草“农业信息技术及其产业化”专项。

2002年，浙江大学在国家一级重点学科农业资源利用下面，申报自主设立的农业遥感与信息技术二级学科，获得国务院学位委员会批准。从此，正式成立我国第一个具有独立招收硕士、博士研究生及其学位授予权的新的二级学科，完成建设程序。“四校合并”后，又经过4年的组织申报，在2002年，浙江大学批准以省重点实验室为基础，联合校内相关学科，投资200万元组建浙江大学农业信息科学与技术中心，黄敬峰任首届科学家。在研究所外围，设有6个与专业结合的研究室。农业遥感与信息技术学科的研究方向调整扩大为①农业遥感与信息技术基础理论研究；②农业遥感与信息关键技术研究；③农业遥感与信息技术应用系统开发研究；④农业遥感与信息技术集成、应用与示范研究；⑤农业生物信息技术与虚拟生物学研究，共5个方向，学科及研究方向的学术带头人有12位教授（研究员）。此时是农业遥感与信息技术学科的最盛时期。

长期以来，我校农业遥感与信息技术学科是国内唯一具有博士学位授予权，也是国内唯一的省部级以上的重点（开放）实验室，一直处于国内领先地位。“四校合并”后，浙江大学成立了农业信息科学与技术中心，科学研究和范围也不断扩大，1999年还创办了信息化管理资源环境科学新专业。但是，受到浙江大学一刀切的进人制度的影响，新学科的发展规模受阻，特别是在申报国家重点实验室、国家工程技术中心、科技创新团队等时，都受到特殊情况的严重干扰，农业遥感与信息技术新学科的发展严重受阻，在国内的领先地位受到严重挑战。

2003年，我应科技部的邀请做“中国农业信息技术现状及其发展战略”专题报告，2005年，王人潮因年老（75岁）退休，当时研究所已经有4位较高水平的人才，但都比较年轻，知识面也不够宽，故采用集体接班过渡的方式。其中，①王珂在1998年被任命为副所长，晋升研究员后，接任所长和学科带头人；推荐接替浙江省遥感中心副主任、浙江省高等院校遥感中心主任、中国遥感应用协会常务理事、浙江省土地学会副理事长，是《农业资源信息系统》新编国家统编教材第一副主编。②黄敬峰在1998年攻读博士学位时，就被任命为副所长（王珂担任环境与资源学院副院长后任所长）、接任浙江省农业遥感与信息技术重点研究实验室主任，继续担任浙江大学农业信息科学与技术中心首席科学家；建议接替中国环境遥感学会常务理事、中国自然资源学会理事、与我合著《水稻遥感估产》专著。③吴嘉平是从美国康奈尔大学引进的，担任省重点研究实验室第一副主任、浙江大学农业信息科学与技术中心学术负责人；建议接替《科技通报》编委会副主任、《浙江大学学报》（农业与生物技术版）编委。推荐担任《Pedosphere》杂志编委。④史舟是具有培养前途的青年教师，担任副所长（现为所长和学科带头人）、省重点研究实验室副主任；推荐担任中国土壤学会土壤遥感与信息专业委员会副主任委员（现为主任委员），是《农业信息科学与农业信息技术》专著第二作者。

2005年，王人潮参加国家首次设立的重大专项——“十一五”国家支撑计划“现代农村信息化研究与示范”项目的专题论证。2006年，参加该项目评审，任副组长。2009年，应国家遥感中心的建议，起草《中国农业遥感与信息技术十年发展纲要》（国家农业信息化建设，2010—2020年），参见附件1。

农业遥感与信息技术新学科现有“研究所”“省重点研究实验室”“校学科交叉中心”三个科教组织和一个信息化管理资源环境新专业，并具有博士学位授予权，这在国内是唯一的。截至2016年年底，研究所在职员工21人（含博士后4人、项目聘用4人），在读研究生92人，本科专业学生28人，是一支以专职科教人员为骨干，以研究生、博士后为基本队伍的，精干的、知识结构合理的科研队伍。研究所拥有1 000平方米以上的科教用房，单价10万元以上的仪器设备1 400万元以上，其规模和总体水平已经具备农业信息化研究和建设的基础条件。

（二）新学科的科研成绩和水平

浙江大学农业遥感与信息技术应用研究所经过37年的不同类型、不同级别、不同大小的200多个课题的持续创新研究，其内容涉及农、林、水、气、环境、海洋、地质，及其土壤（地）、施肥、栽培、植保、畜牧和农业生态与管理学等领域；已经研发20多个应用系统及其科技试验产品，特别是提出了以种植业为主的农业信息系统工程概念框架，明确了农业信息化建设的技术思路；获得省部级以上的科技奖励成果23项（含合作奖）；发表创新论文、著作1 000多篇（本），主编国家统编教材4册；培养研究生226名、本科生60多名。科技总体水平处于有多项突出贡献的国际水平、国内领先地位。研究所已经具备全面开展信息化建设研究、逐步实现信息农业的科技能力。

近40年来，我们已承担：国家攻关、重大专项、支撑计划、重点项目和国家自然科学基金，以及农业部、国防科工委等部门的项目；联合国及美、英、法、德、东南亚等国际合作或双边合作项目；省内外的省政府、厅（局）和企业事业单位的计划或横向课题等，共计在200个以上。研究内容涉及农业、林业、水利、气候、环境、海洋、地质，以及土壤（地）、施肥、栽培、植保、畜牧和农业生态与经营管理等领域，并都取得不同程度的很好效果。

（1）水稻遥感与信息技术应用研究，是国家攻关项目——以水稻遥感估产为中心开展研究的，在水稻遥感农学机理、遥感数据分析及其遥感估产的关键技术等方面取得突破性进展，提出了省、地（市）、县（市）三级水稻遥感估产的技术方案；研究完成国际上第一个浙江省水稻卫星遥感估产运行系统（包括水稻长势监测）。浙江大学农业遥感与信息技术应用研究所还在多项技术综合集成、高光谱应用和不确定性研究，以及遥感定量化技术的应用研究等方面有突破性进展，处于国际领先水平。

（2）土壤遥感与信息技术应用研究，在运用航片、SPOT和TM资料开展系列的土壤调查制图技术研究取得成功的基础上，研制出我国第一个由省级（1：50万）、地（市）级（1：25万）、和县（市）级（1：5万）三种比例尺集成的、具有无缝嵌入和面向生产单位服务等良好功能的浙江省红壤资源信息系统（附有1.1版光盘）。在土壤地面高光谱遥感原理及方法等有突破性进展，处于国际领先地位。完成的“浙江省土壤数据库”和“全国主要土壤光谱数据库，”为土壤管理、开发利用、土壤调查及更新，以及科学研究提供了基础条件。

（3）土地遥感与信息技术应用研究，研发出我国第一个具有数量、空间优化配置和系统更新与管理决策等功能的土地利用总体规划信息系统，以及城镇和农村土地定级估价信息系统、土地利用现状调查、变更调查和预测预报系统等。这些都已通过建立“公司”和向土地管理部门推广应用。

（4）其他遥感与信息技术应用研究，包括农作物栽培、农水施肥、植物保护、农业生态、环境保护、果树蔬菜、农业管理，以及林业、水利、气象、环境、海洋、地质等领域，都是由本所研究或与相关单位合作研制的信息系统。例如与浙江省水利厅合作研究完成的“浙江实时水雨情WEBGIS发布系统”已经由水利部门推广应用。

（5）遥感光谱及其机理研究，通过对大量的不同地物及其在不同时间、不同状态时的光谱特性与变化规律研究，找出与监测地物有关的敏感波段，以及与其相关波段组合的光谱变量（参数），再通过与农学专业相结合，建立起一系列的估算、监测、预报等相关模型或光谱参数，在水稻、土壤（地）等地物遥感原理与技术以及信息技术在农业中的应用等方面有很大进展；已经建成的“水稻光谱数据库”“全国土壤可见光—近红外光谱数据库”等，为农业遥感与信息技术的应用研究提供了基础条件。

（6）农业遥感与信息技术综合性研究，已经建成一个全新的农业遥感与信息技术学科（暂归农业资源利用一级学科），完成《农业信息科学与农业信息技术》等系列专著；建成一个信息化管理资源环境新专业，新编国家统编教材《农业资源信息系统》，教育部批准为“面向21世纪课程教材”。已由中国农业出版社组织修订后出第二版，现在正在筹划出第三版。最后，本所还提出以种植业为主的农业信息系统工程概念框架，为农业信息化建设提供了技术思路。

经过近40年的创新研究，已经发表的论文和出版的专著、教材超过1 000篇（本）。大约有三分之一的论文是被SCI、SSCI或EI收录的。绝大部分科技著作和教材都是在国内或国际上首次出版的。例如《水稻遥感估产》是中华农业科教基金资助的重点图书，也是至今在该领域国内外唯一的科技专著；《水稻高光谱遥实验研究》和《水稻卫星遥感不确定性研究》也是该领域的唯一专著；又如《农业信息科学和农业信息技术》是国内至今最系统全面论述的科技专著，被中国农业出版社列为重点图书出版；再如《浙江红壤资源信息系统研制与应用》是国内外第一部环境资源领域的信息系统专著；《土壤地面高光谱遥感原理与方法》和《地统计学在土壤学中的应用》两部著作也是土壤领域的第一部科技专著，分别由科学出版社和中国农业出版社出版；还有，《浙江土地资源》是浙江省第一部系统的、应用卫星遥感与信息技术的、具有历史意义的土地资源专著，填补了浙江省土地领域的空白；《“多规融合”探索——临安实践》是具有时代特色的、问题导向性的实践著作，由科学出版社出版；《水稻营养综合诊断及其应用》研究提出农作物综合诊断的理论与技术，及其诊断施肥法，将其推广应用后获得巨大的经济效益，获国家优秀科技图书二等奖，研究成果获浙江省优秀科技成果推广奖二等奖；应约撰写的《诊断施肥新技术丛书》（13分册）是国内第一部普及肥料知识的新技术丛书；《农业资源信息系统》和《农业资源信息系统实验指导》（附数学光盘）是农业环境资源领域的国内第一部由农业部组织的新编通用教材等。

近40年来，通过省部级鉴定的科技成果30项，其中获得省部级以上的成果奖励23项（含合作奖），包括国家科技进步奖3项：①水稻遥感估产技术攻关研究（1998年），②农业旱涝灾害遥感监测技术（2014年），③植物—环境信息快速感知与物联网实时监控技术及设备（2015年）。省部级一等奖3项：①浙江省土地资源详查研究（1998年），②设施栽培物联网智能监控与精确管理关键技术与装备（2012年），③农业信息多尺度获取与精确管理技术及装备（2016年）。以及省部级二等奖13项、三等奖4项。其中三等奖的科技成果的技术水平也是很高的，例如“浙江省水稻卫星遥感估产运行系统及其应用基础研究”，它是经过20多年的持续研究，是我国连续四个“五年计划”攻关或重点项目，是在克服多种国际性技术难点的情况下研发成功的，是国际领先的研发成果。可惜的经举手表决被评为三等奖；遗憾的是影响“中国水稻卫星遥感估产运行系统研究与实施”的申报（见附件2）。最后，本所还研究开发出多种科技产品和专利等。

近40年来，我们已培养农业遥感与信息技术人才286名（含留学生6人），其中博士研究生112名（含留学生4人和博士后）、硕士研究生114名、学士60名。现有在读生120名，其中博士生21名、硕士生61名、本科生28名，另有博士后2名，已经形成博士、硕士、学士（本科生）以及留学生等完整的培养体系。据不完全统计，培养的人才，获得博士学位的研究生大约1/2晋升高级职称，其中又有1/2是教授或研究员；获硕士学位的多数是继续深造、攻读博士学位，其余的大约1/2晋升高级职称，部分已是正高；获学士学位的的也多数攻读硕士学位。他们都在发展国家农业遥感与信息技术新学科的事业中发挥重要作用。有不少人还在科教单位担任校、院、系（所）的领导和学科负责人，或担任省级以上的学术团体的负责人等。其中较为突出的是硕、博连读的首届博士赵小敏教授、博导，他是中国土壤学会土壤遥感与信息专业委员会第二任主任，现任江西农业大学校长；硕、博连读的第六届博士史舟教授、博导，现任中国土壤学会土壤遥感与信息专业委员会主任（第三任），2016年被选为国际土壤近地传感工作委员会主席；同届博士张洪亮教授，现任贵州省社会科学院副院长等。

（三）新学科的研究方向和目标

近40年的研究证明：全面发展和运用农业遥感与信息技术，能有效地调控农业生产的分散性、时空的变异性、灾害的突发性、市场的多变性，和农业种类及动植物生长发育的复杂性等5个基本难点，会有效地改善农业生产的靠天被动局面。今后，新学科的研究方向与奋斗目标是积极争取“浙江省农业信息化建设国家试点”，在总结和提升现有研究成果产业化的基础上，全面开展农业信息化研究及其工程建设，完成新一次的农业技术革命和农业农村社会变革，走出习主席提的“两条道路”，逐步实现信息农业，并形成高新技术产业，为浙江大学实现“立足浙江、面向全国、走向世界、奔国际一流”的奋斗目标作出重要贡献。

早在2007年，习近平同志主持浙江省委工作时就提出：“努力走出一条经济高效、产品安全、资源节约、环境友好、技术密集、凸显人才资源优势的新型农业现代化道路”。2015年，又提出“要着眼于加快农业现代化步伐，在稳定粮食和主要农产品产量、保障国家粮食安全和重要农产品有效供给的同时，加快转变农业发展方式，加快农业技术创新步伐，走出一条集约、高效、安全、持续的现代农业发展道路”（简称“两条道路”）。这是我国“三农”工作的一件划时代的大事，也是我国农业科技工作者的伟大使命，更是为我所指明了研究方向和奋斗目标。我从事农业科技、教育与生产实践60年，结合近40年的农业遥感与信息技术研究取得的科技成果和实践经历。我逐渐认识到：在浙江省，从农业生产的基本特点出发，研究农业经营模式的转型，根据现在农业科技和生产水平，只要全面运用农业遥感与信息技术、大数据、云计算、网络化等高新技术，推动一次新的农业技术革命和农业农村社会变革，促进农业经营模式的快速转型，实现网络化的融合信息农业模式是可能的。这就是新学科的研究方向和奋斗目标。

农业生产是在地球表面露天进行的有生命的社会性的生产活动。它伴随着农业生产分散性、时空的变异性、灾害的突发性、市场的多变性，和农业种类及动植物生长发育的复杂性等人们运用常规技术难以调控和克服的五个基本难点，是严重影响农业生产发展的自然因素；极其复杂的农业生产，长期以来以农户个体经营为主的生产方式，严重阻碍其吸取新的科研成果和生产技能的进步，是影响农业生产发展的人为因素。这两个阻碍因素导致农业生产长期以来一直处于靠天的被动局面，而且难以引入和运用高新技术，这是造成农业行业脆弱性的根本原因，也是造成农业生产的发展速度始终落后于其他行业的原因。例如，现在发展农业生产比其他行业都更需要信息化，就是因为农业生产伴随着“五个基本难点”和农户个体经营。农业信息化的所需的技术、经济和推广应用都很难，使得农业信息化至今没有动起来，大大地落后了。

科学技术和生产技能的不断进步是人类研究自然、认识自然和利用自然，促进国民经济发展和提高创造美好生活能力的推动力。早在远古石器时代的原始社会和农奴社会，农业生产实施的是刀耕火种渔猎农业模式。这是一种原始农业，每100公顷土地能养活不足10人。当进入封建社会的铁器化时代时，农业生产实施的是连续种植圈养农业模式，每100公顷土地可养活200人以上。当人类进入工业化时代时，农业生产实施的是工业化的集约经营农业模式，农地环境虽受到污染，但每100公顷土地可以养活1 500人以上。现在社会正在进入遥感与信息技术为主要手段的大数据、云计算、网络化的信息时代。农业生产也随着科技与教育、生产实践经验及其相关因素资料（信息）等的积累；随着利用遥感信息技术大面积地快速获取农业生产现势信息及其他相关因素信息技术的不断提高；随着计算机及计算技术的进步，对庞大而复杂的有关农业生产的数据（含积累的信息数据），能通过运算得以有效利用。这样，现行的工业化的集约经营农业模式，就有可能向着网络化的融合信息农业模式转型。

网络化的融合信息农业模式，简称信息农业。所谓信息农业，首先是能快速获取并融合土、肥、水、气、种、密、保、工、管，以及生物自身生长发育等现势性的信息，并能找到有用的最佳信息；其次是利用科学研究和生产实践等长期积累的全部信息与经验，找到变化规律及其相关性，获取可利用的最佳信息；最后是研制出因地制宜的最佳信息组合的、技术密集、专业化的、网络化的农业生产规模化经营模式。通俗理解信息农业就是运用遥感与信息技术等高科技，因地制宜地聚集融合成最佳信息（技术），组合成众多个技术密集的农产品的生产模型，分专业协作完成农业生产全过程。这种农业模式至少有十大优势：①做到经济高效、环境友好、生态文明；②能获取优质高产；③历史经验教训能为现代生产服务；④减少产销失调的损失；⑤能获取最佳的农作效果；⑥防治污染，保证产品安全；⑦减少或防治灾害损失；⑧取得最佳的栽培效果；⑨快速吸取研究成果，提高科学种田水平；⑩能及时更换农业器具，提高农业生产技能等。由此，可以实现习近平同志提出的：农业走出“两条道路”。这两条道路就是实现信息农业。随着农业基础设施的完善，农业科技和生产技能的发展，以及农业生产实践信息的积累与有效利用，信息农业的经营水平还会不断提高，其结果必然会稳定地提高农业收入，从而农业生产就会走上可持续发展的轨道。

根据我从事农业科技、教育与生产实践的经历，以及从国外农业信息化发展和现代农业中吸取的经验，可以正确地推论出以浙江省现在的农业科技水平和生产状况，及其积累的信息资料，只要全面研发和运用以农业卫星遥感与信息技术为主导的高新技术，就能有序地逐步完成农业信息化的建设，实现信息农业，并能逐步形成高新技术产业。但是，在我国促使工业化的集约经营农业模式的转型，是一次艰难而复杂的新的农业技术革命和农业农村社会变革的过程，是以高新技术为主要手段的、技术密集型的、难度很大的农业经营模式的飞跃转型。因此，既要培养农业信息技术人才，用科学仪器武装农业，还要开展与信息农业模式相适应的农业管理机构的改革和分专业操作系统的建设，而且还要创造必要的条件，稳步推进。因此，农业信息化建设必须要有领导、有组织，边研发、边推广，并且有序地同步推进。所以，我提出今后新学科的研究方向是积极争取“浙江省农业信息化建设国家试点”。在省政府的领导下，组织与农业相关的单位成立浙江省农业信息化研究联盟组织，同时还要争取农业农村部等有关国家部门的支持，而且还要采取必要的有力的相适应的措施，以保证全面开展农业信息化研究和建设，加速农业经营模式的转型，实现信息农业，以最大限度地改变农业生产靠天的被动局面，改变社会上轻视农业的状况，这就是新学科的奋斗目标。

我出生在山区农村，做过农民，深知农民因为农业生产的劳累艰苦和农业收入的不稳定，而过着面朝黄土背朝天的贫穷困苦的生活。我立志学农，现已从事农业科教及其遥感信息技术应用研究60年，我拒受名利引诱，全身心地投入工作，决心终身为改变农业生产找到出路而努力奋斗。“出路”就是通过新一次农业技革命和农业农村社会变革执行习近平提出的“两条道路”，实现信息农业。但我已是一个退休的（工作未停）88岁老人了，体力有些不济，连看书、写字都有点困难。但是，为了落实习近平主席提出的“两条道路”，实现信息农业，我决心借编写《浙江大学农业遥感与信息技术研究进展（1979—2016）》的机会，请我的学生梁建设研究员（副所长）担任主编。我负责写“编写大纲”“前言”“尾声”和起草《浙江省农业信息化建设国家试点实施方案》（见附件3），为领导建言献策，更希望我的接班人能进一步增强为“三农”服务的思想，积极争取、创造机会投身农业信息化建设，为早日实现信息农业而努力奋斗。

附：浙江省农业信息化工程建设试点的主要研究任务和必要的措施（略）

二、尾声（认识和希望）

我所的农业遥感与信息技术，近40年的研究过程中，为了联系生产和适应社会发展的需要，我们同步开展农业遥感与信息技术在农业发展中如何发挥作用的研究。我们经过综合、深化、提升各类研究成果的基础上，做了①发表8篇创新论文；②起草一个国家“农业科技发展规划的专项”和一个“科技发展纲要”；③撰写一本“科技专著”和两册国家农业部“新编统用教材”等。

（1）8篇创新论文是：①加快发展农业遥感技术应用的探讨，是中国环境遥感学会学术讨论会的主题报告之一，应约发表于《卫星应用》，1998（1）：25-29；②论中国农业遥感与信息技术发展战略，是中国土壤学会土壤遥感与信息专业委员会首届学术讨论会的主题报告，应约发表于《科技通报》，15（1）：1-7，1999；③论农业信息系统工程建设，是国家教育部高等农林院校高新技术工作会议的3个主题报告之一，应约发表于《浙江农业大学学报》，25（2）：125-129，1999；④关于农业信息科学形成的讨论，特约并发表于《中国工程科学》，2000（2）：80-83；⑤信息技术与农业现代化，是中国科学技术协会首届学术讨论会“农业技术革命和农业产业化”分会场的主题报告之一，应约发表于《科学新闻》，2000年第6期；⑥论信息技术在农业中的应用及其发展战略，是浙江省首届青年学术讨论会“地球空间信息技术和数字浙江”分会场的两个主题报告之一，应约发表于《浙江农业学报》，13（1）：1-7，2001；⑦论农业信息科学的形成与发展，是中国土壤学会土壤遥感与信息专业委员会第二届学术讨论会的主题报告，应约发表于《浙江大学学报》（农业与生命科学版），29（4）：355-360，2003；⑧中国农业信息技术的现状及其发展战略，是2003年3月国家科技部主办的“中国数字农业与农村信息化发展战略研讨会”的特邀报告之一，发表于《王人潮文选》，3-7，中国农业科学技术出版社，2004年。还有，我们已经研制出以种植业为主的“农业信息系统工程建设的概念框图”，明确农业信息化的研究方向；创办了信息化管理资源环境新专业。

（2）一个国家“农业科技规划的专项”和一个“科技发展纲要”是：2000年，我所参加国家科委编制“国家农业科技发展规划”。我所与中科院地理研究所共同负责起草“农业信息技术及其产业化”专项。2009年，我所应国家遥感中心的建议，由我所起草《中国农业遥感与信息技术十年发展纲要》（国家农业信息化建设，2010—2020年）。还有，我们创建的农业遥感与信息技术新学科，已在2002年由国务院学位委员会批准，在农业资源利用一级学科下面新设二级学科，是国内唯一具有博士学位授予权的新学科。

（3）一本《科技专著》和两册农业部“新编统用教材”是：1999—2002年，我所组织集体撰写的《农业信息科学与农业信息技术》，中国农业出版社列为重点科技著作于2003年3月出版。这是一部新学科的代表性著作，是信息农业的理论依据。1998年，我所中标主编全国高等农林院校新编统用教材《农业资源信息系统》；2007年又主编修订“第二版”，分别于2000年8月和2009年7月由中国农业出版社出版。目前正在主编修订“第三版”。2001年，我所承担主编《农业资源信息系统》的配套教材：《农业资源信息系统实验指导书》，2003年，由中国农业出版社出版。这两册教材都是全新的，国内外都没有类似的教材，被教育部批准为“面向21世纪课程教材”。2001年，为了便于全国高等农林院校开设新课，我所还受教育部委托主办了《农业资源信息系统》课程中青年骨干教师讲习班。结业后，由教育部高等教育司、科学技术司发给“高等学校骨干教师训练班证书”。我校为学员提供了由各章编者主讲的“课程多媒体光盘”“实验室建设方案”和“实验数据光盘”等。

我在编写《农业遥感与信息技术研究进展》的过程中，联系并结合60年的农业教育与科技工作取得的科技成果和应用体会；同时考察了我国几千年农业发展过程和农业经营模式演变之后，我对农业遥感与信息技术在农业生产及其发展、农业经营模式转型中的作用，提出以下的认识和希望。

（1）发展农业生产更需要信息化。我从事60年的农业科教工作，以及农业生产的实践，逐步认识到：农业生产是在地球表面露天进行的有生命的社会性的生产活动。它伴随着农业生产的分散性、时空的变异性、灾害的突发性、市场的多变性，和农业种类及动植物生长发育的复杂性等人们运用常规技术难以调控和克服的五个基本难点；也是一个不确定因素繁多的产业；再加上极其复杂的农业生产始终处于由农民个体户经营的方式，严重阻碍科学技术成果的吸取和生产技能的进步。这就是农业生产长期以来，一直处于不同程度的靠天的被动局面，也是农民收获不稳定的行业脆弱性的根本原因，更是造成农业生产发展，始终落后于其他行业的原因。据此，农业生产比其他行业更需要信息化，更需要运用遥感与信息技术来调控和克服农业生产的“五个基本难点”，促进农业经营管理模式的转型。这项工作需要培养不同层次的专业信息技术人才，并用科学仪器武装农业，发挥科技是第一生产力的巨大作用，做到科技进步与农业生产发展同步。

（2）农业科技和生产技能的进步是农业经营模式转型的推动力。众所周知，科学技术和生产技能的不断进步是人类研究自然、认识自然和利用自然，促进国民经济和提高创造美好生活能力的推动力。早在远古石器时代的原始社会和农奴社会时，农业生产是刀耕火种渔猎农业模式。这是一种原始农业，每100公顷的土地能养活不足10人。当进入封建社会的铁器时代时，农业生产实施的是连续种植圈养农业模式，土地生产能力大大提高，每100公顷土地可以养活200人以上。当人类进入以工业生产为主体的工业化时代时，农业生产实施的是工业化的集约经营农业模式，每100公顷的土地可以养活1 500人以上。现在，我国社会正在进入以遥感与信息技术为主要手段的、大数据、云计算、网络化的信息时代、中国特色社会主义新时代，农业生产也应该在发展农业遥感与信息技术的促进下，由连续种植的圈养农业模式和工业化的集约经营农业模式的混合农业模式（以下简称“混合农业模式”）向着网络化的融合信息农业模式转型，估计每100公顷的土地养活人数会大幅度增加。

（3）浙江省农业科技和生产技能水平，已具备农业信息化建设的条件。根据我从事60年的农业科教与生产实践，以及近40年的农业遥感与信息技术应用研究，取得的科技成果和实践经历，结合参照国外农业信息化和现代农业发展的经验。我认为：现在的浙江省农业科技水平，农业科技与生产经营及其农业环境因素等积累的庞大数据（信息），只要创造条件，全面发展和运用农业遥感与信息技术，就有可能实施信息化建设，促进我国的“混合农业模式”，逐步向着网络化的融合信息农业模式转型（简称信息农业）。所谓信息农业，①运用高新技术融合土、肥、水、气、种、密、保、工、管，以及作物自身生长发育，及其相关因素的现势性信息；②通过模拟模型、预测预报等技术，有效地运算农业科技与生产实践等积累的历史信息，找到变化规律及其相关性；③聚集融合历史的积累信息和现势信息，研制出因地制宜的最佳信息组合的、分专业协作经营的、网络化的农业生产管理模式。这种模式及其管理体系，随着农业科技和生产技能的进步，以及农业生产实践信息的积累与有效利用，信息农业及其管理的经营水平会不断提高。特别是随着农业基础设施的不断完善，农业生产必然会稳定地提高农业收入，并走上持久的可持续发展的轨道。

(4) 农业遥感与信息技术的今后研究方向和任务。我国的“混合农业模式”，向着网络化的融合信息农业模式的转型，是一次艰难的复杂的新的农业技术革命和农业农村社会变革过程，是以农业遥感与信息技术为主要手段的、技术难度很大的，促进农业经营模式快速转型的过程。因此，实施信息农业，不仅技术性很强，而且对现有的农业管理机构，也要进行适应性的改革。所以，这次农业模式转型，要有领导、有组织，边研发、边推广的，有序地同步推进。据此，我提出研究所的今后研究和任务是积极争取并希望能批准：“浙江省农业信息化建设国家试点”，在省政府领导下，成立专门机构、设立专款、发动群众、组织研究联盟，健全和改革推广机制，争取国家农业部等有关单位的支持，走出“两条道路”。

(5) 适应信息农业管理机构的改革思路。基于农业生产自身是非常复杂的产业，而信息农业又是运用高新技术经营管理的。它不仅要利用卫星遥感技术等快速获取生产现势信息，而且还要运用信息计算技术，从长期积累的科技与生产经验等资料中获取最佳的信息。可见信息农业的经营管理非常复杂，而且技术性也很强。所以，信息农业要分专业协作经营管理，并不断提高专业管理水平。具体的是通过分专业建立管理信息系统，由专业机构实施。例如，农作物病虫害管理是建立农作物病虫害预测预报与防治信息系统；肥水管理是分别建立农作物长势监测和营养测报施肥信息系统、农作物田间水分测报信息系统等。它们可以分别成立相应的专业技术公司来执行，或者扩大农资公司庄稼医院的技术规模，负责作物肥水管理和植保工作。这样还能做到产销对接，并有能力及时改换农业机具，提高技能水平等。又如农田耕作和秧苗培育等，可以相应成立专业技术公司，或扩大农机站和种子公司的技术规模等；对比较宏观的、技术难度很大的，例如农业区划和种植规划、农业自然灾害预测预报系统和农业资源利用信息系统等，可以由县级以上农业管理机构来执行；农作物估产可由省级建立农作物长势监测和遥感估产运行系统，由科研机构或统计局或粮食局来完成预报工作等。但是，具体的改革内容与方式，还是要在农业信息化工程建设过程中，根据实际情况逐步的、因地制宜地改革，组建相适应的机构、组织实施与管理。

为我国的农业信息化，运用以农业遥感与信息技术为主的高新技术，促进新一次农业技术革命和农业农村社会变革，实现信息农业，走出习近平主席提出的“两条道路”而努力奋斗

王人潮 2019年10月1日

于浙江大学

王人潮教授口述历史访谈记

访者语

我们根据浙江大学校史口述历史计划进行录像访谈。目的是通过采访在浙江大学任教多年的有成就的教授，记录下他们为浙大孜孜奉献的行为事件、科教事业的成绩。这是构成浙大校史必不可少的一环，希望每一位教授的光亮构成浙江大学校史的灿烂星空。这次采访的受访者是王人潮教授，访谈在王人潮教授家的书房进行。共采访四次，第一次是 2015 年 4 月 26 日，内容是幼年和青年成长期；第二次是 5 月 17 日，内容是“文革”前后期；第三次是 6 月 22 日，内容是“文革”后的改革开放时期；第四次是 10 月 11 日，内容是补充采访（4 个重点问题）。

采访人：宋迪、姚晓岚、刘洁菲（简称宋、姚、刘）。

王人潮教授简介

王人潮教授是我国著名的、在国际上有一定影响的农业遥感与信息技术专家、土壤学家，是我国农业遥感与信息技术新学科的主要创建奠基者。1990 年 12 月，国务院学位委员会批准他为土壤学科博士生导师，享受国务院特殊津贴，1999 年入编《中国科学技术专家传略》。1995 年，列入英国剑桥传记中心名人录，1998 年德国 Dresden 工业大学聘为客座教授和高级顾问，2003 年，世界科教文卫组织聘为专家组成员、2004 年授予“首届特殊贡献专家金质勋章”。他在 1983 年曾聘为全国土壤普查技术顾问组成员，1986 年曾聘为国家科学技术奖励委员会委员，1992 年和 2000 年两次五届（10 年）聘为国家自然科学基金委员会地学部评审组专家成员，2002 年曾聘为国家农业信息化工程技术委员会委员；他曾兼任中国环境遥感、中国遥感应用、中国土壤、中国灾害防御、中国发明、中国自然资源等6个学（协）会的理事或常务理事；他曾是国家重点实验室、工程技术中心评审和中期检查专家组成员。他曾兼任浙江省人大科工委委员，浙江省高级技术职称、科技奖励、优秀论文等评审委员会委员，浙江省高新技术项目审定专家组成员，浙江省农资商品技术顾问团团长，浙江省遥感中心副主任（主任由省科委主任兼任），浙江省高等院校遥感中心主任等；浙江省土地、浙江省农学、浙江省土壤肥料等学会的理事、常务理事或副理事长、名誉理事长，浙江省土地估价师协会名誉理事长等。他曾兼任《科技通报》《遥感应用》《浙江农业大学学报》《浙江农业学报》《浙江大学学报》（农业与生命科学版）等编委会的副主任，编委、副主编或主编等。他是浙江农业大学土化系唯一的国家科技进步奖和全国优秀科技图书奖获得者。2004年，中国土壤学会土壤遥感与信息专业委员会和浙江大学环境与资源学院联合举办了“王人潮教授从教50周年庆典活动”，组织出版《王人潮文选》；2014年设立浙江大学环境与资源学院王人潮教授奖学金。

主要业绩与贡献：（1）带头创建农业遥感与信息技术新学科，发起组建中国土壤学会土壤遥感与信息专业委员会；（2）红壤、低产田改良研究成绩显著，大幅度提高产量、促进全省开展低产田改良运动，对浙江省在1966年全国首先实现粮食亩产超“纲要”（400千克）起到积极作用；（3）带头创办了土地管理、应用化学两个新专业，还通过社会集资联合建成隶属国家土地管理局的东南土地管理学院；（4）作物营养与土壤诊断研究及其推广取得极大成功，作物产量大幅度增加，省肥、节水、又能减药，起到防止农田面污染的作用，获得多项科技奖励，其中《水稻营养综合诊断及其应用》专著获全国优秀科技图书二等奖；（5）首次研究提出完整的浙江省土壤分类系统，创造性地提出由三个系统组成的“浙江省土地分类体系试行方案”；（6）获得省部级以上科技成果奖励13项（次），其中“水稻遥感估产技术攻关研究”获国家科技进步三等奖（五级制）、以及“世界华人重大科学技术成果”荣誉证书；（7）发表论文、著作和教材250多篇、本，半数以上是创建新学科的论文、著作和教材，其中《水稻遥感估产》专著是中华农业科教基金资助重点图书，也是国际上首册专著；《农业资源信息系统》是全新的国家农业部新编通用教材，教育部批准为“面向21世纪课程教材”，2009年第二版列为全国高等农林院校“十一五”规划教材；（8）培养研究生60名，其中硕士研究生21名（留学生4名），博士研究生36名（留学生3名），博士后3名（留学生1名）。他们都在发展国家农业遥感与信息技术新学科中发挥很重要的作用。

第一次访谈记：幼年和青年时期（2015年4月26日）

宋：在您的印象里，您的亲生父母和您的养父母是怎样的人呀？您能不能聊聊关于他们的一些事情呀！

王：我是母亲养大的，所以我对母亲最怀念、印象也最深。我的母亲是一个目不识丁的文盲，是一个缠脚的三寸金莲的农家妇女。我母亲1893年出生，1961年离世，享年68岁。她一生绝大部分时间都艰苦地生活在半封建、半殖民地社会和日本侵略时期，曾经过着亡国奴的生活，加上我母亲自身的不幸，她绝大部分时间都在苦难中度日（此时，王教授几次动了感情、伤感发生语塞）。我母亲是一个能干好强，很能吃苦耐劳，特别是能识大体、顾大局的农家妇女。我母亲18岁出嫁，生过一个儿子、死了，再生一个女儿。最不幸的是24岁丈夫死了。我母亲的夫妻生活不到6年，成为年轻寡妇。婆家说她是克夫命，生活不下去，带着女儿回到娘家住，过着艰难的生活。她在娘家住了十年，34岁再嫁给已经有4个儿子（2个已成婚），2个女儿（1个已出嫁）的51岁的乡绅为妻，年龄相差17岁。这样的继母生活是很艰难的。结婚后生过4个儿子（死去2个），生2个女儿，全部都由母亲自己抚养。我母亲真是苦命人，夫妻生活不到9年，43岁的时候，她的丈夫又死了，成为中年寡妇。她带着我们4个儿女，过着幼儿寡母的艰苦生活。1949年5月，家乡解放，本应得到解脱。但因死了10年的乡绅丈夫，被误划为地主成分，又过着不安宁的生活。直到1961年6月，肝硬化逝世。母亲对我的教育最大，印象最深的有二点：一是勤劳才能有饭吃，能过好生活；二是要爱护粮食，丢到地上的都要捡起来吃了。我和父亲是不能见面的，我没有见过父亲的面，原因是父亲56岁时母亲怀孕，有了我，我的父亲也算是老年得子，对我希望值很高，我在娘胎里就请了瞎子算命先生给我算命，算出我是“克父命”“讨债命”，说什么如果我能养活，父亲必死，如果我养不活是个讨债命。因此，我一出生，没有见过父亲的面，就送给一个吃百家饭的乞丐了，这就是我的养父。我的养父原来是一个地道的农民，因为赌博输光财产成为乞丐。他是一个插秧能手，我6~7岁时，他就教我插秧。我学会插秧和干农活。所以，我的插秧技术也比较好，到每个单位都是第一。学会插秧和干农活，对我学农的成长过程都很有好处。例如，我下乡接受贫下中农再教育时，我会插秧、干农活，不怕臭，用手抓施猪厩肥等，贫下中农说我与他们农民没有什么区别。这对我度过“政治”

难关是很有好处的。

宋：我们看到您的兄弟姐妹非常多，您和哪几位兄弟姐妹关系比较密切呀？后来你们有联系吗？

王：我父亲娶过2个妻子，我母亲也结过两次婚，所以兄弟姐妹很多，比较复杂。我前母亲生了6个子女，有4个哥哥，2个姐姐；我母亲生了6个子女，死去2个，有1个哥哥、1个姐姐和1个妹妹；还有我母亲带来的1个女儿，一共有11个兄弟姐妹。由于前母亲生的与我母亲生的，还有我母亲带来的，相互之间为财产分配的矛盾很大。我母亲生的儿女，因为年纪小，幼儿寡母，吃了不少亏，受了很多苦。我与前兄、前姐们，在1941年分家以后，就没有什么来往了。只有我的亲哥哥，1949年解放就参军了，不久就加入共产党，对我进步有帮助，帮助我读完大学，是我最亲密的哥哥。

宋：您能谈谈您小时候人们普遍的衣食住行状况吗？

王：在旧社会，农村生活都比较苦，特别是落后的山区农村更苦。对我来说，在山区农村的生活是艰苦的，例如，我自幼患有鼻炎，无钱治疗而导致终身无嗅觉，为此也曾闹出多次笑话。但我没有挨过饿，受过冻，在农村还算比较好的。只是在读初中时的生活非常艰苦，特别是初三的下半年，真是苦，患皮肤病很严重，没有钱医疗，带病痛苦地读完初中。

宋：在您6岁左右的时候爆发了抗日战争，12岁时您的家乡被日军侵占，请问您对这场战争有什么印象呢？您身边的人有没有去打仗呀？

王：在我6岁时爆发抗日战争，我12岁时，家乡、就是东阳县被日军侵占，成为亡国奴。最大的印象有三点：第一点是亲眼看见日军练枪法时，先是打死狗和牛，后来随便打死人，亡国奴是没有生存权，非常痛苦；第二点是日本鬼子进村，亲眼看见烧房、抢财物，强奸妇女，特别是年轻的姑娘，深受其害。有的母亲看着女儿被强奸，真是痛恨呀！第三点是我亲眼看到抗日游击队，后来知道是共产党领导的三五支队，与日军交火后，日本鬼子把凡是游击队住过的房子，连同附近的房子全烧了。特别是有两个受重伤的队员，听说是用开花弹打的，一个是一条腿的下肢被打成倒转来，一个是头颈中弹打坏了，头也弯了。他们都卧在糖梗地里，出血过多，口很渴，很想喝水，但是伤员们不吃地里的糖梗，说是农民群众的东西不能随便吃……。我受到了极大的爱国主义教育，对共产党也有一点模糊的认识。我深深地认识到有国才有家，亡国奴是没有生命权的。

宋：您在画溪小学读小学时，三次缀学，在家务农三年多。这段经历对您后来学习、研究有什么样的影响呢？

王：我在读小学时，三次缀学，都是因为家庭经济条件差，没有男劳力的缘故。1941年分家，我们幼儿寡母5人，分到9亩水田、2亩旱地，其中3亩田是分给我母亲的。她过世后就是6个兄弟共有的公田。分家后的第二年，我哥哥14岁，在初中读书，我12岁在小学读五年级。因为家里没有男劳力，经济也不佳，母亲要我不要读书，在家务农。我第一次是小学五年级缀学、第二次是小学六年级时缀学。两次缀学都由小学校长来劝说，我才复学读完小学的。小学校长是王人爱。他晚年生活很苦，可惜我没有能力资助他。这也是我的大遗憾。小学毕业后，家庭经济困难，再次缀学，也就是第三次缀学。这一次缀学就没有人来劝说了。我在家务农，劳动三年多，学会全部农活。这段经历对我后来学习、刻苦努力、艰苦读书有很大作用。特别是对农业生产有了感性认识，对以后学农，从事农业科研、教育都有很大帮助。

宋：我们看到，您初中一共读了三个学校。请问为什么呢？初中阶段有什么令您印象深刻的事情？

王：为什么我初中读了三个学校？要从头说来。1945年抗日战争胜利，大概在7—8月的某一天，我正在马路边地里劳动，一位小学时的同学，叫我去报考来我们村招生的义乌中学。我爱读书，跑回家，要求妈妈给我五角钱的报名费，恳求妈妈让我去报考试试。母亲看见我情绪真切，很想读书，或许妈妈想我已停学三年，毫无准备，不可能考取，以后也可以死心了，安心在家务农劳动。妈妈给我五角钱，让我去考试，结果我考取了。那时，抗战刚胜利的义乌中学还在义乌县东朱村办学，是乡下。1946年，义乌中学要迁回城里办学，要求每个学生除交学杂费外，必须捐75千克大米，用于重建校舍，还要求每个学生必须做童子军服和校服各一套，才能允许报到注册。我妈妈说负担不了，只能停学。我就去东阳中学考插班生，因为东中不要捐助、也不强求做衣服，结果我又考取了，读了二年。1947年4月，我读初二下时，我参加反对丁琮“五亿借款”学生运动，是积极分子。下半年，我读初三上，又积极参加反对校总务处克扣学生结余的25千克大米。我用石块打破了总务主任的房窗玻璃。1948年上半年，东中强迫我转学到大成中学读完初中。我就是这样初中读了三个学校。三年初中对我印象最深的是：①在东朱村时，远房亲戚送的一碗咸菜炒肉很好吃；②不做校服、童子军服受歧视，很难受又难过；③参加进步学生运动，受到教育；④在大成中学的半年是身患严重的皮肤病读完初中的，是最艰苦的半年。

宋：您初中毕业后，先后在黄田畈小学等四所小学任教，请问您刚开始教书的时候是怎样的心情？后来呢？这对您后来在大学教书的经历有怎样的影响呀？

王：1948年8月，我初中毕业后，因家庭经济困难，母亲不同意我继续升学，只能在家务农。1949年，我妈妈在黄田畈小学找到一个小学教师的位置，待遇是包吃饭，每月50千克大米的薪水。这对我家是一件大喜事。因为一年有600千克大米，比我家全部收入还多。但是，我是一个18岁的普通中学的初中毕业生，没有做教师的职业技术培训，难度是很大的。我在黄田畈小学的6个专职教师中是最年轻的，黄田畈小学有6个班级，每人要负责一个班级。特别是校长分给我的教学任务是：二年级班主任兼语文课，负责一、二年级的唱游课。三、四年级的图画课，五年级的自然课，六年级的体育课。其中特别是唱游课，要求边弹风琴、边教唱歌，教小学生边唱歌边跳舞。我读书时，只看到、听到老师弹风琴，教我们唱歌。我从来没有摸过风琴，根本就不会弹风琴。还有六年级的体育课，有的女学生，个子比我还高。还有图画课等也都是新的技术课，要我完成这些教学任务的难度是很大的。我确实很怕，但在同事们的突击帮助下，经过我自己的刻苦努力，也都克服了。学期结束时，校长对我的评语还算好。这段经历，对我今后教学、科研工作最大的影响有二点，一是培养我遇到困难时，会树立信心，想方设法去克服困难的坚定意志。二是培养了我的责任心，一个人一个班级，全面负责，树立起对每一个学生负责的责任心。

宋：1952年，您到杭州参加同等学历的考试，并被核定为高二程度，您为什么要继续念高中呢？

王；我为什么要念高中，原因有三：一是我非常爱读书。我初中毕业后就想继续读书，只是家庭经济困难缀学的。二是1941年分家，分到9亩水田、2亩旱地。幼儿寡母五人。我因对共产党有好的认识，年轻工作积极，先后两次被抽调去东阳县委干校，金华地委干校学习时，两次试评家庭成分都是小土地出租，政治地位中农。但是家乡土改时，只因我父亲是乡绅（我父亲在十年前就死了，特别是分家后，我们幼儿寡母五人，母亲是很艰苦的），被错划为地主成分，三是1952年4月我被历史反革命校长的陷害，形势所迫。我是一个进步青年，拥护共产党，工作表现好。例如，1950年2月我被抽调去东阳县委干校学习；1950年暑期又被抽调参加金华地委干校学习以后，我都没有被提升，又不能入团，这可能是家庭成分、初中毕业的学历低的缘故。正在此时，刚好碰上有国家政务院公布的同等学历考试，还规定除反革命分子外，一般都不要拦阻。我就决心自动离职回家复习功课。我只复习了三个多月的时间，就到杭州参加同等学历考试。没有想到，我被核定为高二文化程度，被分配到宗文中学（现在杭十中）高三甲班学习。一个初中毕业生，直接读高三的课程，困难是很大的。所以，我进宗文中学以后，分秒必争地看书学习，时间不够，就在晚上熄灯以后，到路灯下看书，这是违反学校纪律的。当时的崔炳章校长找我查问以后，没有禁止我，还提醒我注意眼睛，不要看得太迟。特别是他知道我的经济很困难，主动提出给我乙等助学金，解决了我的吃饭问题，就是我不要交饭费了。当时我真的非常感动，控制不住流出眼泪。我只是下定决心要把学习搞好，决不辜负党和校长的关怀。经过高中读书的教育，我初步树立起为人民学习的思想，也进一步增强了克服困难的信心。但是，我念高中的目的还是升大学。

宋：1953 年，您考入了南京农学院土壤农化系读书，请问当时为什么选择南京农学院？有没有别的选择？您为什么要选择学农呢？这与小时候的经历有关吗？

王：当时我选择南京农学院土壤农化专业，主要有三点想法：一是我做过农民，有爱农的朴素感情，知道农业生产要靠天，收成不稳定，农民很艰苦；二是南京农学院，在当时是全国一流的农业院校；三是土壤农化专业比较宏观，我对宏观性感兴趣。当然，这与我从小生活在农村，参加过农业生产劳动有一定的关系。还有一点，那就是在当时社会上还没有轻农思想。所以我没有过别的选择。

宋：从您给我们的资料中可以看出，您的思想非常先进，1954 年 10 月您加入了新民主主义青年团，当时能成为团员的人多吗？您为什么能成为团员呢？这对您后来坚持共产党领导的先进思想有什么影响？

王：我在旧社会过着艰苦的生活，吃了很多苦。解放以后，我就拥护共产党，一直想要求入团。但因家庭成分误划为地主，一直到 1954 年 10 月，大学二年级时才入了团。我永远记得的是 1954 年夏天，南京遭遇特大洪水，南农组织抗洪大队，口号是“抗击洪水、保卫南京”。我们土化系和农机系同年级的两个班组成一个中队，我是土化系二年级班的班长，被指定任中队长。有一次，校团委书记，是南农抗洪大队长，他看到我挑泥土，挑得很熟练、很好，表扬了我。他问校团委组织部长，是我同班同学，是调干生，是地下党员。我的那位同学对校团委书记说我平时表现好，担任班长，学习成绩也很好，正在要求入团。校团委书记随口说，可以办手续，可以入团了。这样，我回校后，不久就入团了，成为一名解放以后，我一直梦想争取的青年团员了。那时，我就暗下定决心，有了争取入共产党的念头。

宋：1957—1960 年，您去了浙江省农业科学研究所土肥系土壤组，请问您为什么又回到了浙江呢？当时您想去研究所吗？

王：我的学习成绩好，表现也好，是校级 8 个三好学生之一。我毕业后，原来是被系主任看中计划留校的。毕业分配前，我在“反右”运动中，觉得我的学习成绩好，想留苏。我提出留苏生要挑选在政治条件合格的基础上，挑选学习成绩好的去留苏，可以多学些东西回来的意见。后来，说我是排挤工农子弟受到批判。还有可能与错划家庭成分和浙江人有关，分配到浙江来了。我在浙江省农科所土肥系土壤组工作，很高兴，也很投入。因为我各方面表现好，科研成绩又显著，在转正时，破格晋升一级工资，从实习生直接升到 12 级。还宣布我担任土壤组副组长、主持工作。1960—1965 年省农科院与浙农大合并，我担任土壤研究室副主任，主持工作，不久就宣布为主任了。期间，我兼任教学任务，因为我教书效果好，1966 年“校、院分开”时，我被留在浙农大土化系。这些都完全是服从组织的安排，不是我的选择。其实那时个人是没有选择机会的。

宋：您和您的妻子吴曼丽女士在 1956 年认识，1959 年结婚，您能说说您妻子的情况吗？能聊聊关于你们相恋的故事吗？

王：我和吴曼丽是 1956 年，我妹妹介绍认识的。我妹妹与曼丽是同班同学。那时我是大三学生，她是初三学生，年龄相差 6 岁。我妹妹向我介绍说：她学习成绩班里最好，在同学中威信也很高，人也长得很好。我就与她通信了，她初中毕业后，因为成绩好，直接保送到金华第一中学读高中。1959 年毕业参加高考。因为她的物理成绩考得比较好，被浙江大学新办的理论物理专业挑去了，录取通知书迟发了。由于发通知书迟了，到 8 月 10 日还没有收到录取通知书。我们为了能把户口落在杭州，便于找工作，我们就决定在 8 月 15 日（星期六）结婚，上午到派出所登记领结婚证，晚上就在省农业厅招待所借来的客房，请来农科所所长和几个同事，还有曼丽的姐姐、姐夫和哥哥，没有办过喜宴，大家一起喝茶吃糖，就算完成我俩的结婚大事。因为当时我的工作很忙，过了一个星期天，星期一我照常上班。到 8 月 16 日就收到录取通知书了。现在回想起来，是我亏欠她太多了。我在事业上取得一些成绩，也是与她的全力支持与协助是分不开的。我常说；我取得成绩的一半应该是夫人的。总之，我遇到她是最大的幸运，我与她结婚是我一生的最大幸福。

宋：20 世纪 50 年代出现了“反右”风波，请问这对您产生了什么影响？

王：“反右”风波对我影响很大，这是因为我在大学期间，想争取去苏联学习，我提出：“政治思想合格的基础上，派学习成绩好的学生去苏联学习，可以多学些东西回来”，批判我这是排挤工农子弟，联系到我家错划为地主，我很怕有可能联系起来划为右派。好在由于①我始终拥护党的领导，还在争取入党；②我经常说解放后的生活比解放前好得多，对现实生活很满意；③我爱劳动不怕苦，劳动技能又好；我是从事过农业劳动的人，没有划成右派。但是，我原来留校的安排改为分配到浙江省农科所。我报到后，可能是我正在争取入党，开始时要我到反右整风办公室帮忙，具体负责批判右派时的记录及资料整理等。后来，我对省农业厅的一位副厅长，是起义军官，批判他的大多是反动军官时的反共罪恶。还有一个是浙江省农科所共青团总支书记，批判的是他传达省农业厅团委书记的报告，因为农业厅团委书记被划为极右，就说他宣扬极右言论。加上当时传说右派，有的是跳出来的、有的是诱出来的、有的是挖出来的三种。我确实有些想法，但不敢说，又怕自己反右表现不好、不积极。我就找出理由，提出要求离开反右办公室，回到土肥系工作。

宋：1960年前后发生了三年自然灾害，这对您的生活产生了怎样的影响呢？您身边的人都是怎样度过这场灾难的呢？您的家人呢？

王：在1960年前后三年自然灾害的时候，我爱人还在浙江大学读书，是学生。那时物资供应很困难。1961年和1962年两年，她连续生了儿子和女儿。我的工资是每月59元，没有其他收入。我和夫人的父母都已过世，没有依靠，确实非常困难，生活过得很艰苦，我的工作又很繁忙，没有时间去照顾她。例如我爱人生了儿子，没有东西养身，出院以后，还在“月子”里，就都自己带孩子、烧饭、洗衣、洗尿布。特别是第二胎，还要带一个有病的小孩，该有多大的艰苦呀！因为我工作很紧张又繁忙，还经常出差，因此很少时间去帮忙。出差时，一点也帮不上她。但是，我想比起解放前与农村的妇女相比，还是好多了。特别是我的爱人性格和善，友好，不但很能吃苦，从无怨言，还很会安排生活，非常体谅我的工作和处境，还全力支持我的工作。所以，我们虽然生活很艰苦，但我们一家还是顺利地度过了三年困难时期。

第二次访谈记：“文革”前后期（2015年5月17日）

姚：1960年省府批准组建浙江省农科院红壤改良利用试验站，当时您担任站长，能和我们聊聊您那时心情和感想吗？

王：红壤改良利用试验站是我建议省府批准建立的。那是1958年，我在低产田改良研究中，走遍了浙江省金衢盆地的低丘红壤地区，查明浙江省主要低产区分布在丘陵山地红壤地区，生产潜力最大。1959年参加浙江省第一次土壤普查，进一步查清浙江省低产田、地也主要是红壤地区。下半年，我在金华石门农场从事红壤改良研究，通过大量的调查研究和田间试验，提出筛选作物挑品种、利用水库旱改水、深耕改土促熟化、科学施肥种绿肥、抗旱播种保出苗、综合经营抓特产等一系列有效的配套技术，在当地推广应用以后，石门农场的农业生产得到很大发展，充分证明红壤地区生产潜力很大。国家公安部在金华石门农场召开了全国农垦系统现场会。1960 年下半年，我通过省农业厅领导建议在金华石门农场的试验基地，建设红壤改良利用试验站。我当时是省农科院土肥所土壤研究室主任，就兼任首任站长了。我的心情和思想是只要科学事业有了发展，农作物增产了，农民生活改善了，我就很高兴。工作积极性也就更高了。

姚：1960 年至 1965 年期间，您一开始担任浙江省农科院土肥所土壤研究室主任，能和我谈谈当时的工作内容有哪些吗？研究工作和学校工作有哪些不同呢？您的心情又是怎样的？

王：1960 年到 1965 年是浙农大和浙江省农科院合并时期。1960 年，浙江省农科所升格为浙江省农科院，浙江农学院升格为浙江农业大学。省委决定两个单位合并为一个单位合署办公。省院、农大下属的农科院土肥所与浙农大土肥系对口也就合署办公了。我担任土壤研究室主任，全面负责研究室的科研工作外，我个人还要具体负责红壤改良试验站。在浙江土壤普查办公室技术组分工负责全省土壤普查的土壤图拼接和绘制浙江省土壤图，以及全面负责杭州市土壤普查技术指导，实际上是技术总负责等工作。我还要负责东北农学院土地利用规划专业，在富阳县各个公社的土地利用规划实习工作。此外，我还负担普通土壤学和土壤肥料学的讲课任务，我的工作是十分繁忙的。至于研究单位和教学单位合并，既做科研又搞教学是一件很好的事，能提高和拓宽科研人员的业务水平，又能使教师讲课联系实际，讲得比较生动。我就是有科研实践基础，讲课得到广大学生的普遍好评，因此，我往往开大班上课。就因为这样，把我从研究室调到教研组去教书了。但是，合并后的领导办学、办科研的思路出问题，合并反而有害。因此，1965 年，校、院又分开建制了，系、所也就自然分开了。

姚：您在担任研究实习员后，很快就担任了土壤研究室副主任，之后又担任主任，请问在这其中职位一直在提升的原因是什么？职位不同带给您是怎样不同的体验？

王：我转正后就担任土肥系土壤组副组长、主持工作。其原因：一是大学学习时打下坚实的基础。我的学习成绩一直很好，每年都是三好学生，是全校

8个校级三好学生之一。特别是1956年土壤调查与制图教学生产实习，我们班承担治淮委员会的一个县的土壤调查任务。这是实战，我担任副中队长兼中心组组长，全面负责业务工作，还负责撰写土壤调查总结报告等。中队长是土化系总支书记、土壤调查老师担任的，他在学校里，只是起到指导作用。1957年在上海农场生产实习，我担任实习组组长，全面负责业务工作，以及撰写实习总结报告等。我学成初步具有独立工作能力。二是我参加工作后的成绩显著。例如1957年下半年在整风反右办公室工作时，我发现农科所试验农场没有土壤图，我就主动抽出空余休息的时间完成农科所试验农场的土壤详图，为田间试验选地、试验小区排列和写科研总结报告、论文等提供基础资料，得到所领导和系领导的好评。特别是1958年"衢县低产田改良研究及其示范推广"取得极大成功。但在浮夸风盛行的情况下，还是得到省委副书记、副省长李丰平的肯定和表扬，推动了浙江省改良低产田运动。三是最重要的，因为土壤组的组长被划为右派后，没有合适的组长人选。因此，我一转正就宣布我为土壤组副组长主持工作，往后，因为我的工作业绩好，又有较强的工作能力，所以，校院合并后，我就担任土壤研究室副主任，不久就转为室主任了。

姚：您在这段时间内还兼任浙江农业大学土化系教师，能和我们聊聊当时学校以及土化系的情况吗？您担任教师的原因是什么呢？担任教师给您带来一种怎校的体验？教师和研究员的经历有何不同？

王；校、院合并后，相应的浙农大土肥系和省农科院土肥所也合署办公。土壤教研组和土壤研究室也自然合并办公了。当时，土肥系的教师多，业务水平也高。而土肥所的人数少、业务水平也比较低，例如土壤研究室没有一个中级职称的科技人员。我去兼任教师完全是系、所领导的安排。科研人员兼任教师的最大好处是提高系统理论水平，这对科学研究、科研总结，撰写论文都有很大的提高。我觉得兼任教师后，提高了科研能力，加强了理论联系实际，增强了解决生产问题的能力。总之，对我后来能取得较多科研成绩具有很大作用。

姚：1965年校、院分开后，您继续留在浙江农业大学土壤农化系任教，您能和我们聊聊当时校院分开前后的情况吗？您为什么继续留在浙江农业大学任教呢？

王：校、院合并、合署办公，本来可以发挥教学、科研相结合，充分发挥人力、物力的作用，可以做到利用有限的物质条件和技术力量为社会主义建设事业多作贡献。特别有利于理论联系实际，有利于人才培养。但是，合并后的主要领导思路出了偏差，可以说是出了问题。校、院合并不但没有发挥好的作用，反而严重影响教学、科研，到 1965 年年底校院只能分开了。我留在浙农大，是因为我教书效果比较好，学生反映好，完全是组织安排的。我自己也想做点理论性研究，留在农大比较合适。因此，往后，省农科院要想调我回去担任土肥所的所长，我也没有回农科院土肥所。

姚：1966 年，在杭州郊区转塘公社培丰大队创建土化系教学基地，您担任组长，请问当初选择创建这个教学基地是出于什么考虑的呢？您担任组长之后主持了哪些工作？给您带来怎样的体验？

王：土化系建立综合教学基地是校院分开以后，校党委的第一件大事，目的是贯彻执行教学与生产劳动相结合的教学方针。具体是想通过综合教学基地建设达到两点：一是要求运用农业科学技术把当地农业生产搞上去，做出农业高产示范区，真正发挥农业科学技术在生产中的作用；二是克服理论脱离实际，建立一个师生亲临生产第一线的教学实习基地，培养出学用一致的农业技术人才。我们基地组的主要工作：①运用低产田改良技术种好绿肥，当年亩产 4 000 千克以上，解决了经济作物的基肥和养猪的青饲料等问题。②利用我主讲的、土化系毕业班的土壤调查制图教学实习和毕业前的生产实习，经过土壤调查和生产调查，拟订出大队的农业发展规划。通过初步实践，已经证明这是一个农民增收、农业增产的发展规划。③推广多项适用的农业生产先进技术，大都取得很好的效果。④组织毛泽东思想学习小组等。只经过一年多的时间，我们通过试验成功，提出粮食亩产超千斤的栽培模式，经济作物茶叶的更新技术，发展经济特产和传统竹编手工业等。效果都十分显著。我们基地组被评为学校“活学活用毛泽东思想”集体，我本人也被评为全校两个“双学”先进分子之一。但很可惜只一年多点就被“文革”冲垮了，停办了。

姚：在“文革”时期，您深入农村跑遍浙江省重点低产区，您能和我们分享一下您都跑了哪些地方呢？当时浙江省的生产情况是怎样的？您看了又是怎样的心情？

王：“文革”期间，我跑了金华、衢州、丽水、嘉兴、温州、杭州、湖州等低产区。当时这些低产区的亩产都很低，大都没有达到 400 千克，也就是没有超“纲要”(400 千克)。农民的生活水平都很低。我与当地农业技术人员合作，分别在各地共同解决了①早稻苗期发僵问题。②泛酸田死苗早稻无收的土壤改良问题。③作物缺素诊断与防治问题。④油菜花而不实的问题。⑤大麦缺钾黄化病问题。⑥作物偏施、多施氮肥引发的危害问题等。大都取得很好效果，例如泛酸田的早稻死苗无收，经过用特定的技术改良后，当年晚稻每亩就收到 250 多千克，看到农民万分高兴的样子，我也很开心。

姚：您后来选择以富阳县为试验基地，这是出于什么考虑？您在试验基地工作期间与农民同吃、同劳动，有些什么成果？能和我们聊聊当时的感受吗？

王：我是在低产区调查与改良中，解决了一些生产问题，在全省影响比较大。1971年，我是受富阳县农业局的邀请，经过学校革委会批准同意去富阳县调研、解决富阳县的生产条件好，化的成本高，为什么粮食亩产不能超“纲要”，也就是不到400千克这个生产落后问题。我们浙江省早在1966年粮食亩产就已经437千克，在国内首先超“纲要”。这对富阳县领导的压力很大。1972年年初，我去富阳县实地调研后，找到了低产的多种原因。我利用学校停课的机会，在富阳县蹲点7~8年。我与当地农业科技人员合作，依靠农民，在县科委、县农业局的支持下，经过全县的野外调查。我与教研室老师协作，研究作物营养与土壤养分的速测方法（含障碍因子），在全县布置了20多个不同的田间试验，都取得成功。最终研究提出以作物营养与土壤诊断技术及其诊断施肥法为手段，设计出“水稻省肥高产技术栽培模式”，经过试验取得极大成功。这对“文革”期间流行的读书无用论是有力的批判，也是我们教师抵制“文革”的胜利。这项工作的主要成果有：①1972年试验基地亩产不到350千克的低产田，1979年亩产达到930千克，打破了“要高产比牵牛上树还要难”的流言。②每千克硫铵增产稻谷从对照的2.28千克，提高到5.22千克，打破国内的最高纪录3.5千克。随后，我设计出，并批量生产“75”型水稻营养诊断箱（含土壤障碍因子的测定），在富阳县全面推广，取得很大效果。据富阳县1978年和1979年两年的统计，两年都增产粮食6 500万千克，1979年全县粮食亩产超“双纲”，也就是800千克以上。农业部在富阳县召开了两次现场会，这是少见的。农业部还委托浙江省农业厅举办、浙农大承办全国作物营养与土壤诊断培训班。据1987年统计，“测土配方施肥技术”在全国20个省（市）推广面积4亿多亩，增产幅度在10%~15%之间，增产粮食79.4亿千克；据浙江省1988年统计，推广面积4 000万亩，增产粮食10亿千克，节约标准氮肥1.8亿千克。“文革”结束后，这项工作曾获得浙江省科技成果推广二等奖和科技进步二等奖各1项，省科技进步三等奖2项。我编著的《水稻营养综合诊断及其应用》专著，是当时的畅销书，几次再版，获全国优秀科技图书二等奖。这在我们系是首次、全校也是第一次。我还主编了我国第一套《诊断施肥新技术丛书》（13分册），另外还获得省科委的5万元科研经费奖励，这在当时也不是一个小数。国家农牧渔业部农业局长（副部级）在接见浙农大党委副书记韩光时说：“我跑遍全国，在富阳县像王老师这样，既无权又无钱，完全依靠农业技术搞得这么好，这是全国都没有的，部里要来开现场会，希望学校支持”。遗憾的是水稻省肥高产栽培技术及其诊断施肥法，农业部没有创造条件，将“成果”完整地在全国推广，只挑取诊断施肥法中的测土技术，简化为“测土配方施肥”在全国推广。

姚：1972 年，您患了腰椎间盘突出症，住院治疗后仍弯腰困难，行走不便，但您坚持蹲点试验，为农技人员和农民讲课数十次，是怎样的一种意志让您忍着病痛工作呢？能和我们聊聊让您一直坚持下去那个信念是什么？

王：回忆我担任的教学任务，主要是土壤调查与制图课，每年都大约有 5 个月时间带学生在野外教学实习、生产实习，以及生产问题调查等。所以经常要腰部用力打土钻和拔土钻，腰部多次损伤，开始时是腰肌劳损，进而发展到韧带扭伤、很痛。由于我的工作任务很重，往往很急，又无人能替代，我无法休息和治疗。最后发展到腰椎间盘突出，很厉害，站不直，更不能走路。我不得不住院手术治疗。住院三个月后出院，腰部还围着坚硬的牛皮腰围，医生说要卧床休息半年以上才能外出。但是，我在富阳的大量田间试验，需要我去实地观察、记载和指导，特别是我对农民有感情，提高产量能改善农民生活，我很高兴。另外我还有逃避“文革”运动的想法。因此，我坚持带病下去。这件事感动了汽车售票员、驾驶员和干部群众。记得有一个夜间，我起来小便，晕去跌倒在走廊上，胸部受凉才醒来。这件事感动了富阳县委书记。他决定用富阳县唯一的一辆吉普车，送我回杭州，还说以后要用车来接我，我都拒绝了。“文革”结束后的 1978 年，浙江省委、省政府筹备召开浙江省科学大会。省科委的三位同志来富阳调查，其中一位是情报所副所长。我在陪同他们调研的途中，在过江渡船时，听到农民的对话。一位农民说：“你们前进大队好了，粮食大幅度增产，不愁吃了”。前进大队是我在富阳的一个科研基地。前进大队农民说：“我们大队是靠农大王老师，粮食翻了身”。我插话说：“应该是靠共产党的领导翻了身”。农民说：“政治上翻身靠共产党，吃饭翻身靠农大王老师”。情报所副所长对我说：“明年要召开省科学大会，我们情报所负责物色个人代表，是先进工作者。您的事迹很典型，我们就选中您了”。这使我受到很大教育。但是，由于多种原因，我没有参加会议。

姚：1979 年您主持农业部下达的卫星遥感技术在农业上的应用研究，后来，又主持水稻卫星遥感估产等国家重点和攻关课题，取得了许多成果，作出了很大贡献。能和我们聊聊您的研究过程吗？

王：1979 年的 10 月和 11 月，我参加联合国粮农组织、联合国开发总署与我国农牧渔业部联合举办的农业遥感应用技术讲习班。期间，由于我学习认真、成绩好，又能联系实际。培训班的领导和专家选择承办单位北京农业大学，和我们浙江农业大学两个单位首次承担卫星遥感在农业上的应用研究。我出色地完成科研任务，直接应用于第二次土壤普查，很好，获得浙江省科技进步二等奖。后来，我又争取到国家攻关、重点、国家基金等项目，研究成果获得国家科技进步三等奖、省部级科技进步二等奖5项、三等奖4项。最后，我带头建成领导没有下达任务的、全新的农业遥感与信息技术应用研究所，又争取到建成浙江省农业遥感与信息技术重点研究实验室。最终，建成一个国家学科名录中没有的全新的农业遥感与信息技术学科。四校合并后又争取到学校批准资助200万元，新建浙江大学农业信息科学与技术中心，这时的学科规模与水平处于国内领先地位。我还培养了60名博士、硕士研究生，他们都是所在单位的骨干。这是我一生工作感到最快慰的一件大事。

由于农业遥感与信息技术是全新的，对我来说，不但我的学科基础差别很大，对我来说困难就会很大，特别它是国家学科名录中没有的，是全新的高新技术，国家和学校领导都没有任何仪器设备、经费、科研用房和人员等的支持。因此，只要碰上科研任务中断时就做不下去了，困难实在是很大的。但是，我经过几十年的农业教学和科学研究，得出一个新的认识，这就是：农业生产是在地球表面露天进行的有生命的社会性的生产活动。它伴随着生产的分散性、时空的变异性、灾害的突发性、市场的多变性、以及农业种类及其生长发育的复杂性等5个人们运用常规技术难以调控的基本特点。这就是形成农业生产长期以来，一直处于靠天的被动地位，造成农业生产行业的脆弱性的根本原因。我认定如果发展和运用航天遥感信息技术，就有可能对调控靠天局面起到良好的作用。就是这个信念强烈地支持着我去克服困难。例如，我在航天遥感、卫星资料应用研究时，没有仪器设备就跑北京、广州和老浙大等单位去租用，有时请北京专家带仪器来实地测试；我还到处找国家科委、国家农业部、国家土管局和浙江省科委，甚至找主管科教的副省长、国务院主管农业的副总理汇报求助。还有更重要的就是我有敬农奉献、淡薄名利思想，拒绝名利引诱等。所以，我在极其困难时也能做到不改行，不改变研究方向，坚持下来。

姚：1982年11月26日，您加入了中国共产党，能和我们聊聊您当时的心情吗？

王：争取入党是我的愿望和志向。我是坚持25年的争取，在校党委书记直接干预下才入了党的。我曾经有过三次可能入党的机会，都因为家庭被错划为地主成分而受到影响。第一次是1957年，大学毕业的一年，我是全校8个校级“三好”学生之一，平时表现又很好，例如担任班长、教学生产实习时担任副中队长，毕业生产实习时担任实习组组长。实习单位都想要我，系主任看中想留我作助教等。不幸碰到反右运动，入党被耽误了。第二次是1959年，我担任省农科所土肥系土壤组组长，参加全省土壤普查工作，分在土壤普查办公室技术组，具体负责全省土壤制图这一块，还要兼任杭州市地区的技术指导（其实是技术总负责），以及负责东北农业大学土地规划专业在富阳县的土地利用规划实习指导。由于工作十分繁忙，我连结婚都没有请假，表现很好，特别是我为省军区编制一张提供作战用的全省土壤图，得到省军区的赞扬，还专门送锦旗来。可能是这个原因，省农业厅想要调我到土肥处，担任土壤科科长，政治处处长和人事科科长找我谈了话，并告诉我已经给省农科所发去了商调函。我不同意才没有去。我是有机会入党的，这次又碰上“校、院合并”，我受到无理压制，没有敢申请。第三次是1965年，我负责系教学综合基地建设，成绩突出，我们基地被评为全校“活学活用毛泽东思想”的先进集体，我也被评为全校两个“双学”积极分子之一，我是有机会入党的。但又碰上“文化大革命”而终止了。一直到“文革”结束，1979年参加浙江省第二次土壤普查，我因为在筹备过程中表现突出，估计是省农业厅领导建议，推荐省政府任命我担任省土壤普查办公室副主任，负责业务工作。我又推辞了。1980年“文革”结束已有二年了，我再次向党组织提出申请入党要求，但是，党的基层组织个别领导，还是要我检查“入党做官思想”，因为我没有这个思想，我还举出1959年和1979年两次要我去“做官”都没有去来说明也没有用，还是要接受考验。1982年8月5日至20日，由浙江省委统战部主持的，中国人民政治协商会议浙江省委员会，抽我去莫干山参加“中青年知识分子座谈会”。这个座谈会的目的是为省民主党派挑选接班人，在这期间，“九三”“民盟”等4~5个民主党派派人和我谈话，动员我参加她们的组织，还直接指出是挑选接班人的，还说参加民主党派以后，同样可以入党等，但我只有一个理念，那就是加入共产党。回校后，校党委书记为我入党事找我谈话，最后一句是说：土化系教师党支部的有位干部党员提出三条意见，要再考验一段时间。我谈了莫干山会议和系里的情况后，表明我的态度是：“要求入党是我的愿望，批准入党，何时入党是党组织决定的，我25年考验都过来了，再考验一段时间绝对不会动摇我的入党志愿”。党委书记听后连声说：“成熟了、成熟了”。党委书记立即给土化系总支书记陈秀水打电话说：“王人潮同志的入党手续可以办了，不要再拖了”。我入党以后，进一步促进我为人民服务，特别是为“三农”服务，进一步忘我地工作。我看到国家建设的发展，人民生活的改善，进一步证实“只有共产党才能救中国，只有共产党领导才能建设新中国”的坚定信念。我一定要实践入党时的誓言、要为党、为祖国和人民事业奋斗终身。

姚：1983年您晋升了副教授，担任副系主任和中国土壤学会第五届理事，您担任中国土壤学会理事的契机是什么呢？您对土壤学会的理解是怎样的？担任副教授后，您可以培养硕士生，您硕士生的培养理念是怎样的呢？您能和我们分享一下您带第一届硕士研究生的经历吗？

王：我晋升副教授以后，不久就担任系副主任，特别是我的社会兼职逐年增加。我任系副主任时，因为系主任在国外，我实际上是主持工作的。当时，土化系对外系开的课，主要是普通土壤学、农业化学和土壤肥料课。普遍反映学了以后，很难应用，说与他们学的专业脱节。我想着手改革，改革想法是：每个专业都固定教师，各自结合专业编写专业用的土壤肥料学，例如茶叶专业用的茶叶土壤肥料学，教学效果比较好。我还计划成立面向外系专业的土壤肥料学教研组等。后来，因为系主任回国后，有不同意见而停止了。我也被调任校科研处处长了。关于我兼任的社会职务比较多，但我都能尽职去完成任务，例如兼任中国土壤学会理事，我带头新建土壤遥感与信息专业委员会，每年都举行一次学术讨论会，以促进土壤遥感与信息技术新学科的发展。另外，我还带头建成浙江省土地学会，担任副理事长，负责学术活动，每年组织一次大型学术活动，我负责会议“文集”编辑，以及带头创建浙江省土地估价师协会，担任名誉理事长等。有关带硕士生的事情，其实在1981年，我就开始协助俞震豫教授带硕士研究生，1983年以后，每年招收硕士生1~2名。我带研究生是坚持以学为主，科研只做与硕士研究生论文有关的课题，我对研究生的政治、业务双负责，在培养业务上是踏实抓住四个不同学术层次要求的读书报告，严格执行培养计划。所以，我培养硕士生的质量与水平都比较高。

姚：1984年，您担任校科研处处长和《浙江农业大学学报》主编，您对于科研的态度是怎样的？担任主编主要承担了什么工作？其中有特别的经历吗？您又有怎样的感受？

王：我担任科研处处长是校党委组织安排的。我的科研项目比较多，任务也多。科研经费也比较多，特别是担任教研组副主任、系副主任时都是分管科研的，对学校的科研有很多体会。所以，担任处长以后，主要抓科研处的管理改革。第一是将科研处定位为执行校长职能的服务机构，特别强调科研处是为教师科研服务的，改变科研处的工作作风；第二是成立校科研基金，支持急需的有可能取得效果、而又缺乏经费的科研项目；第三是制订全校科技开发报酬发放审批制度，使科技开发的报酬有序化；第四是每个科研项目的科研经费由系（室）统一管理，改为由科研人员掌握，使科研经费合理地用在科研上，做到专款专用；第五是设立和支持国家自然科学基金申请制度，开辟申请科研项目的渠道、提高科研水平等；第六是编写《浙江农业大学科技发展规划》，组织第一次浙农大科技工作会议。这些改革的实施结果，取得很大效果，大大促进了学校科研工作的发展。1984 年至 1988 年科研经费翻了一倍多，科技成果也大幅度增加。我担任《浙江农业大学学报》主编，主要是建立录用稿件三审制度。一审是编辑部初审，审查稿子是否符合学报要求。二审是分送 2 位同行专家评审，在评审基础上由同行编委提出可否录用的意见。三审是由学报编辑部和主编确定录用、退稿或转投以及确定该期学报的首篇论文等意见。实施结果提高了学报质量，而且也减少教师与学报编辑之间的矛盾。

姚：1986 年您被破格晋升教授，请问破格晋升的原因是什么呢？您对此有着怎样的心情？

王；1986 年，我是在年限上破格 2 年晋升教授的。其实，我在 1981 年，就完全有条件晋升副教授，是被有权人为了夺取科研成果受到压制，拖到 1983 年才晋升副教授的。1986 年破格晋升教授的原因是我的教学、科研成绩在全校是非常突出的。我是浙农大唯一破格晋升的人选，而且是学校领导提名、是校人事处催我写申请报告的。这可能与 1981 年晋升副教授时无理受阻有一定的关系。还有阻止我 1981 年晋升副教授的老教授、老领导也转变为积极支持有很大的作用。我从内心里感谢学校党委领导，也感谢这位老教授、老领导。

第三次访谈记：“文革”后的改革开放时期（2015 年 6 月 22 日）

宋：“文革”结束之后，请问您在学校的教学任务是如何恢复的？您觉得“文革”之后和“文革”之前，教学和学术上的氛围有什么变化吗？

王：“文革”结束以后，经过拨乱反正，教学科研都进入正规、稳定状态。主要表现是：政治运动或叫政治活动的干扰少了，到后来可以说没有了。对我来说，是“反动学术二权威”、“臭老九”知识分子和政治上的委屈这两个大包袱得到彻底解脱，“反动学术二权威”的帽子也彻底脱掉了，教学和学术气氛民主化了。我可以放开手脚、大胆地自主地从事科教工作了。有了成绩也不会戴“白专”帽子，而是受到表扬和奖励了。干工作的心情舒畅了，没有后顾之忧。因此，我在教学、科研上的工作积极性很高，我也不断取得成果。

宋：从您的经历来看，从 1984 年开始，您担任了更多行政上的职务（比如土化系主任、浙江农业大学校务委员会副主任、浙农大遥感信息技术应用研究所所长等）。请问您行政上的职务对您的学术研究有什么影响吗？

王：正确地讲，我在实习期转正后，就担任业务行政职务，省农科所土肥系土壤组副组长，主持工作，兼任红壤利用改良试验站站长等。教学工作是1983年开始有行政职务，教研室副主任、系副主任、校科研处处长、系主任和校务委员会副主任等。1986年我被破格晋升教授以后，由于我的工作业绩影响面的不断扩大，社会兼职多了，最多时有近20个职务，从国家到省里兼过职的总数达到40多个。我担任行政职务和兼任社会职务，对我的事业和对社会的贡献是利大于弊。例如我担任系主任，我带领教学改革，为了适应国民经济建设发展的人才需要，带头创办了两个新专业，促进了土化系教育的发展；又如我担任校科研处处长，我带领校科研管理改革，我特别强调科研处的服务性管理，大大促进了学校科技事业的发展。我的社会兼职更是促进教育事业的发展。例如，我长期担任浙江省农资商品技术顾问团团长，我发起联合社会力量，集资办起了以农药化肥为特色的应用化学专业。又如我长期兼职浙江省科学技术协会委员、常委和省人大科工委委员等职务，以及参加浙江省土地管理局的筹建工作。我发起新办土地管理专业。特别我带头组建浙江省土地学会，担任副理事长。我又发动社会力量，集资办起隶属国家土地管理局的东南土地管理学院。再如我长期兼任中国土壤学会等多个学会的理事、常务理事，我在科学研究、学科建设的基础上，牵头建成中国土壤学会土壤遥感与信息专业委员会，以及浙江省遥感中心、浙江省高等院校遥感中心等。但是兼职过多对我的学业成就会有一定影响的。不过，我到后期有了以研究生为主体的团队，影响会减到最小，但还是有些影响的。兼职过多对我学业影响最大的是没有把《土壤调查与制图》讲稿（油印讲义）编写成书，没有正式出版。这是我兼职过多的损失。土壤调查与制图是我20世纪60年代中期到80年代的主要教学任务，教学时间最长，花在教学上的精力也最多。这门课是土壤农化专业的生产应用性最强的专业技能课，在专业中具有很重要的位子。60年代中期，我接受主讲任务时，没有讲义，国内还没有教材。我在长期教学中，经过第一次土壤普查，以及土壤调查、土壤改良和土壤分类等科学研究积累了大量资料，充实了很多教学内容。我讲课深受学生的欢迎，写成《讲稿》。在“文革”期间，我的《讲稿》被选作“工农兵”学员的教材，由教师自刻油印成《土壤调查及制图》讲义。“文革”结束后，我做了很多航卫片土壤调查研究，取得较多成果。我很想增加遥感与信息技术的科研资料，编写一册《遥感土壤调查与制图》全新教材，或者是科技专著。但是，由于20世纪90年代初开始，我担任行政职务和社会兼职过多，加上开始招收博士研究生，我的教学和科研任务更是十分繁重，我要想抽出一段比较完整的时间来写新教材或者科技专著，已经不可能了。我只好等到退休以后，直至 80 岁以后，在我爱人的帮助下，将错别字、漏字、脱行较多的，特别是年久纸黄发脆而脱落也多，有些内容别人看不懂的自刻油印的《土壤调查及制图讲义》，在 2010 年至 2011 年 12 月期间，我和夫人通过在文字上略作修改后，以翻印组编的形式，把遥感科研成果组编进去，重新打印，将《土壤调查及制图》讲义保留下来，提供给后人编著新教材时的参考。这是典型的担任职务过多而影响学业成绩的事例。这也是我在教学上的一个遗憾。

宋：1984 年，在您创办化肥农药专科时，学校拿走浙江省农资公司的资助是什么原因？这对当时学科建设产生了怎样的影响以及最后如何解决的？

王：创办化肥农药专科，是为了提高浙江省农资系统员工业务水平的需要，与农资公司两家合办的。省农资公司为了筹办本科专业打基础，除了资助一些办学经费以外，确定资助 20 万元经费和“三材”指标，建造“农资楼”。三材就是指钢材、木材和水泥。当时建房的“三材”很紧张，要建房就要有“三材”指标。20 万元被学校拿去的原因有二，一是我调任校科研处工作，二是当时系领导同意由学校拨给教学用房 12 间，学生住房 16 间，能住 120 人，失去建农资楼的机会。这对应用化学专业办学影响很大，四校合并办学时，被并入老浙大的应用化学专业，以农药化肥为特色的应用化学专业没有了。

宋：20 世纪 90 年代时，您提到您所在的土化系的领导班子最稳定的，您觉得是什么因素让它这么稳定？土化系与其他系相比有什么不同呢？

王：我于 1988 年 9 月，我从校科研处调回土化系担任系主任。土化系领导班子最稳定的主要原因是党政关系好，团结一致抓工作。一个系的班子不稳定的主要原因是系主任与总支书记产生矛盾，也就是党政关系的矛盾。那时土化系总支书记是朱光烈同志，他是一个优秀党务工作者，从不争权。他有句话：“系主任在积极工作，我就应该支持”。我这个系主任，也十分尊重党总支的领导，接受党总支的监督，凡是系里要做的大事情，例如工作计划，教学改革，都在事前就把计划送交党总支审查、征求意见修改后执行。有关人事问题，我只提建议，均由总支决定，因此党政关系很好。有关政治运动也由总支领导，但总支也很尊重系主任的意见。例如非常突出的“六 · 四”事件的处理，我系没有选定“典型人”，进行指名重点批判，就是听取系主任的意见，增强了教师之间的团结，减少分裂。时任校领导、党委书记多次对我们说：“都像你们系这样，我们校领导就可以抽出更多时间考虑学校发展大事了”。1992 年年底，学校进行系级评比活动，我们土化系的各项工作都趋于前列，获得学校有史以来的第一个综合优秀奖，获得奖励586微机一台和5 000元奖金。这是浙农大土化系的第一次和最后一次奖励，也是浙江农业大学的首次和最后一次奖励，因为在1998年四校合并了。

宋：农业遥感与信息技术的成立经历了25年的努力，除了领导的帮助外，您觉得还有什么重要的影响因素？遇到困难有哪些？

王：农业遥感与信息技术是随着航天事业的发展而发展的，特别是我认识到卫星遥感资料在农业上的应用具有特殊的作用和发展前景，这是我一直坚持的原因。农业遥感与信息技术新学科是在领导没有下达任务的情况下创建的。因此，在创建初期，没有人力、物力、财力的支持，其至思想认识、精神上的支持也没有，有时反而是遭到阻碍。人力是指科研人员，物力指的是仪器设备和科研用房，财力指的是科研经费，这些都是没有的，都要依靠我自己争取到科研项目，获得所需的经费。遥感信息技术是高新技术，用的仪器不仅新而且很贵。特别是开展研究的关键性的贵重仪器更贵，我们学校是没有的，要新买是不可能的。我虽然作了很大努力，艰难地通过租用来解决。但是，在我国要想创建新学科，特别是高新技术的学科，还是要得到领导的支持才有可能成功的。例如，1979年，农业部下达首批卫星遥感技术在农业上的应用课题时，农业部还计划在浙江农业大学新建华东地区农业遥感分中心，每年可以通过举办培训班的名义，补助5万元。因为学员可以收费，所以这5万元就是支持购买仪器用的，这对农业遥感技术的发展是很好的。可是想不到，农业部给浙农大的商办函时，校科研处未经领导研究，就转给土化系，系总支书记没有与系行政领导商量，也没有征求我的意见就签上“无法安排“退回去了。这对刚起步的农业遥感是致命性的打击。又如，在承担卫星遥感技术在农业上应用的课题时，学校领导同意给2个科研编制名额，当人员分配到系里的时候，又被系领导（总支书记）分给其他人了。我正在很困难的时候，出差碰到主管科教文卫体的副省长李德葆，李省长原是我们浙农大的教授、副校长，我们认识。他问起农业遥感科研问题，我如实反映了。李省长当时就答应分一个浙大遥感专业毕业的学生给我。我惊奇地说统配已经过去一个多月了。李省长说，这你就不要管了。不久，真的有一位浙大遥感毕业生来报到，是指明从事农业遥感研究的。这件事引起学校领导的重视，对我开展工作起到关键性的帮助。再如当时国内获得的农业遥感科研成果，大都只能分析问题、找出问题，而不能解决问题，一句话就是不能增产。因此，科研形势随之低落。省、部级基本上已经不列遥感课题了，只有国家科委有一些课题。我校是远离北京的省级单位就很难争取到大课题。我争取到的也都是参加，经费很少。因此，在这个时候，国内绝大部分单位，例如参加全国遥感培训班的24个单位32人，就连承办“培训班”的北京农业大学，也都改做土地方面的课题了。我也遇到没有课题的困难，只能争取做土地方面的科研来支持农业遥感。正在这时，我得到省教委高教处姚竺绍副处长的支持，同意我的建议成立浙江省高等院校遥感中心，由我担任中心主任，每年给5 000元钱，农业遥感科研没有中断。但是要想进一步发展必须获得国家政府的支持。还是时任副省长李德葆兼任浙江农业大学校长了。他支持我争取到“浙江省农业遥感与信息技术重点研究实验室”，获得75万元的建设费用。这就从根本上提高了科研的的仪器设备，也比较容易争取到课题了。从此开始进入正常发展阶段。现在的农业遥感与信息技术学科已经有“省重点实验室”“研究所”“校级学科交叉中心”三个科教组织；有一个本科专业；拥有1 000多平方米的科教用房；单价10万元以上的仪器设备已达1 400万元以上；在读硕士、博士研究生60人多人。培养硕士、博士研究生和博士后100多名，他们大都是国内农业遥感领域的骨干和学科带头人。学科的总体水平已经处于国内农业领域的领先地位，在国际上也有一定的影响了，国际合作交流也比较多了。

宋：1998年四校合并，对浙农大以及您所在的遥感所有什么影响？原先的行政管理、教学学术是否发生了改变？有什么改变？

王：原浙江大学、杭州大学、浙江农业大学和浙江医科大学四校合并后，国家发展也进入快车道，新浙大所有学科都得到比较大的发展。但是浙江农业大学由于调整为5个学院，失去了在全国的整体优势位置。浙农大原来在全国农业院校中的地位（指的是排名），是“坐三争二”的位子。现在一分散，什么地位都没了。不少人称为“自杀”。对我创建的全新的农业遥感与信息技术学科的发展，可以说是利少弊多。农业遥感与信息技术新学科的发展受到了行政化、官僚化管理的阻碍。我带领创建的农业遥感与信息技术学科，“四校”合并前，在国内是处于绝对领先地位的，主要表现是：①国内唯一的博士点，成立至四校合并时，已经培养研究生近百名；②是负责起草国家《农业科技发展规划》中的“农业信息技术及其产业化”专项的两个召集单位之一，另一个是中科院地理科学研究所；③是国内唯一的省部级重点实验室；④为国家遥感中心起草《中国农业遥感与信息技术十年发展纲要（国家农业信息化建设2010—2020年）》征求意见稿（3）；⑤中标主编农业部新编统用教材，教育部批准为“面向21世纪课程教材”《农业资源信息系统》和《农业资源信息系统实验指导》。这是我国农业遥感与信息技术领域第一本国家新编通用教材；⑥撰写我国首部系统论述的、内容完整的《农业信息科学与农业信息技术》科技专著；⑦已经获得省部级以上科技成果奖励19项，其中一项是国家科技进步奖；⑧1997年12月，国家教育部召开的农业高新技术科技工作会议有三个报告，其中主题报告由教育部副部长的报告的，生物技术是由北大副校长报告，农业遥感与信息技术的“论农业信息系统工程建设”是我报告的，教育部指定农业遥感与信息技术这一块由我校牵头等。发展形势很好。但是，四校合并后，受到行政化管理，甚至可以说官僚主义作风的影响，发展规模受到极大的障碍。例如不认同农业遥感与信息技术是全新的学科，特别是只有我校有博士点等特殊情况，进人受到极大的限制，发展规模受阻。又如申请国家重点实验室、国家工程技术中心时，校科技院以学校统一规划为由扣着不报；再如申请国家支撑计划受到阻碍等。这个情况，我曾向新来的林校长汇报，他认为要改，可惜他调走了。

宋：您觉得从1998年合并之后，您可以回忆一下，您印象中的历任校长吗？(韩祯祥、路甬祥、潘云鹤)，他们对您主持的遥感所有什么影响？您觉得他们对学校的管理各有什么特色？

王：我原来是浙江农业大学的，对原浙大的韩、路校长不了解。潘云鹤校长对农业遥感与信息技术学科是支持的，例如他在合并初曾想搞农业信息化。我认为他的办学思路有两个偏差。一是办学以科研为中心，例如，他把以教学、科研并重的教研组（室）都改为“研究所”。还要提出各学院联合创办一个“研究院”，要以“研究院”为中心集聚相关学院。二是用获得经费来刺激教学与科研的积极性，有科研经费挂帅的表现。例如科研项目，已经提取劳务费了，他还要以科研经费计算教师的业绩点，再次拿业绩点的报酬，从而出现课题经费多的人，业绩点高达几十个，大量地拿钱。特别是评定教师级别也不以教学和学术水平为主，而以业绩点多少为重要依据等。这对本科教学受到很大冲击，特别是出现公益事业没有人做的现象，打乱了正常的教学秩序，影响教学效果的提升。

宋：您2003年退休，2005年7月正式退休，在此期间，您的工作重点是什么？

王：我退休以后的工作，可以分为两个阶段，第一阶段是73岁办理退休以后到80岁，也就是2003年到2011年，这段时间大致上就是你提出的这个问题。这个阶段的工作，我与退休前没有多大区别，只是行政上的事情少管或不管了，在时间上也比较机动，可以不上班了。但我的工作还是比较全面，包括：一是教学工作。主持修编《农业资源信息系统》第二版，这是国家“十二五”规划教材。二是重点实验室的建设工作，包括编写《浙江省农业遥感与信息技术重点研究实验室15周年、浙江大学农业遥感与信息技术研究30年》；引进一名工程技术研究员，以加强成果转化工作；组织编写申报国家工程技术中心的报告；争取国家支撑项目等；三是对年青教师的学术指导，例如为青年教师的科技专著写“序言”等。四是多个学会工作，主要是浙江省土地学会和中国环境遥感学会的学术活动。五是社会活动，主要是审稿、国家项目评审、应邀作专题报告等。还有一项工作，就是“个人总结”，主要是编写我的《回忆录：从乞丐养子到著名教授》，以及配合学院和中国土壤学会遥感与信息专业委员会为我举办“王人潮教授从教50周年庆典活动”，出版了《王人潮文选》。还有，我编写出版《王人潮文选续集：退休后的工作与活动》。这是我结合50多年学业成长的自身经历、经验体会编写的，目的是把它留给后人参考，也是我向党90周年献礼。

宋：2005年正式退休之后，您主要从事了一些什么样的工作？（这个问题还请王教授多谈一谈养身保健方面的）

王：这个问题大致是我80岁以后的工作状况。也就是2011年以后的工作状况。我是一个只有工作才是最愉快的人，没有什么爱好。所以，只要身体健康，我的工作是不会停的。但是，我的工作任务减轻了，把重点工作转移到养生保健上来了。我想通过养生保健来争取达到身体基本健康、生活能够自理、脑子清晰、能思会写，家庭和谐、夫妻恩爱，做一个能够运用专业知识发挥余热、老有所为幸福快乐的健康老人。这段时间，我的主要工作大致可以归纳为五个方面：一是主编《浙江大学环境与资源学院院史》的工作。这是我退休6年以后，已经80高龄的最主要工作。我深知编写《院史》是一件事关千秋的大好事。但是，又是一项繁重艰难、众口难调、很难完成的麻烦工作。尤其是学院没有建立档案制度的情况下，追查历史事迹的难度很大，甚至是难以克服的。特别是我已步入80高龄的老人了，自身也有不少困难。但是，我出于对一生工作的土化系、环资学院的深厚感情，以及强烈的责任心，我遵从院领导的意见勉为其难地答应了。编写《院史》从2009年年底开始，在院党委的领导下，我与责任编辑方磊的共同努力，在收集资料很困难的情况下，经过长时间的多次修改、补充，四易其稿，一直到2016年6月完成有80周年历史的院史定稿，花了8年多时间。二是《土壤调查与制图》老讲义的补充组编工作。我把遥感新技术的研究资料整理组编进去，重新打印成新的讲义，留给后人的土壤调查及制图教学，以及编著新教材时的参考。三是积极参加浙江大学校史研究会农耕文化分会的工作，起到特约研究员的作用。四是向林校长和校党委汇报。我提出“学校发展中存在的问题和开展改革的建议，”写成详细的汇报提纲，我汇报了二个小时。林校长对我的汇报是充分肯定的，其中有一句是说："你的建议，世界一流大学就是这样做的。但在我国、在我们学校实施还需要时间"。五是其他工作，有《土壤学》大辞典的审核工作，我负责土壤调查、土壤制图、土壤遥感、土壤地理信息系统4个方面304个词目。最后我要特别提出的是2014年7月1日，我完成编写《养生保健的实践与体会》第一稿。这是一册我退休以后，结合自己身体状况，坚持多年的养生保健后编写的。内容包括：前言（我对养生保健的认识综述），普通养生保健，老年性疾病护理，编后语（主要体会）。我把它印发给全院的教职员工和我的亲朋好友，希望对他们在养生保健中起到一点作用。我还想进一步通过实践、修改、充实、完善后正式出版，为促进全社会养生保健运动的发展起到一点作用。这可能也是我为人民、为社会服务的最后贡献。

第四次访谈记：4个重点问题补充采访（2015年10月11日）

周：这一次是补充采访。请王教授谈谈4个重点问题。

姚：请您谈谈《水稻营养综合诊断及其应用》专著获得全国优秀科技图书奖的意义和感想。

王：谈起这个问题的时间就比较长了。《水稻营养综合诊断及其应用》专著是我独立完成的第一部著作。我写这本书的内容及其获得的资料，主要工作都是在"文革"期间做的。我是利用"文革"停课期间的机会，也可以说是我逃避"文革"的行为。大致是1966年到1978年期间，我受基层农技员的邀请，经过校革委会的批准，我有机会下乡，针对农村发生的作物生理病害和生长障碍等问题，到全省各地进行野外调查研究。我根据查出的作物产生问题的原因，采取针对性的治理措施，都获得成功，有的增产幅度很大。我在社会上的影响也比较大了。1972年，我应富阳县农业局的邀请，要求我去解决富阳县的生产条件好，化的成本多，但作物产量长期上不去的生产问题。我在富阳县蹲点七、八年，大致是1972年到1980年，我经过全县的野外实地调查研究，利用我的知识、运用作物营养与土壤诊断技术，查出大量的生产问题。我针对查出的生产问题，在不同地区做了大量的针对性的田间治理试验（含低产田改良），都取得成功，大多数都是大幅度增产，受到当地干部、群众的欢迎。我又在当地领导的组织支持下，向全县、杭州市、浙江省进行推广应用，也都取得很大成功，还获得多项科技成果。特别是我在1976年编写的《水稻营养与土壤诊断训练班讲义》，附：“《75型》水稻营养诊断箱”使用说明，是铅印本，在县、市、省多次训练班上使用，加上我发表的多篇论文，都受到广大农技人员的关注。浙江科学技术出版社特地约我写一本作物营养障碍治理的科技著作，我答应了。我写的这本科技著作与其他类似的著作相比较，有多处创新，主要有以下5点。

（1）首次融合水稻营养理论（含缺素和营养过多等危害）、水稻土基础知识（含对作物生长发育的障碍因子）、水稻高产优质栽培技术（含水稻产量形成机理），以及田间试验（含试验精度的生物统计分析技术）等相互联系在一起讨论，首次提出综合诊断新理念。

（2）创造性地融合了形态诊断（作物缺素及其生长障碍的单株病症和群体特征分析）、环境诊断（作物缺素及生长障碍的环境条件分析，含土壤性质状况和栽培、施肥历史等）、化学诊断（土壤和作物养分及障碍因子的速测、必要时全量分析）和试验诊断（主要是田间试验，含生物统计分析）等技术，提出四个步骤的综合诊断生理病害的技术方法。

（3）创造性地提出“因土定产，以产定肥，诊断施肥，高产栽培”的综合诊断施肥法，并研制出相应的切实可行的技术方法，其中特别是研制出“因土定产、以产定氮”的简单易行的技术方法，解决了很难确定当季水稻的最高产量及其氮肥最佳施用量的难题，为全面推广省肥高产“诊断施肥”创造了条件。

（4）研制出水稻省肥高产栽培模式及其诊断施肥技术（含低产田改良）。试验结果：试验基地的粮食亩产从不到350千克（1972年）提高到930千克（1979年），打破了当地“要高产比牵牛上树还要难”的流言；特别是每千克硫铵增产稻谷从对照的4.56千克提高到10.44千克，较大超过当时国内最高是7.0千克的纪录，还提出水稻最高产量施肥量和高产最佳施肥量的新概念。

（5）本书还附有①我们研究设计、批量生产的适合野外田间使用的“75型”水稻营养诊断箱。这个箱子能速测水稻和土壤的氮、磷、钾的丰缺诊断，以及土壤理化性质引起的障碍因素诊断。②作物缺素和中毒障碍症的发生规律及其症状的详细说明，可以用作田间形态诊断分析。

本书的最大优点是农技人员看了以后，或农民技术员听了科技普及报告以后，都说：“能针对当地农作物的病情，就像看电影那样去对号入座，找出问题和解决办法”。所以这本书是当时的畅销书。这本书1982年11月出版，两年时间就数次再版。1983年由浙江科学技术出版社提出申报，获得1983年度全国优秀科技图书二等奖。这本书还是浙江农业大学土壤农化系唯一获得的全国优秀科技图书奖。最后我想多说一句，社会上向我要这本书的人很多，一直到2010年，还有人来要这本书，可惜的是我自己留着的几本书，放在书架上也都不翼而飞了，没有留下一本。我去查了浙江科学技术出版社也没有这本书了。现在要想搞一本展览用的也没有了。

姚：请您谈谈“水稻遥感估产技术攻关研究”获得国家科技进步奖的意义和感想。

王：谈起这个问题的时间也会比较长。因为我做水稻遥感估产技术研究的时间长达20多年。在我国的科研体制下，同一课题要想争取连续研究20多年是很困难的，是很不容易的。我们都知道，建立粮食作物估产系统是国家粮食安全体系的重要组成部分，所以国家“六五”“七五”“八五”“九五”计划都列为国家科技攻关或重点科研项目。运用遥感技术估产是现代最先进的高新技术，也是卫星遥感资料在农业上应用的一个新方向。但是，水稻遥感估产存在着难以克服的特殊困难。所以国内外都没有建成水稻卫星遥感估产运行系统。我们千方百计争取国家项目，坚持长达20多年的连续研究，取得了重大突破。第一是突破了水稻遥感估产机理，以及相关的应用基础研究，为解决水稻遥感估产的特殊困难提供了研究技术思路；第二是研制出4种不同区域特征的，适合遥感估产信息提取的稻作区分类（层）技术；第三是研制出不同稻作区的4种遥感提取稻田信息的技术及其面积测算方法，其中用水稻土分布图为框架提取稻田信息的精度最佳；第四是研制出4类7种遥感估测早、晚稻的单产模式，为建立省、市、县三级水稻遥感估产提供了技术条件，其中利用水稻生长模拟模型与卫星遥感得到的估产参数相结合，研制而成的遥感数值模拟模型最具有通用性，估测产量的精度也最高。

最后是研究建成国内外第一个浙江省水稻卫星遥感估产运行系统。我们经过4年8次的估产结果：面积精度是早稻89.83%~96.38%，晚稻92.30%~99.32%；总产精度是早稻88.34%~95.42%，晚稻92.49%~98.14%。每次估产的精度都是世界上水稻卫星遥感估产的最高精度。但是，估产精度的稳定性还是不够理想，这是水稻卫星遥感不确定性造成的。特别是水稻卫星遥感估产的专用软件还没有开发出来，组织推广还有困难。为此，我联合国内4个权威单位写了《中国水稻卫星遥感估产运行系统研究与实施项目的可行性报告》。我报送给浙江省领导、国家农业部、国家科技部，甚至两次报送给国务院回良玉副总理。科技部部长徐冠华院士批示给高新技术产业化司“认真阅办”。回良玉副总理批示给农业部“请宝文同志阅处”（宝文是农业部副部长）。经办结果是我非常遗憾，最终还是因为受到我国科研体制的影响，没有批准实施。这是我一生科研工作的最大遗憾。这样一个国家经济发展需要的、科研水平处于国际领先的、连续研究 20 多年的、获得国家科技进步奖的，只要进一步研究就能成功的、可以为国家争光的科研项目，在万般无奈的情况下，被夭折了。我想起来就会很难过，是很痛心呀！

姚：请您谈谈获得浙江大学研究生“良师益友”荣誉称号的感想。

王：我获得省部级以上的奖励，在 1978 年以后就有 10 多次，算是比较多的，受到校级以上的教学与科研表彰就更多了。但是，我自己觉得最感到欣慰的表彰，还是浙江大学研究生“良师益友”荣誉称号。这是因为我对每个研究生，我都是当作自己的儿女那样，用立德树人的深厚的感情去培养的。我培养研究生，首先认为研究生还是学生。因此，我培养研究生是坚持以学为主的、坚持德才兼备的原则，对每个研究生都要求培养成具有学术广博和爱国、敬业的团队精神。在学业上，我都根据研究生的个人情况，制订不同要求的培养计划。对每个培养环节都严格要求，尽可能达到优秀。例如我要求每个研究生都要做不同学术广度和深度的相互关联的 4 个读书报告。每个读书报告都要用自己的学术观点做出评述，每次报告之后都由培养团队的老师打分。这是培养研究生学识广博和做好论文的重要环节。我培养的硕士 21 名、博士 36 名、博士后 3 名，其中留学生 8 人次。他们的质量都是比较高的，走上社会以后的进步也是比较快的。我的研究生都成为所在单位的学科带头人和学术骨干。例如在高校工作的，据不完全统计，已经有 1 位副校长（现已担任校长），2 位院长、4 位副院长和多位系主任、副系主任，所长、副所长等，有的还兼任全国性学会的专业委员会主任、副主任，理事和常务理事，省级学会的理事长、副理事长等。在生活上，我对研究生亲情关怀，帮助他们解决困难。例如有两位从新疆先后来的博士研究生是夫妻，还带着一个女儿要求上本地小学。我经过最大努力，为他们破例地争取到一套鸳鸯楼的宿舍；为他们的女儿免交托培费进入学校职工子弟小学等。因此，我与研究生之间的感情是比较好的。我在他们走上工作岗位以后，还会利用我的知识和社会影响，尽可能地帮助他们，为他们审阅论文和科技著作，推荐出版和代写序言等。我的研究生们，在我从教 50 周年时（2004 年），牵头主办了“王人潮教授从教 50 周年庆典活动”，出版《王人潮文选》。研究生们都给导师赠送礼品，还给环境和资源学院图书室赠送 300 册最新的专业图书。在我工作 60 周年（2014 年）的时候，研究生们自己出资，筹划到 40 万元，我也以感激之情，乐意配套 10 万元，设立“浙江大学环境与资源学院王人潮教授奖学金”。从 2015 年开始，每年有 2 位优秀学生获一等奖（5 000元），有5位优秀学生获二等奖（3 000元）。

最后，我还要提一下叙利亚三位留学生的事情。他们是在1993年，叙利亚政府利用我国的援助项目，选派来我国指定到浙江农业大学，攻读农业遥感与信息技术硕士学位的。我把他们与中国研究生一样地培养。到1997年1月通过硕士学位论文答辩，都获得优秀。他们再通过叙利亚驻华大使馆和我国教育部协商后，同意三位硕士继续攻读博士学位。2000年7月，我邀请中科院遥感应用研究所首任所长、我国遥感事业的创始人陈述彭院士，中科院南京土壤研究所著名土壤学家龚子同研究员等著名科学家，组成博士论文答辩委员会，三位博士都通过答辩，都获得优秀。专家们对三位博士的优秀论文表示惊奇和赞扬。他们回国后，都到阿拉伯国家联合组建的阿拉伯遥感中心工作。他们与欧美和俄罗斯国家培养回国的博士相比，据他们的反映，还是我国培养的比较好。因此，工作两年后，2002年7月，又选派一位博士再次回校攻读博士后，博士后的学术出站报告答辩也获得优秀。他们在举办阿拉伯国家遥感学术会议时，想邀请我去指导。只是因为我的年龄大，身体健康原因没有去。后来。因为叙利亚发生战争动乱而失去联系，我真为他们担心。

姚：请您谈谈申报院士和浙江省劳模的情况。

王：这个问题谈起来比较复杂，我有过四次申报院士。早在1994年，浙江农业大学的领导就建议我申报院士。名誉校长朱祖祥院士还给我写了推荐意见。这一次的申报，没有任何回音，我真的已经忘记了。有关资料是我退休以后，在全面整理资料时发现的。第二次是1999年，中国农业大学辛德惠院士是我同行。他在1997年和1998年两次来浙江主持科技成果鉴定时，考察了我带头创建的农业遥感与信息技术应用研究所和国内唯一的省部级重点研究实验室以后，他提出为了创建的新学科能持续发展，建议我由他推荐去申报院士。1999年年初，“四校”合并后的浙江大学副校长（原浙江农业大学校长）程家安教授对我说，“校科技部经过筛选认为您的条件比较好，建议您去申报院士，填补浙大在地学部的院士空白”。我抱着试试看的心情写了一份材料，通过教育部申报，想不到一审通过、公布了。后来听说是终审没有通过。这可能是支持我申报的辛德惠院士病逝，没有直接参加评审有关。第三次是2001年，这一次是我提出的、通过农业部申报的。我的材料已比较充实、系统了，与同行的院士相比较，我的材料是好的。例如，①我创建了一个国家学科名录中没有的农业遥感与信息技术新学科；②获得国家级和省部级科技成果奖10多次，以及获得全国优秀科技图书奖；③培养了60名博士、硕士研究生；④我在国内外都有较大的知名度等，这在国内是少有的。特别是与浙农大的两位院士比较，我比他们的事迹好多了。我认为自己能评上院士的。但是想不到的是农业部由院士组成的一审就没有通过。我估计可能与当时的社会风气不正，或者评审院士条件提高了有关吧！。第四次申报是 2003 年了。这个时候规定 70 周岁以上申报院士的，要有 3 位院士推荐。这时我已是 73 岁的人了。我准备好申报材料，给同行的 4 位院士写了信，只有 1 位回信了，其他 3 位没有回音。有的同志告诉我，“你要带钱去请求”。但我不想违纪违规去求人了，准备好的材料没有上报。从此也就不再申报院士了。往后，因为我没有评上院士退休了。我带头创建的新学科的发展，确实受到极大的障碍，不但没有发展，在所里的科教人员反而减少了。这样一个国内绝对处于领先地位的、对农业大发展有很大作用的、在国际上已经有较大影响的新学科的发展受到障碍，这也是我一生科技事业的最大惋惜。特别是想到因为我院士没有批准，对创建的新学科发展受阻，直接影响促进我国发动新一次农业技术革命，以及信息农业模式的建设与发展等受阻。我有失落感，会感到痛心。

下面谈谈我申报省劳模的事情。我平时对英雄和劳模都是非常崇敬的。根据我的工作性质，要想争取英雄是不可能的。但是，我有争取劳模的愿望。因此，我对浙江农业大学的几位劳动模范都比较关心，决心以他们为榜样。我发现浙江农业大学的 3 位教师劳模，都是获得国家科技进步奖或国家发明奖的。反之，凡是获得以上国家奖的教师都评为省劳模。1998 年，我荣获国家科技进步奖，以及 10 多次省部级科技成果奖，全国优秀科技图书奖；我又多次获得过省部级的科技先进工作者、先进教师、优秀共产党员、优秀党支部书记等。我想是有可能评上省劳模的。1999 年，校领导要我写材料申报省劳模，结果没有批准。这可能是 1998 年“四校”合并成立浙江大学，我与浙大附属第一医院院长郑树森院士相撞，有可能是一个单位只能评一个劳模的缘故吧！也有可能是劳模条件提高吧！没有评上省劳模，我的心态很平静，因为党、国家和社会已经给我的荣誉够多了，我没有不愉快，更没有闹情绪。只是我的年龄大了，快退休了，以后就没有机会了。我会感到有点惋惜。

最后，我今后的工作是：集中精力研究走出习近平主席提出的“新型农业现代化道路”和“现代农业发展道路”（下以称“两条道路”）；试图研究解决农业在国民经济建设中是“短板”状态、在国家四个现代化建设中是“薄弱环节”的问题；研究解决“短板”和“薄弱环节”的切实可行的技术方案。

采访者语：《访谈记》经过受访者王人潮教授的校对、修改和补充。

我一生的教学和科研工作总结概要

我的个人总结，已经有了《王人潮回忆录》《回忆录续篇》和《王人潮文选》《文选续集》，为什么还要写《我一生的教学和科研工作总结概要》。这是因为《回忆录》和《文选》都没有能系统地、完整地表达我一生的学习、教学、科研工作和退休后的工作状况，没有能表达我从初中毕业后参加工作起，学习与工作就一直处于紧张繁忙的状态，而且经常都是超负荷地学习与工作。例如我一生只有一次的结婚，也因工作繁忙需要，没有请过婚假、没有婚礼、更不会补婚假。还有，我退休以后也做了不少工作和参加社会、学术等活动。为此，我把一生的学习、教学、科研工作和退休后的活动，经过系统的梳理，将主要的教学内容和科研项目，按年次分时期写成"总结概要"记录下来。

一、教学工作总结概要

我可以说是一生从事教育工作的人。1948 年，我初中毕业后就从事小学教师工作，大学毕业后就从事高等农业教育与科研工作。1957 年，南京农学院毕业，分配到浙江省农科所从事科研工作，曾应邀给浙江大学机械系农机专业学生主讲《土壤耕作学》。1960 年，"院校合并"后，是以科研为主，兼任教学任务。1965 年，"校院分开"后留在浙江农业大学，是教学科研型的教师。我在浙江农业大学时的教学课程种类比较多、教学类别也比较杂，特别是新开课程多。这可能就是我具有知识广博的原因。这对我开拓科研思路和提高科研能力，以及提高教学质量等都有很大作用，也有利于争取到课题和获得教学、科研成果。这也可能就是我成为著名教授的原因吧。

（一）小学教师工作和高中学习期间（1949—1953 年）

1. 小学教师工作（1949. 2—1952. 4）

1948 年 9 月，我 17 岁初中毕业。1949 年 2 月，我有机会到黄田畈乡中心小学教书。该校平均每个教师负责一个复式班级。校长分配我的教学任务是：

二年级班主任兼语文课，一、二年级唱游课，三、四年级图画课，五年级自然课，六年级体育课，一周平均30多学时。我白天上课和负责管理二年级学生，只能晚上备课。我是普通初中毕业，没有当教师的职业技术培训，工作难度是很大的，特别是唱游课，要求老师边弹风琴边教学生唱歌跳舞。我的手从来没有摸过风琴。还有图画课、体育课也都是技能课，我确实很害怕。但是经过同事们的帮助，自己刻苦努力，有时要学到通宵。最终还是比较好地完成教学工作，得到校长的认可。

1949年5月，我的家乡东阳县解放了，农村的小学教育也乱了。我在地下党员的组织下，1949年的下半年，参加我的家乡、画溪乡中心小学的义务教育(只吃饭，不拿工资)，白天上课，晚上在区政府的领导下，积极参加扫盲等工作。由于我年轻工作积极，寒假我被抽调到东阳县委干校学习后，调派到洪塘乡中心小学任教。1950年暑假再次抽调到金华地委干校学习2个月，回校后不担任班主任，兼新设的社教主任，负责配合乡政府的社会活动，当时，我主要是参加土地改革运动。负责收集材料和记录地主压迫贫下中农的资料，以及开群众大会做记录和整理资料等工作。我还协助乡政府筹办了业余文工团和秧歌队，编排反霸戏配合土改运动、欢送爱国粮等。1951年8月，我调派到月塘畈乡中心小学，仍担任社教主任，不兼班主任。我又协助乡政府筹办业余文工团和组建秧歌队，排练“不要弑他”和“王秀兰”等剧本，到各地演出，宣传军民关系和劳动光荣等。我白天要上课，晚上和节假日都要投入社会活动，确实是非常繁忙的。因此我在假日、假期都是很少回家的。

2. 宗文中学高三学习（1952. 8—1953. 8）

1952年4月，我中了历史反革命分子校长的圈套，被陷害。促使我自动离职，在家复习功课3~4个月。8月初我到杭州参加全国同等学历考试，被核定为高二文化程度，分配到宗文中学（现为杭十中）高三甲班学习。我一年要学完三年的课程，还想达到成绩优秀能考取大学，确实是非常艰苦困难的。但是，我分秒必争地学习，特别是熄灯后还到路灯下看书，得到校长的大力支持。我经过一年的艰苦学习后，成绩达到班级中等偏上的水平毕业。我以第一志愿考入南京农学院土壤农化专业学习。我有机会上大学，这完全是党和人民给的。我积极努力地学习，评为8个校级三好学生之一，并以优秀成绩毕业，分配到浙江省农科所工作。

（二）大学本科生教学（1960—1985年）

1959年，我在浙江省农科所时，就曾主讲浙江大学农机专业的土壤耕作学，包括实验课（教材都是自编的）。1960年，校、院合并后，我在主持土肥所土壤研究室和从事科研工作的同时，每年都兼任土壤学和土壤肥料学的教学，以及野外教学、生产实习任务。1963年开始主持密切联系农业生产的《土壤调查与制图》专业技能课。

1. 主讲、主持的课程（含实验课）和教材建设

（1）主讲农学、种子、植保、果蔬、茶叶、蚕桑、农机、农经等外系专业的一个班或二个班的普通土壤学或土壤肥料学。因为学生反映我讲得好，后几年是分为农学类、园艺类各4~5个班合并大班讲课。教材是我参加教研组统一编写的《普通土壤学》和《土壤肥料学》（铅印本），是外系专业的通用教材。我在讲课时会尽可能插入与他们所学专业相关的知识，引导学生的学习兴趣，教学效果很好。

（2）带头创办土地管理专业，主讲土地管理学导论。是新开课程，自编《土地管理学导论》讲义（油印本）。

（3）带头创办应用化学（农）专业，主讲土壤与作物营养诊断。是新开课程，自编《土壤与作物营养诊断》讲义（油印本）。

（4）主讲农业资源与环境专业的农业资源信息系统。是新开课程，教材是我在全国中标主编的《农业资源信息系统》，该教材是农业部新编统用教材，教育部批准为“面向21世纪课程教材”。1999年第一版；2009年第二版（修订本），目前正在主编修正第三版。以及2003年的《农业资源信息系统实验指导书》（史舟主编），分别都由中国农业出版社出版。

（5）主持土壤农化专业的土壤调查与制图专业课。没有教材。我每年的备课都写成讲稿，每年都充实新内容。到1969年，因“文革”期间“复课闹革命”的需要，由教师们把《讲稿》自刻油印《土壤调查及制图讲义》。直到我退休以后，经过42年后的2011年12月，才有机会把遥感研究成果组合进去，形成《土壤调查及制图》的翻印组编本。自编《土壤调查及制图实验讲义》（1965年油印本）→《土壤调查及制图实验讲义》（1981年打印本）→《土壤调查及制图实验讲义》（编入航片、卫片土壤制图的实验，1984年打印本）。

另外，1978年我参加全国高等院校教材编写工作。其中《土壤调查及制图》是以我的1969年油印本《讲义》为基础，由参编教师共同讨论起草“编写大纲”后，分头编写。他们编写好的稿子都送给我，我统编写成《土壤调查及制图》初稿后，由第一主编朱克贵教授定稿，于1981年，由江苏科学技术出版社出版，这是我国正式出版的第一本《土壤调查与制图》教材。

2. 野外教学实习和生产实习

由于我6岁开始参加农业劳动，其中务农三年半，又在农村蹲点从事农业科学研究和农村调查10多年，对农业生产比较熟悉，所以野外教学实习和生产实习就成为我的主要教学任务之一。

（1）外系专业的土壤学或土壤肥料学，1~2天教学实习。

（2）本系土化专业的土壤学Ⅱ，1周野外教学实习。

（3）土壤农化专业的土壤调查与制图的4周野外教学实习，经常与测量学的1周教学实习联合进行。并往往接受生产任务，与生产实习合并进行实战训练（半年）。

（4）土壤农化专业生产实习，是经常接受任务的。例如低产田改良、高产样板建设等任务。往往与测量学、土壤调查与制图的教学实习联合在一起，完成一项生产任务的的实战训练，时间有一个学期（半年）。每次都能取得很好的效果，是土化专业教学、生产实习的一个联系生产实战内容。

3. 带头创建两个新专业、联办一个学院

我在担任土壤农化系主任时，曾经带头开展两次土化系教学改革。我为了土化系的发展，以及适应国家经济建设快速发展的人才需求，我抓住众多社会兼职的有利机会，发挥土壤学和农业化学两个学科的优势，联合社会力量创办了两个新专业和一个东南土地管理学院。

（1）应用化学新专业是为了适应农资商品事业发展的人才需要，我们与省农资公司先合作办农药化肥培训班，再联办农药化肥二年制专科，最后转办应用化学四年制本科专业。

（2）土地管理新专业是为了适应土地管理事业发展的人才需要，带头先创办土地利用规划专科，再转办土地管理专科（二年制到三年制），最办成土地管理四年制本科专业。

（3）东南土地管理学院。我们通过省土地管理局筹集资金，在浙农大土地管理专业的基础上，联合相关学科，经国家土地管理局批准，由浙农大和省土地管理局联办东南土地管理学院，直属国家土地管理局。

（三）研究生教学（1982—2006年）

1984年以后，我的主要教学任务逐渐转为硕士研究生培养工作。1991年开始培养博士研究生。1995年停招硕士生，集中精力培养博士生，最多的2000年，有10位博士生通过论文答辩。1999年开始招收博士后。共培养了60名研究生（硕士21名、博士36名和博士后3名，其中留学生8人次）。

(1) 硕士研究生教学（1982—1997 年），共培养了 21 名，其中留学生 4 名。土壤与土地方向 9 人；土壤遥感与信息技术方向 12 人。我主讲新开《土壤遥感技术应用》和《土资源遥感》（教材都是自编）。

(2) 博士研究生教学（1991—2006 年），共培养了 36 名，其中留学生 3 名。土壤地理方向 2 人；土地遥感方向 3 人；土壤遥感与信息技术方向 4 人；水稻遥感估产方向 5 人；农业遥感与信息技术方向 22 人。我主讲新开《农业遥感专题》《土壤地理专题》和主持《农业遥感研究前沿专题讲座》（教材都是自编的）。

(3) 博士后（1999—2005 年），共 3 名，其中留学生 1 名。土壤地理方向 1 人；生态遥感方向 1 人；水稻卫星遥感估产方向 1 人。根据博士生的专业情况，还主讲补充课的内容。

(四) 实验室和野外实习基地建设

我是很重视实验室和实习基地建设的，因为它与教学质量有着很大的关联。但是，那时的实验室和基地建设所需的费用，都要依靠争取到课题经费来建设。

(1) 实验室建设，新建 2 个实验室：①土壤调查及制图实验室，后来改建成为遥感土壤调查及制图实验室；②农业资源信息系统实验室。

(2) 普通土壤学野外实习基地建设，校内及附近有 2 处：①池塘庙农场（院农场），有土壤类型及其分布规律的调查结果（比例尺 1∶5 000 土壤图）；②钱塘江至半山一线土壤调查报告（比例尺 1∶25 000 土壤图，含华家池校农场和池塘庙农科院农场）。

(3) 土壤Ⅱ、土壤调查与制图野外实习基地建设，有 4 处：①余杭西南片，有闲林埠农场为中心的余杭西南片土壤概查报告，附 1∶5 万比例尺土壤图；②以金华石门农场为基地（红壤利用改良试验站的所在地）的金华至安地一线，有金华至安地的土壤路线概查报告，附 1∶5 万比例尺土壤路线图；金华石门农场第一生产队土壤调查及土地利用规划意见书，附 1∶1 万比例尺土壤图以及土壤理化性质分类图；③杭州郊区转塘地区，有杭州转塘地区土壤概查结果及其对提高土壤肥力问题的讨论，附 1∶5 万比例尺土壤图；杭州市高产样版珊瑚沙土壤详查制图及其应用意见，附有 1∶6 000 比例尺土壤图和各种土壤理化性质分类图；④土壤遥感调查及制图实习基地，有以卫片（TM）为工作底图的杭州转塘至淳安县的路线土壤图（1∶5 万比例尺）及其主要土属性质的说明；以航片为工作底图的转塘公社培丰大队和龙坞大队的土壤详图

(1：5 000 比例尺）及其主要土种性质的说明。

（4）生产实习教学基地的建设。目的是运用土壤农化专业的知识与技能把生产搞上去，建立一个师生亲临第一线的教学生产实习基地。因此，也叫综合教学基地。这是土化系领导组织的，蹲点人员从 4 人扩大到 9 人，由我任基地组组长。我们已经完成转塘公社土壤概查和培丰大队土壤详查；已经制定出因地制宜的农业增产、农民增收的“培丰大队生产发展规划”。实施一年后，已经研制出茶叶、粮食双丰收的栽培模式，以及发展家庭手工业计划和经济特产等，可望成功。可惜被“文革”冲击破坏了。

（五）编写培训班教材

各类培训班的讲课也是我的教学任务之一，由我主持或参加各类培训班编写的教材是比较多的。现在还保留教材样本的尚有 13 种教材。

（1）《茶叶土壤》（铅印本），浙江省茶叶干部培训班；

（2）《浙江省棉麻土壤》（铅印本），浙江省棉麻干部培训班；

（3）《新开稻田的问题》（铅印本），援外水稻技术干部培训班；

（4）《水稻营养与土壤综合诊断训练班讲义》（铅印本），浙江省、杭州市、富阳县农技员培训班（多期）；

（5）《土壤普查训练班讲义》（油印本）中国南方十三省、市骨干培训班；

（6）《土壤调查专题》（油印本），全国红壤利用技术干部培训班；

（7）《土壤肥料专题》（油印本），全国土壤肥料技术干部培训班；

（8）《土壤学讲义》（油印本），农牧渔业部干部培训班；

（9）《土壤专题讲义》（油印本），南方十四个省（市）县农业局干部培训班；

（10）《土壤普查成果应用与遥感制图》（油印本），全国中等农校师资培训班；

（11）《优化配方施肥的理论与技术》（油印本），全国优化配方施肥培训班；

（12）《土地管理学导论》（油印本）和《高新技术在土地资源调查中的应用》（油印本），浙江省、地、市（县）土地管理局干部技术培训班（多期）；

（13）《卫片（TM）土壤调查制图和编图技术及其应用》（油印本），浙江省土壤普查骨干培训班（多期）。

（六）主要教学成果和奖励

1. 集体教学成果和奖励

（1）带头创建土地管理和应用化学两个新专业，联合社会力量创办隶属国家土地管理局、由省土地管理局与浙农大共管的东南土地管理学院；

（2）1982 年获浙江农业大学优秀教学奖；

（3）1989 年获浙江农业大学建设教学、科研型实习基地优秀教学成果奖；

（4）1999 年获浙江大学《土壤资源信息系统》LAI 课件优秀教学成果一等奖。

2. 个人奖励

（1）1978 年获浙江农业大学先进工作者（优秀教师奖）；

（2）2000 年获浙江大学优秀教师奖；

（3）2001 年获浙江大学研究生“良师益友”荣誉称号。

二、科研工作总结概要

我在南农读书时就参加科研工作，分配到省农科所以后是以科研为主。1960 年，“校院合并”后，我是以科研为主，兼任教学任务。1965 年，“校院分开”后，我分到浙江农业大学是教学、科研型的老师。我在承担教学任务的同时，一生曾主持或参加过不同大小、不同类型、不同等级的科研项目（课题），大概在 100 个以上（含指导研究生的科研），取得了比较多的成果，也培养了很多人，出了不少人才，更是成就了我自己。例如带头创建了一个新学科。这可能就是我成为在国际上有相当影响的著名教授的原因吧。

（一）南京农学院学习期间（1953—1957 年）

我在南农读书时就协助老师科研。经历的《土壤调查及制图》的教学实习和专业生产实习，都是完成任务的实战训练。我在毕业时就已具备独立科研工作的能力。

1. 安徽省怀县土壤调查

1956 年，南京农学院土化系承担治淮委员会委托的任务，土化系利用我班的土壤调查与制图教学实习去完成任务。土化系成立土壤调查中队，由系总支书记、土壤调查与制图主讲老师朱克贵教授任中队长，我担任副中队长兼中心组组长，负责野外土壤调查和组织室分析。调查结束时，我负责撰写《安徽省怀县土壤调查报告》。调查期间我还做了“测定土壤田间持水量的方法试验”，写了2篇论文在淮委学术刊物上发表，都获得奖励。

2. 苏北盐土的利用调查和抗盐效果研究

1957年，土化系是利用我们4位毕业生的生产实习去参加完成任务的。我担任生产实习组组长，实习结束时，负责撰写生产实习组的工作总结。我个人写了“苏北盐土的利用调查和洗盐效果研究”的毕业论文报告，提出苏北盐土区不同土壤的沟渠及沟深的设计方案被用作参考；对棉花生产的田间管理提出1个建议也被农场采用。

（二）浙江省农业科学研究所时期（1957—1960年）

我在省农科所时的科研都是几个课题同时进行的，而且还经常有外差任务。1958年年底转正后，担任土壤组副组长主持工作。

1. 省农科所试验农场土壤调查（1957年）

我报到后利用在整风反右办公室工作时抽空完成了“池塘庙农场土壤类型及分布规律”报告，附1∶5 000比例尺土壤图，为科研人员的试验田块选择、试验小区排列，以及科研总结、写论文等提供土壤资料。获得所长和系主任的赞扬。

2. 衢县低产田改良研究及示范推广（1958—1959年）

试验田的水稻亩产从150千克提高到490千克，17 000亩低产田的水稻亩产从150千克提高到230千克。得到省委副书记李丰平副省长的书面表扬。此项成果推动了全省开展低产田改良运动，对浙江省在1966年全省粮食亩产达到437千克，在全国首先实现粮食亩产超“纲要”（400千克）有促进作用，转正时奖励一级工资。

3. 土壤普查试点工作（1958年）

我完成了“衢县云溪公社土壤普查试点报告”后，浙江省我一人带着“报告”参加全国土壤普查会议（1958年11月，农业部在广东新兴县召开的“全国土壤普查鉴定工作现场会议”）。回来后，我参与筹划浙江省第一次土壤普查工作，并在全省培训班上讲课。

4. 浙江省丘陵地区红黄壤利用调查研究（1958—1960年）

1959年和1960年我写了“浙江省丘陵地区红壤利用改良经验总结”和“红黄壤丘陵林地套种农作物技术调查总结”报告。我建议、省府批准，在金华石门农场试验基地成立了“浙江省农科院红壤利用改良试验站”，任站长。

5. 参加浙江省第一次土壤普查工作（1959—1964年）

我是省农科所参加土壤普查10人小组的组长。我被安排在省土壤普查办公室技术组，负责土壤制图工作，兼任杭州市土壤普查技术总负责，以及指导东北农学院土地利用规划实习队，在富阳县及各公社进行土地利用规划工作等。我完成了全省不同比例尺的土壤图；撰写了《浙江省杭州市土壤鉴定报告》；特别是为浙江省军区参谋部编制作战用的土壤图，获得省军区的赞赏并送锦旗感谢。

（三）浙江农业大学和浙江省农科院合并时期（1960—1965年）

这个时期的特点是教学、科研双肩挑，我要主持土壤研究室和红壤利用改良试验站的工作，我科研的具体工作做得比较少了，但责任就更重了，也更忙了。

1. 低丘红壤利用改良研究及其示范推广（1960—1965年）

红壤改良基地设在金华石门农场。研究内容是以农场生产问题为主，所以研究的都是实用技术。我通过大量的调查研究，提出："筛选作物挑品种，利用水库旱改水，深耕改土促熟化，科学施肥种绿肥，抗旱播种保出苗，综合经营抓特产"等一系列切实有效的配套技术，经过五年生产实践，石门农场的综合生产得到很大发展，粮食作物、水果特产双丰收。国家公安部在该场召开了"全国农垦场系统的现场会"。

2. 不同水稻土施用磷肥效果试验（1960—1964年）

这是我参加原子能和平利用培训班后，用同位素示踪研究的。发表了"不同水稻土固定磷肥与水稻吸收磷肥的关系"论文，发表在《土壤通报》上，研究结果充实教学和指导施用磷肥。

3. 两个技术革新项目（1960年），都是校、系党委领导强行指定的"空中取氮"和"引雷取氮"。这两个项目的研究，压力很大，而且我都花了很大精力，有时被迫几天几夜没有睡，但都没有结果。这段时间在精神上受到压制，是我一生的科研低谷期。

4. 华家池农场土壤调查（1961年），这个项目是我指导学生的毕业论文。完成"钱塘江至半山一线土壤调查报告"（经过华家池校农场和池塘庙院农场）。华家池农场原来叫的小粉土纠正为淡涂泥，为浙江农业大学的教师提供田间试验的土壤资料。

5. 土壤腐殖质研究（1964年）。这个项目是在我研究的基础上，指导学生的毕业论文，完成"浙江省主要水稻土的腐殖质类型及其组成"，研究结果充实教学。

(四) 校、院分开后和“文革”期间 (1965—1979 年)

这个时期的特点是因“文革”学校停课闹“革命”，我有机会接受基层农业局和农技员的要求，经革委会批准，下乡调查研究生产问题。特别是有机会在农村长期蹲点。我可以与当地农技员合作，长期研究解决生产中发生的重大问题。

1. 土壤农化系综合教学基地建设研究 (1966—1967 年)

这个项目是校、院分开后，浙江农业大学党委的重点项目，土化系由党总支书记亲自抓。蹲点人员从开始时的 4 人增加到 9 人，我是组长。我利用土化专业 62 级学生的《土壤调查及制图》课的教学生产和专业生产实习机会，完成基地（大队）的土壤详查和制订出农业生产发展规划工作，因地制宜地推广新技术。经试验，已经成功研究出粮食亩产超千斤的栽培模式、茶叶更新后的丰产技术，以及发展特产和手工业生产等。可望达到农业大幅度增产、农民增收的目的。但被“文革”冲掉，一年多点就停止了。

2. 早稻苗期发僵调查及其治理研究 (1971—1972 年)

调查结果把发僵稻苗分为三类，并分别提出针对性的改良措施。丽水地区召开了 400 多人的大会，农技员听了我的科技报告以后，他们都能对症分别治理，效果很好。

3. 泛酸田水稻死苗调查及其治理研究 (1972 年)

我们找到湖田泛酸死苗的原因，研究出简易治理技术与方法，传授给农民。经过治理，早稻还是颗粒无收的湖田，晚稻亩产就取得 200 ~ 250 千克产量，极大地鼓舞了当地群众。

4. 农作物生理病害调查及其治理试验 (1970—1997 年)

调查了浙江省多种作物缺素症和土壤有害物质中毒症，以及偏施、多施氮肥等生理病害。经过针对性的治理都取得很好效果，受到广大农民的欢迎与赞扬。

5. 作物营养和土壤诊断研究及其推广 (1972—1979 年)

我应富阳县农业局的邀请，并以富阳县为试验基地，与杭州市农科所、富阳县科委、土肥所、农科所等合作研究，取得极大成功，解决了长期产量低的问题。我研制出并批量生产的“75”型水稻营养诊断箱，在富阳全面推广，都取得大幅度、有的成倍增产。全县粮食亩产从不到 400 千克提高到超“双纲”(800 千克)。获浙江省科技进步二等和推广二等奖各一项，三等奖 3 项。浙江省、杭州市召开了多次现场会，国家农业部也在富阳县召开了两次全国现场会，并都大力组织推广，都取得粮食作物的大幅度增产。我应邀撰写的《水稻营养综合诊断及其应用》科技著作，获全国优秀科技图书二等奖。

（五）改革开放时期（1979—2005年）

这个时期的特点是科学春天来了。我有可能抓住农业生产、发展的重大问题，把握住科学发展的新趋势，开创遥感与信息新技术在农业上的应用研究。虽然，这对我的学科基础是以生物、地学和化学为主的土壤农化专业，转型到以数学、物理和化学为主的农业遥感与信息技术专业，跨度大、难度很大。但是，经过我刻苦自学，不久我有了科研团队，特别是众多的、创新能力很强的硕士、博士研究生。还有，也可能是我具有比较广泛的农业科教实践基础，以及我对遥感与信息技术能改变农业生产的被动局面有新的认识和信念。因此，我能坚持30多年、连续艰苦的科学研究，取得较多高水平的科技成果，写出较多高水平的学术论文和科技专著，培养了60名研究生和博士后等。最终建成了一个国家学科名录中没有的全新的、具有硕士、博士学位授予权的农业遥感与信息技术学科。

1. 浙江省第二次土壤普查工作（1979—1985年）

我是全国第二次土壤普查动员大会的两个顾问之一，并被农业部聘为全国土壤普查技术顾问组成员，还是浙江省土壤普查的前期负责人。我的主要工作：①参加农业部组织的4人小组，编写《全国第二次土壤普查暂行技术规程》（1979年3月由农业出版社出版）；②负责我国南方十三个省（市）土壤普查技术骨干培训班（试点）；③参加华东地区土壤普查技术指导和检查；④研究提供浙江省第二次土壤普查土壤分类系统检索表；⑤参加浙江省土壤普查技术指导和检查、验收等。我被评为农业部全国土壤普查先进工作者。浙江省土壤普查成果获浙江省科技进步一等奖。

2. 航卫片土壤调查技术研究及其应用（1980—1986年）

我针对土壤调查的特殊性，经过特殊设计的连续6年多的研究，解决了土壤调查制图精度差和重复性差的国际性技术难题，大大提高了土壤图的科学性、实用性，结束了“土壤图墙上挂挂”的现象。该成果在第二次土壤普查中用于土壤图的纠正，取得很好效果，其中“MSS卫片影像目视土壤解译与制图技术研究”获得浙江省科技进步二等奖。

3. 浙江省土地资源调查研究（1986—1999年）

这项工作是由浙江省土管局领导的土地资源调查大工程。我的主要工作：

①研究土地、土地资源及其类型的界定；②基于土地具有自然地理属性和社会经济属性，即为资源和资产的双重性。我探索研究提出由三个分类系统组成的浙江省土地分类体系试行方案，(土地自然分类、土地利用（现状）分类和土地资源分类）用于土地资源调查，效果很好；③在研究耕地减少原因的基础上，提出耕地总量动态平衡的科学内涵，并建成耕地总量动态平衡模型；④探索研究提出包括各业用地的土地利用规划分区试行方案；⑤在我国首次研究建成杭州市土地利用总体规划信息系统；⑥业务主编（主编由时任省土管局局长挂名）浙江省第一部《浙江土地资源》科技专著。浙江省土地资源调查研究获浙江省科技进步一等奖。

4. 水稻卫星遥感估产运行系统研究（1983—2003 年）

1983 年争取到浙江省水稻遥感估产重点课题，我抓住以水稻氮素营养监测为突破口，开展技术经济前期预备性研究，取得好结果。1986 年开始，持续争取到国家科技部、农业部、国家自然科学基金、国防科工委，以及浙江省省长基金等 10 多个课题，与同事们共同经过 20 年的深入艰苦的连续的水稻遥感估产技术攻关及其运行系统研究。最后完成世界上第一个“浙江省水稻卫星遥感估产运行系统”。期间多次获得省部级以上科技成果奖，其中技术攻关研究成果获得国家科技进步三等奖（五级制）、获得“世界华人重大科学技术成果”荣誉；获得中华农业科教基金资助的重点图书，撰写出国内外第一本《水稻遥感估产》专著（50 万字），由中国农业出版社列为重点科技图书出版。

5. 农业遥感与信息技术应用研究，创建一个新学科（1979—2003 年）

这一个由我主持的项目，包括 25 年来的农业遥感与信息技术研究的全部内容。从航卫片土壤调查制图技术研究开始，逐步与信息技术研究相结合，发展到土壤、土地、气候、生物、水资源和环境等领域的信息系统；自然灾害预警系统；土地利用动态监测和总体规划系统；农作物长势监测与估产系统；农业与土地资源等管理系统；农业生产管理与决策支持系统等 60 多个课题，并取得多项科技成果，培养了一批硕士、博士研究生。最后，通过农业信息科学的软科学研究，建成农业遥感与信息技术新学科。2002 年经国家学位委员会批准暂列为农业资源利用一级学科的二级学科。2003 年，《农业信息科学与农业信息技术》科技专著（45 万字），由中国农业出版社定为重点著作出版。

6. 城镇与农村土地定级估价技术及其信息系统研制与应用（1988—1996 年）

这个项目是浙江省土地管理局下达的试点任务。我组织 3 位硕士研究生共同协作完成的。1991 年完成县级城镇土地定级估价复合模型及建立微机系统；

1995年完成城镇宗地地价动态监测、评估及建立微机系统；1996年完成县级农业用地适宜性评价及其指标体系，以上成果都得到推广应用。

7. 土地利用总体规划信息系统的研制与应用（1991—2000年）

这是国家土地管理局下达的试点任务。我组织3位在职博士研究生，先后共同协作完成的。1995年完成杭州市土地利用总体规划信息系统（土地数量优化配置规划），这是我国第一个土地利用总体规划系统。1997年完成城镇土地优化配置技术开发与应用（增加土地空间优化配置功能）。2000年完成土地利用管理决策支持系统的研究与应用（增加决策和系统更新功能）。获浙江省科技进步三等奖。

8. 土地利用变化及其驱动机制与预测模型研究（2003—2006年）

我安排2位博士研究生完成研究任务。将研制的预测模型，用浙江省沿海地区30年的土地利用变化，验证预测结果：其中城市扩张用地、林业用地、农业用地和水面等10年内的变化，预测精度都在95%以上，其他地类也在85%以上，处于国内领先地位，具有实用价值。撰写的3篇论文均由SSCI收录。

还有，浙江省土壤分类系统和浙江省土地分类系统研究。这两个科研项目都是需要大量的全面的野外工作和坚持长期科研的基础性研究。我都是结合相关的科研项目和土壤调查任务，其中主要是浙江省两次土壤普查，以及多年的相关专业的野外教学生产实习、专业生产实习进行研究的。所以，都是长期研究积累的科技成果。其中土壤分类系统研究长达20多年（1957—1979年），研究提出了第一个完整的"浙江省土壤分类系统"，用于编写"浙江省第二次土壤普查土壤分类系统检索表"，为第二次土壤普查顺利进行提供了条件。该"系统"还填补了省区土壤学教学内容的空白。浙江省土壤资源调查研究，获浙江省科技进步一等奖。土地分类系统研究也长达20年（1977—1997年）。我基于土地资源具有自然地理属性和社会经济属性，即既是资源、又是资产的双重性。为了土地分类系统能适应在土地利用和科学研究中应用，研究提出了由土地自然分类、土地资源分类、土地利用分类三个系统组成的"浙江省土地分类系统试行方案"。该"体系"用于编写《浙江土地资源》专著的效果很好。《浙江土地资源》是浙江省的第一部系统完整的土地科技著作，具有历史意义，浙江土地资源详查研究，获浙江省科技进步一等奖。

（六）科研平台建设

我是十分重视科研平台建设的。因为拥有先进的科研设备，才能有高水平的创新科研成果，并能提高农业高教的水平。但是，在那个年代里的的仪器设备经费，除了省重点实验室有政府的补贴外，都要依靠争取到的课题经费投入建设的。

（1）1958—1960年期间，我经过红壤改良利用研究，以及参加省土壤普查等工作以后，我提出建议并经浙江省政府批准，1960年，在金华石门农场红壤利用改良试验基地，建立浙江省农科院红壤利用改良试验站。

（2）1960—1965年期间，我兼任普通土壤学和土壤肥料学的主讲任务，以及主持《土壤调查与制图》课程。我带头建立了土壤地理科研室，同时，在土壤标本馆内建成土壤调查与制图实验室（含土壤学Ⅱ实验），后又改建成"航卫片土壤调查与制图实验室"，或叫"遥感土壤调查与制图实验室"。

（3）1979年开始土壤遥感应用研究，1983年成立土壤遥感科研室，土壤学科增加土壤遥感新方向；随着研究范围的扩大，1986年经学校批准，扩建为农业遥感技术应用研究室；随着科学仪器设备等的提升和研究规模的扩大，1992年，经省教委批准，扩建为浙江农业大学农业遥感与信息技术应用研究所（四校合并后改名为浙江大学农业遥感与信息技术应用研究所），在土壤学科增加农业遥感与信息技术新方向。1993年，在研究所的基础上，经省政府批准，投资75万元建成浙江省农业遥感与信息技术重点研究实验室。在当时以及往后的很长时间，该室都是国内唯一的省部级以上的重点实验室。1994年，农业遥感与信息技术被浙江农业大学批准为校级重点学科，每年资助经费。1998年，浙江省首次组织省级重点实验室评估，浙江省农业遥感与信息技术重点研究实验室被评为10个省级优秀实验室之一，获50万元奖励金。

（4）2002年，争取到浙江大学批准，投资200万元，以省重点研究实验室为基础，联合校内相关学科，成立浙江大学农业信息学科与技术中心。

（七）主要科研成果

1. 创建一个国家学科名录中没有的全新的农业遥感与信息技术学科

这是国内唯一具有农业遥感与信息技术博士学位授予权；建成浙江省农业遥感与信息技术重点研究实验室、浙江大学农业遥感与信息技术应用研究所、浙江大学农业信息科学与技术中心等3个科教机构。

2. 以我为主获得省部级以上的科技进步奖13项（含合作1项）

其中"水稻遥感估产技术攻关研究"获国家科技进步三等奖（五级制）；省部科技进步（含推广）一等奖1项、二等奖7项、三等奖4项。还有："浙江省水稻卫星遥感估产运行系统"是国内外第一个经过20年研究建成的运行系统，科技水平达到国际领先，非常遗憾，被举手表决评为浙江省三等奖，失去申报国家奖的机会。

3. 主要科技著作与论文

（1）由我主编或第一作者、正式出版的科技著作8部，其中《农业信息科学与农业信息技术》《水稻遥感估产》等6部都是国内外在该领域的首部著作，是创建新学科的重要论著；《农业资源信息系统》（一版、二版）是农业部新编统用教材、教育部批准为“面向21世纪课程教材”；《水稻营养综合诊断及其应用》获全国优秀科技图书二等奖。

（2）发表论文250多篇，其中SCI、EI收录的50多篇，一半以上是创建新学科的论文。

三、培养接班人和社会兼职概要

（一）培养接班人概要

我平时非常重视接班人的培养，因为有好的接班人，才能将事业继续发扬壮大。虽然我的行政职务，特别是社会兼职是比较多的，但是，能由我挑选推荐的接班人，并能获得采用的是不多的。

1. 学科接班人

包括研究所所长、省重点实验室主任、校学科与技术中心首席科学家，以及某些我能建议的社会兼职和编写科技著作、教材的人员安排。在我临近退休时，农业遥感与信息技术学科，虽然已经有4个较高水平的人才，但都比较年轻，知识面还不够宽，很难由一个人来接班。为此，我采取三人集体接班过渡。现在，三位都是浙江大学教授、博士生导师。

（1）王珂研究员接任所长、学科负责人。建议接替浙江省土地学会副理事长、浙江省遥感中心副主任、浙江省高等院校遥感中心主任和中国遥感应用协会常务理事等。安排农业部新编统用教材《农业资源信息系统》第一副主编（第二版是第二主编、第三版是第一主编）。现任浙江大学新农村发展研究院副院长，浙江省土地学会副理事长等。遗憾的是没有做好科学的发展工作。

（2）黄敬峰研究员任校农业信息学科与技术中心首席科学家，以及第一副所长。接任省重点实验室主任、建议接替中国环境遥感学会常务理事和中国自然资源学会理事等。安排与我合著中华农业科教基金资助图书：《水稻遥感估产》(世界第一部科技专著)。现任浙江大学农业遥感与信息技术应用研究所所长。

(3) 史舟教授是一位有培养前途的青年教师，建议担任副所长（后任所长)、省重点实验室第一副主任，建议兼任中国土壤学会理事、土壤遥感与信息专业委员会第一副主任（现任主任)；安排中国农业出版社重点图书：《农业信息科学与农业信息技术》专著的第二作者等。现任浙江大学环资学院副院长、中国土壤学会土壤遥感与信息专业委员会主任，国际土壤学会土壤近地传感工作委员会主席等。

2. 行政职务接班人

我曾被任命过校科研处长和土化系、土地科学与应用化学系主任。行政职务是党委任命的，我只能起到推荐的作用，但推荐的两人都被采用了。

(1) 校科研处处长接班人，我推荐周月群同志。他是我的学生，又是我的同事，还曾经是我的领导。他政治思想品质好，毕业后留校任政治辅导员，不久是系党总支委员。他为人忠厚诚恳，作风正派。只因“文革”期间是“结合”的系革委会副主任，虽然他从不做违法的事情，但在“文革”后调至校科研处担任计划科科长。他的科研管理业务熟悉，成绩显著。他能深入重点课题，特别是具有为教师服务的思想和工作作风。他还是我开展校科技管理改革的主要合作伙伴。因此，他虽无学位、也无高级职称，但我还是先建议提升他为副处长，在我离职时推荐他为处长。现已退休。

(2) 系主任接班人，我推荐黄昌勇同志。他在学生时担任班团支部书记，成绩优秀留校任教。他是我的学生，也是我的同事。我在调离到校科研处时，就建议他担任副系主任。他更是我二次带头系教学改革的主要合作伙伴。他为人正直，能团结人，业务也很强。在我离退时，向校党委推荐接替系主任。曾任国务院学位委员会评议组成员、农业部教学指导委员会成员兼土壤和植物营养组组长；中国土壤学会常务理事兼土壤化学专业委员会副主任；浙江省土壤肥料学会理事长等。他在土地科学与应用化学系扩建成立环境与资源学院时担任首任院长，他还是《中国科学技术专家传略》农学篇、土壤卷3的入选者。他以浙江大学环资学院著名教授退休。

(二) 社会兼职概况

我在职50年的工作期间，在省农科所（院）担任过土肥系（所）土壤组(研究室）组长（室主任)，红壤改良利用试验站站长等；在浙江农业大学担任过土壤农化系土壤教研组（室）副主任，土化系副系主任、系主任，土地科学与应用化学系系主任；校科研处处长，以及浙江农业大学校务委员会副主任等。曾兼任校高级职称评审委员会委员、中级职称评审委员会副主任，《浙江农业大学学报》编审委员会编委、副主编、主编，《浙江大学学报》（农业与生命科学版）编委、副主编等。特别是我的社会兼职比较多，有时同时兼职近20个职务。

1. 省内兼职

（1）浙江省人民代表大会常务委员会科工委委员

（2）浙江省高级技术职称评审委员会委员

（3）浙江省科学技术奖励评审委员会委员

（4）浙江省优秀论文评审委员会委员

（5）浙江省高新技术项目审定专家组成员

（6）浙江省农资商品技术顾问团团长

（7）浙江省土壤肥料学会秘书、理事、常务理事、秘书长

（8）浙江省农学会理事、常务理事

（9）浙江省土地学会理事、常务理事、副理事长、名誉理事长

（10）浙江省土地估价师协会名誉理事长

（11）浙江省科学技术协会委员、常务委员兼农村工作委员会副主任

（12）浙江省科协主办的《科技通报》编委会副主任委员、副主编

（13）浙江省遥感中心副主任，兼《遥感应用》主编（主任省科委主任兼任）

（14）浙江省高等院校遥感中心主任

（15）浙江省农科院主办的《浙江农业学报》副主编

（16）东南土地管理学院顾问

2. 国家兼职

（1）受聘全国土壤普查技术顾问组成员（1983年）

（2）曾受聘国家科学技术奖励委员会委员（1986年）

（3）曾受聘国家自然科学基金委员会地学部评审专家组成员（1992—1997年和2000—2003年两次五届10年）

（4）曾受聘国家农业信息化工程技术委员会委员（2000年）

（5）中国土壤学会理事、曾兼多个专业委员会副主任

（6）中国环境遥感学会理事、常务理事

（7）中国遥感应用协会理事、常务理事

（8）中国灾害防御协会理事

（9）中国自然资源协会理事

（10）中国发明协会理事

3. 国际兼职（含聘任）

（1）世界科教文卫组织专家组成员，2004年授予“首届特殊贡献专家金质勋章”

（2）德国Dresden工业大学聘为客座教授和高级顾问

（3）法中科学基金会项目评审专家组成员

四、退休后的工作与活动概要

2003年7月，我73岁办理退休手续。学院返聘2年，2005年正式退休。我是一个从事农业高教及科技工作，坚持25年申请入党的老人，具有强烈的爱国和敬业创业的人，特别是我领头创建的新学科，如何提高青年教师的学术水平？如何能持续发展新学科，提高一个新台阶？新学科怎样为农业生产服务，改变农业落后的状况等，难以忘怀，更不会忘记我选择学农的初心、为农业农民找出路的心愿。2004年10月，中国土壤学会遥感与信息专业委员会和浙江大学环境与资源学院联合为我举办了“从教50周年庆典活动”。会前撰写了《王人潮文选》，中国农业科学技术出版社出版。这对我是一次教育和鼓励。我是一个没有什么爱好，长期来养成只有工作才是最快乐的人。因此，只要身体还健康，退休后，我的工作是不会停止的，大致可以分为2003—2011年、2012—2015年和2016—2019年三个时段。

（一）2003—2011年期间

这8年，我与在职没有差别，工作仍很忙，只是时间安排自由了。我的主要工作：首先是应国家遥感中心的建议，撰写“中国农业遥感与信息技术十年发展纲要（国家农业信息化建设，2010—2020年）”征求意见第三稿。接着我撰写《回忆录》，2007年完成《王人潮回忆录：从乞丐养子到著名教授》和《续篇》，2008年，由中国农业科学技术出版社出版。其次是日常工作①提供浙大新组建的“农业资源与环境专业”和电大新建的“农村信息管理专业（专科）”专业课程的建议；②指导青年教师撰写科技专著并写“序”（5本）；③协助审报和落实国家重大科技项目；④协助争取国家重点实验室、国家工程技术中心和国家重点学科等，遗憾的是都没有成功；⑤指导在读研究生和多种学报的审稿，参加国家重点实验室和国家重大课题等的评审、检查等工作，以及学会的学术活动；⑥根据我农业科教55年的体会，向农业科教部门领导和浙大领导提出存在的问题，及其改革的建议，其中还提出我国为什么没有培养出国际大师的认识；最后，我加上其他工作内容，把它汇编成《王人潮文选续集：退休后的工作与活动》，2011年由中国农业科学技术出版社出版。2011年12月，终于完成加入航卫片土壤调查与制图的研究成果，翻印组编新的《土壤调查与制图》讲义，由环资学院付印。其目的是把我主讲的土壤调查与制图《讲稿》，在1969年“文革”期间，指定为工农兵学员的教材，由教师刻印的《讲义》能保存下来，留给有志于此的后辈，在编著《遥感土壤调查与制图》新教材或科技专著时的参考。这是我多年来的心愿。

（二）2012—2015年期间

退休后，我有享受党和国家给的幸福优越的生活条件。这4年，我把养生保健作为退休后的重要活动内容。退休后，我就开始学习养生保健的知识，并从保持心态平衡、生活要有规律；平衡饮食养生、医保结合保健；坚持运动锻炼、保持适度工作；创建环境和谐、家庭和睦团结四个方面，在2011年就拟订出“养生保健计划”。经过10年后、特别是到现在，88岁的我身体比较好，我的生活能自理、还能轻微劳动，看书写书等。我的主要工作：①2014年完成《养生保健的实践与体会》，由杭州紫金图文影像有限公司印刷。我把它送给浙江大学华家池校区和环资学院的退休教职员工，并在华家池退休办讲过一次“养生保健体会”。目的是想推动退休人员能结合自身特点的养生保健活动。②从2009年12月开始到2016年5月，延续7年多，由我主编完成的《浙江大学环境与资源学院院史》（1930—2010年）。③完成中科院南京土壤研究所主编的《土壤学大辞典》中的土壤调查、土壤制图、土壤遥感和土壤地理信息系统等四个部分的审稿工作。2014年6月6日，由我的研究生们自费集资40万元，我也乐意配套10万元，设立浙江大学环境与资源学院王人潮教授奖学金。这对我又是一次教育与鼓励。

（三）2016—2019年期间

我从小参加农业劳动10多年，其中务农近3年半，我选择学农，就有了改变农民艰苦状态的初心。我经过近60年的高等农业教学与科研，其中农业信息化研究40年，以及科技推广与农村调查等工作，建立起为“三农”找出路的思想。我在农业科教工作期间，对农业生产现状，有过一些想法，曾向各级领导提过建议，但不完整，不系统，都没有结果。我在学习习近平主席对“三农”工作的讲话过程中，对我启发最大的有2007年，走出“新型农业现代化道路”，以及“必须敏锐地抓住信息化发展的历史机遇，发挥信息化对经济社会发展的引领作用”等。2015年又看到“走出一条集约、高效、安全、持续的现代农业发展道路”和“加快转变农业发展方式”“加强创新驱动系统能力整合、打通科技和经济社会发展通道”“提升国家创新整体效能”等，学习后得到极大的启发。我深知有责任研制走出“两条道路”的途径。这应该是我要完成的使命。

我在2016年组织梁建设研究员担任主编、我任顾问，开始系统总结我国唯一的、长达40年的农业遥感与信息技术应用（农业信息化）研究成果，2017年完成，2018年由浙江大学出版社出版《浙江大学农业遥感与信息技术研究进展》（1949—2016）科技专著。我经过认真学习和研究，提出了“网络化的融合信息农业模式”（信息农业），及其“网络化的‘四级五融’信息农业管理体系”（简称信息农业管理体系）；2018年，我完成《网络化的融合信息农业模式》（信息农业）第一稿。以及提出“浙江省农业信息化工程建设试点方案”（简称“试点”）及其“试点”条件等。2019年，为了推动现行农业模式转型，我又完成《我国现行农业模式快速转型为信息农业的紧迫性及其“试点”可行性报告》，2020年，完成《网络化的融合信息农业模式》（信息农业）修改后的第二稿。近三年来，我不遗余力地、一直在积极努力争取党和国家领导的认可和支持。（参见本《文选续集（2）》的“推动现行农业模式快速转型为信息农业所做的工作”）。

（四）其他工作与活动

（1）参加浙江大学校史研究会农耕文化研究分会，我为建立浙大农史馆提出不少建议，做了一些工作，但多数没有结果，确实失去信心了。

（2）应特邀参加由校教职工宿舍改为物业管理成立的景芳二区39-49幢业主委员会，因年龄大担任顾问。我确实看了很多有关物业管理、业居委方面的报导，有过一些想法，想为业主们服务做些工作。但是，由于校领导为小区实施物业管理作准备的“环境改造工程”拨款100万元，由校实业公司独家投标，中标承办。想不到经费到位后，“环境改造工程”项目很快走进违法、违纪、违规的“三违烂尾工程”，有明显的偷工腐败的行为。我没有忘记是党员，虽对身边腐败坚持过较长时间的斗争，也做了不少工作，但确实碰到无法应对的阻力。没有能坚持下去，无果而退。

附：获得奖励、表彰与荣誉

1957年9月，我参加农业科学研究所的工作以后，由于①我在“整风反右”办公室工作时，主动抽空和利用假日完成省农科所试验农场的土壤调查，绘制出详细比例尺土壤图，填补空白。该图可供农作试验的土壤区位选择、小区排列，以及编写试验报告等。我的这项工作得到所长、系主任和研究人员的赞赏。②1958年，我在衢县千塘畈低产田改良取得好成绩。试验基地的水稻亩产从100千克提高到365千克，其中两块试验田亩产490千克，得到兼任省农科所所长的省委副书记李丰平副省长的批示：“成绩很大，要继续做下去，劳力不足由当地县委解决，科技力量不足由省农科所党委解决”。特别是在“万斤”“几万斤”的浮夸风盛行的时候，这个批示对我有着深刻的教育。1958年年底，在我转正时，从转正后的13级（53元）跳到12级（59元），还宣布我担任土肥系土壤组副组长，主持工作。“校院合并”后担任土肥所土壤研究室主任。这对我的教育与鼓励很大。

“文革”结束后，特别是改革开放后，几乎每年都是院系的先进工作者。我曾多次获得省部级以上的科技成果奖励、全国优秀科技图书奖和优秀论文奖；以及校级以上的各种表彰、荣誉等，整理如下。

（一）科技成果奖励

1. 科技进步奖：省部级以上共12项（次）

（1）国家科技进步三等奖（五级制）：水稻遥感估产技术攻关研究，1998年。1999年1月被世界华人重大科学技术成果评审委员会评为“世界华人重大科学技术成果”。

（2）省级一等奖：浙江土地资源详查研究，1998（合作）。

（3）省部级二等奖（6项）。

土壤植株养分速测技术的改进和大田简易诊断设备的研制，浙江省科技成果推广二等奖，1980（注：原申报题目：作物营养与土壤诊断研究及其示范推广）；

MSS卫片影像目视土壤解释与制图技术，1987；

水稻“因土定产、以产定氮技术”的应用基础研究，1987（合作）；

水稻遥感估产技术攻关研究（含前期研究），1997；

水稻遥感估产技术攻关研究，1997（农业部二等奖）；

浙江省红壤资源遥感调查及其信息系统的研制与应用，2000。

（4）省级三等奖（4项）

作物营养与土壤诊断技术研究，1979；

早稻省肥高产栽培及其诊断技术研究，1991；

土地利用总体规划的技术开发与应用，1998；

浙江省卫星遥感估产运行系统及其应用基础研究，2003。

2. 科技图书和论文优秀奖

省部级以上3项（我没有主动申报，均由相关单位申报）。

（1）全国优秀科技图书二等奖：《水稻营养综合诊断及其应用》，1983。

（2）优秀论文奖。

论耕地总量动态平衡及其实施的技术基础，中国管理研究院一等奖，1999；

论中国土地利用总体规划的作用及其实施基础，中国管理研究院特等奖，2004。

3. 教育部批准的“面向 21 世纪课程教材”

《农业资源信息系统》，中国农业出版社，2000 年；修订第二版，列为全国高等农林院校“十一五”规划教材，2003 年，由中国农业出版社出版；修正第三版移交王珂、史舟主编，待出版。

（二）表彰、荣誉（校级以上共 20 次，其中校级 9 次、省部级 4 次、国家级 7 次）

1. 校级表彰、荣誉（9 次）

浙江农业大学先进工作者，1978；

浙江农业大学优秀共产党员，1985；

浙江农业大学优秀党支部书记，1986；

浙江大学优秀教师，2000；

浙江大学优秀共产党员，2001；

浙江大学研究生“良师益友”荣誉称号，2002；

主办王人潮教授从教 50 周年庆典活动，2004；

设立浙江大学环境与资源学院王人潮教授教学基金会，2014；

荣获浙江大学离退休教职工“正能量之星”，2019。

2. 省部级表彰、荣誉（4 次）

浙江省优秀中青年科技工作者，1987；

农业部全国土壤普查先进工作者，1994；

浙江省农业科技先进工作者，2001；

浙江高校系统优秀共产党员，2001。

3. 国家级以上表彰、荣誉（7 次）

中华人民共和国国务院发给政府特殊津贴，1991；

列入英国剑桥传记中心名人录，1995；

德国 Dresden 工业大学聘为客座教授和高级顾问，1998；

法中基金项目评审专家组成员，1998；

入编《中国科学技术专家传略》农学篇，土壤卷 2，1999；

世界科教文卫组织聘为专家成员，2003 年授予“首届特殊贡献专家金质勋章，2004；

2019 年荣获中共中央、国务院、中央军委颁发“庆祝中华人民共和国成立 70 周年纪念章”，2019。

五、结束语

从初中毕业后开始，我的学习与工作一直处于紧张繁忙的状态。我超负荷学习与工作是常态。在我的脑子里从来没有节假日的概念。例如一生只有一次结婚，我因工作需要，既没有请过婚假，也没有举行婚礼，更不会申请补假。我们星期六上午去派出所领取结婚证，借农业厅招待所一间客房，两人在一起，星期日休息一天，星期一就上班了。1979 年，我开始卫星遥感资料在农业上的应用研究，逐步形成认识：卫星遥感与信息技术的应用与发展，有可能实现我学农的“初心”，实现为农业找到“出路”的愿望。但是，到 20 世纪 80 年代后期，卫星遥感与信息技术研究在我国落入低谷，只有国家科委留有几个课题。我们虽然做出较大的成绩，但作为一个省属单位争取国家项目是很困难的。我遇到有可能断题的致命性困难。特别是在 1986 年 2 月，我国成立国家土地管理局，各省市也相应成立土地管理局。我国的土地事业蓬勃发展，卫星遥感技术在土地领域的研究课题如雨后春笋般的涌现，而且科研经费富裕。国内的农业遥感科技工作者，都转向土地遥感与信息技术应用研究。此时，我正在参加浙江省土地管理局的筹建工作，而且内定是业务副局长。我为了不忘学农的“初心”和为农业找“出路”的心愿，在省土管局成立前就办理终止任职的途径。但是，由于我是浙江农业大学教授，兼浙江省科协常委、省人大科工委委员等的关系，选上浙江省土地学会副理事长（理事长是省土管局局长兼的）、聘为浙江省土地估价师协会名誉理事长等；还有，我的一位大学同学是国家土地管理局业务副局长，还有一位同学是人事科教司司长。因此，我转向土地遥感与信息技术领域，或者停职留薪从事土地资源开发产业，都是非常有利的。但是，我不忘学农初心、不忘为农业找出路的心愿，拒绝名利的引诱，我以坚强的毅力，克服困难，坚持近 40 年的农业遥感与信息技术研究，取得很大成绩。到退休 10 多年以后，我在习主席提出“两条道路”及其运用信息技术等的启发与鼓励下，我终于研究提出适合信息时代、中国特色社会主义新时代；适应农业生产五大特征的；能发挥我国社会制度优势的“网络化的融合信息农业模式”（信息农业），及其网络化的“四级五融”信息农业管理体系。如能在实施“乡村振兴”战略和“扶贫脱贫”伟大工程的同时，推行现行农业模式快速转型为适合信息时代、中国特色社会主义新时代；适应农业产业特征的信息农业模式，就能走出习主席提出的“新型农业现代化道路”和“现代农业发展道路”。农业就有望修补在国民经济建设中的“短板”。我国农业会有一个大发展。还有利于“乡村振兴”成果的持续作用，以及防止“脱贫后返贫”现象的发生等。特别是实施信息农业，能为我国农业向着工厂化的融合信息智慧农业模式（简称智慧农业）的发展创造条件，促进我国的农业模式向更高水平发展。

四次申报中国工程院院士资料选录

我有过四次申报中国工程院院士，四次申报的学术水平是愈来愈高，工程科技成就和贡献也愈来愈大。但是四次申报的评审环境是愈来愈差。四次申报，我都没有去活动，坚持不做违纪失德之事；四次申报的结果相同，都没有成功，失败的原因是越来越不可理解。

第一次是1994年8月，我还没有申报院士的思想准备，是浙江农业大学领导动员、建议、提名，名誉校长、中国科学院院士朱祖祥教授写书面的推荐意见，浙江省人民政府遴选。这次申报后，我没有去查问，毫无信息，可能与推荐人不是工程院院士有关。事后我真的全忘了，材料是退休以后，全面整理资料时发现的。

第二次是1998年12月，是农业部建议，浙江大学领导筛选、提名，中国工程院院士辛德惠教授自动推荐，教育部遴选。评审结果，据说是评审到最后一轮失败了。可能是辛德惠院士病逝，没有能亲临评选有关。

第三次是2000年12月，浙江大学提名，教育部遴选。这次申报材料比第二次的要充实、完整，好多了，想不到的是第一轮就被淘汰了，真是不可理解。

第四次是2002年，我申报院士的动机是为新建的农业遥感与信息技术新学科的发展，特别是为了在促进我国现行农业模式转型为信息农业发挥独特作用。这次申报的材料更好了，例如经过20多年的坚持奋斗，创建的“农业遥感与信息技术”全新学科由国务院学位委员会批准了。但申报院士有了新规定：70周岁以上申报院士要有3位院士的书面推荐。我找了几位中国工程院院士写了信，只有一封回信。有同志提醒我“要把钱送去登门求助”。我是一个老共产党员，已经是71岁的老人了，不能为名利失德，做出违纪违法的事情。因此，我写好材料没有送出去。现把四次申报院士的资料摘录如下（第二、第三、第四次都只摘录新增内容）。

第一次申报院士的资料选录（1994年8月）

一、在工程技术方面的主要成就与贡献

1. 施肥工程技术方面（取得突破性的成就与贡献）

1971—1978年，针对我国多年来的“施肥越多、产量越高”“百担肥、千斤粮”等盲目偏施氮肥争高产的危害。我设计出以水稻产量形成原理和保护地力为基础；采取“诊断施肥、提高肥效，科学灌水、通气促根，壮秧足苗、高产栽培”为主要内容的早稻省肥高产栽培试验研究。我在经过4年低产土壤改良的基础上，试验结果，基地的早稻产量从300千克提高到435.5千克。再经过4年的省肥高产研究与推广，取得多项创新成果。

（1）早稻亩产从1975年的435.5千克，提高到1979年的830.4千克，增产一倍多；

（2）每斤硫铵生产稻谷从对照的1.14千克，提高到2.71千克，打破当时全国试验的最高纪录1.75千克；

（3）研制提出最佳施肥量和最高施肥的新概念；

（4）干干湿湿灌溉可节省用水，又能预防病虫害而节省农药（无记录不能用数值表达）；

（5）研究提出融合形态诊断、环境诊断、化学诊断和试验诊断四步综合诊断技术论，以及“因土定产、以产定肥，以肥保粮、高产栽培”的作物诊断施肥法；

（6）攻克推广“以地定产”的技术难关，打通在农村全面推广的技术通道；

（7）首次研制和设计出在田间用作化学速测诊断的《75型水稻营养诊断箱》（能速测土壤和作物养分以及有害物质的常规项目），并批量生产；

（8）在富阳县全面推广。

据1978年统计，全县平均亩产从350千克提高到800千克（含缺素和低产田改良）。农业部在富阳县召开两次全国现场会，并举办培训班。可惜的是农业部将一个科技术含量很高的综合性的“水稻省肥、节水、减药的高产栽培模式”简化为“测土配方施肥法”在全国推广。据农业部土肥站1987年统计，推广面积4亿多亩，增产10%~15%，增产粮食158.8亿斤（1斤=500克）；

曾获省部级二等奖2项，三等奖2项。“文革”后的浙江省科学大会列为十大成果之一。国内外非常著名的土壤农化学家、中国科学院首届院士候光炯教授说：“这是我国作物施肥的重大成果”，我国著名农业化学家周鸣铮研究员说：“这是浙江省水稻施肥历史上的一件大事”等。我应邀撰写的《水稻营养综合诊断及其应用》专著，数次再版，获1982年度全国优秀科技图书二等奖。1993年又应邀主编我国第一套土壤肥料新技术丛书：《诊断施肥新技术丛书》(共13分册)。

2. 低产田改良工程技术方面（取得突破性的成绩与贡献）

（1）1957—1958年，浙江省衢县千塘畈（17 000多亩）低产田改良研究。我在调研的基础上，采取针对性的施磷和接种根瘤菌种好绿肥（草子）为主的综合措施改良低产田，取得草子4 000千克以上（原来种不起草子）；水稻亩产从150~200千克提高到365千克，两块试验田亩产490千克。这在当时鼓吹亩产万斤、几万斤的浮夸风下，时任省委副书记、副省长李丰平的批语；“成绩很大，要继续扩大研究，技术力量不足，由省农科所党委解决，劳力不足由县委解决”。我受到很大教育，还获得晋升一级工资的奖励，并宣布我担任土壤研究组组长。1960年，省政府成立低产田改良办公室，在全省开展低产田(地）改良运动。这项工作对浙江省在1966年实现全省平均粮食亩产达到437千克，在全国第一个省粮食亩产超“纲要”（400千克）起到积极作用。

（2）1959—1964年，浙江省低丘红壤改良利用研究。我在调研的基础上，选在金华石门农场为改良利用试验基地。我发现石门农场处在山地和河谷平原之间的红土丘陵区位，天生一个有利于发展综合农业生产的好环境。我针对土壤酸性土宜差、秋季少雨易干旱、土壤黏重保水差、作物缺素土贫瘠等发展农业生产的许多障碍性问题，提出筛选作物挑品种、利用水库旱改水，深耕改土促熟化、科学施肥种绿肥，抗旱播种保出苗、综合经营抓特产等一系列的切实有效的配套技术，就地推广实施后的石门农场，农业生产得到很大发展。国家公安部在金华石门农场召开全国农垦系统现场会。往后，在省农业厅的支持下，省政府批准在石门农场，建造了一幢100多平米的平房，组建起浙江省农科院红壤改良利用试验站，我兼任站长。

（3）1971年，嘉善县湖荡围垦田泛酸死苗调研及其改良研究。我们在田间查清湖荡围垦田死苗的原因是；湖底的淤泥中积累大量硫化物。围垦后，硫化物露出地面，在硫化菌的作用下，氧化成硫酸，致使土壤酸度（pH值）达到2~3，危害水稻死亡，颗粒无收。我提出综合措施改土的前提下，研制出关键技术：做到分田块测算酸度总量，确定施用合适的石灰数量，中和土壤中的酸度。改土试验结果是：早稻颗粒无收，晚稻每亩收到200~250千克。看到群众欢欣鼓舞，似在田间跳舞也受到很大教育。

3. 在土壤调查、分类工程技术方面（取得独特的创新性成就）

（1）1959—1969年，浙江省第一次土壤普查（群众性）的成就与贡献。我的主要工作：①我完成适合群众性的土壤普查试点任务并提出报告后，浙江省指派我一人参加全国土壤普查动员大会。回省后，我参与拟订浙江省第一次土壤普查工作计划，以及参编《浙江省土壤普查暂行技术规程》；②我被分在土壤普查办公室技术组，负责全省土壤制图工作任务，兼杭州市土壤普查技术总负责，撰写杭州市土壤普查鉴定报告；③担负东北农业大学土地利用规划专业学生的生产实习指导等。各项工作都出色完成并有创意，其中为浙江省军区编制的供"作战用的土壤图"，受到军区送来锦旗赞扬。浙江省农业厅与省农科院协商调我去担任土壤肥料处土壤科科长，我没有去。

（2）1979—1992年，全国第二次土壤普查（技术干部为主）。1978年我参加全国第二次土壤普查动员大会，担任大会的国家南北方两个顾问之一。会后，聘任我为全国第二次土壤普查技术顾问，负责农业部委托在浙江省富阳县（我的科研基地）举办南方13个省（市）技术骨干培训班。我在参加中国土壤学会的6人小组，整理编写《中国土壤分类暂行草案》（此方案一直沿用到"土壤系统分类"后）的基础上，再参加由农业部抽调4人小组编写《全国第二次土壤普查暂行技术规程》（1979年，农业出版社出版）。我负责起草《中国第二次土壤普查土壤工作分类》。我还是浙江省土壤普查前期负责人和组织者。我在多年研究撰写的"关于土壤分类——以浙江省土壤分类为例"系列论文的基础上，提出了《浙江省第二次土壤普查土壤工作分类检索表》，对每个土属、主要土种均有举例检索说明。这也是浙江省第一个完整的土壤分类系统，又是中国第二次土壤普查土壤工作分类的组成部分。浙江省土壤普查科技成果，获1991年度浙江省科技进步一等奖，我被评为全国土壤普查先进工作者。

（3）航卫片土壤调查工程技术创新。1979年开始运用MSS、TM、SPOT卫星资料和航片进行土壤调查技术开创性的系统研究，攻破土壤调查难以重复试验的技术难关，经过8年多的研究，取得成套的技术成果，研制并制订出航片、卫片土壤调查制图的技术规程，解决了土壤调查精度差和重复差的国际性技术难题，提高土壤图的实用性，达到国际先进水平（获浙江省科技进步二等奖）。在浙江省土壤普查中全面推广应用，大大提高了土壤图的质量和实用性。改变了"土壤图墙上挂挂"的现象。农业部总工程师、我国著名土壤学家朱莲青教授，提出给100万元，建议我用此技术修改全国各省的土壤普查成果图。只因人手力量不足难以承担，该项技术已编入高等农业院校的教材。

二、反映主要工程科技成就，贡献的有代表性的成果和论文、著作目录

1. 科技成果（省部级二等奖3项、三等奖4项，其中1项合作、排名3）

（1）作物营养与土壤诊断技术研究，1977年度浙江省农业科学技术成果三等奖。

（2）低丘红壤改良利用研究，1977年度浙江省农业科学成果三等奖。

（3）土壤植株养分速测技术的改进和大田简易诊断设备的研制，1979年度科技成果推广二等奖（原名：作物与土壤养分诊断研究及其示范推广）。

（4）作物营养与土壤诊断技术及其应用研究，1979年浙江省优秀科技成果三等奖。

（5）早稻省肥高产栽培及其诊断技术研究，1980年度浙江省优秀科学技术成果三等奖（这是一项大成果，因评审原因给予三等奖）。

（6）水稻“因土定产、以产定氮技术”的应用基础研究，1991年度浙江省科技进步二等奖（合作，排名3，负责试验设计、资料统计分析和指导）。

（7）MSS卫片影像目视解释与制图技术研究，1986年度浙江省科技进步二等奖。

2. 代表性著作（独著和主编3册，全国优秀科技图书二等奖1册；参编2册）

（1）《水稻营养综合诊断及其应用》浙江科技出版社，1982年，独著。获1982年全国优秀科技图书二等奖。

（2）《诊断施肥新技术丛书》（共13分册）浙江科技出版社，主编，1993年。

（3）《土壤调查与制图》高校统编教材，江苏科技出版社，1981年，我是主编之一（1965年成立编委会后活动一次，因“文革”停止。1979年恢复，全国只有我编写的《土壤调查及制图讲义》（油印讲义稿）。一致建议用我写的《讲义》为蓝本，经集体讨论后提出“编写大纲”。分工编写，指定由我统稿，朱克贵教授定稿）。

（4）《卫星图像土地资源解释制图》，农业出版社，1990年，参编。

（5）《中国土壤普查技术》，农业出版社，1992年，参编。

3. 代表性论文共发表80余篇，提供23篇（略）

三、教学工作

1. 主持“土壤调查与制图”专业课和教学实习，创建农业综合教学基地，以及主持多门课程教学实习等。创建4个土壤地理教学实习基地、3个专业生产实习基地等。

2. 主讲外系专业的普通土壤学、土壤肥料学、土壤耕作学等（浙农大除畜牧系外，所有专业都讲过课）。

3. 研究生课程：①主讲硕士研究生的“土壤遥感专题”学位课，“土壤遥感技术应用”、“土资源遥感学”专业方向课；②主讲博士生的《农业遥感专题》和《土壤地理专题》等学位课。

4. 牵头创建应用化学（农）专业，主讲《作物营养综合诊断技术》；创建土地管理专业，主讲《土地管理学导论》。联合省土管局等社会力量创办隶属国家土地管理局的东南土地管理学院。

5. 1982年，获校优秀教学奖。

6. 1989年，获浙江农业大学《自力更生、建设教学、科研型的实习基地》优秀教学成果奖。

四、农业遥感与信息技术新学科建设（新学科的创建者）

1. 创建过程

1979年，在国内首批开始农业遥感技术应用研究。1982年成立土化系土壤遥感技术应用研究室，开始招收土壤遥感硕士研究生；1986年扩建为浙农大农业遥感技术应用研究室；1989年，组织申报批准成立浙江省遥感中心，任中心副主任兼《遥感应用》主编（省科委主任兼主任）；1991年开始招收博士研究生；1992年，经省教委批准，扩建为浙江农业大学农业遥感与信息技术应用研究所；1993年，经省府批准投资75万元，创建浙江省农业遥感与信息技术重点研究实验室；1994年，浙江农业大学批准农业遥感与信息技术学科为校级重点扶持学科。

2. 主要业绩

①研制和创建“航片、卫片土壤调查及制图技术规程；②研制并找到鉴别南方土壤类型的光谱敏感波段，以及研制出鉴别土壤的最佳组合波段，建立起南方土壤类型判别模式；③我国南方水稻卫星遥感估产研究取得突破性进展；④获得英国和法国的联合科研项目经费110万元。⑤培养遥感与信息技术硕士15名、在读6名（其中3名是叙利亚留学生），在读博士生8名。

五、主要经历、兼职和荣誉称号（显示学术水平的一个方面）

1. 主要经历

1957. 9—1959. 12　浙江省农业科学研究所土壤系实习研究员，土壤研究组副组长、主持工作（1960 年，浙江农业大学和浙江省农科所合并，任土肥所土壤研究室主任，兼红壤利用改良试验站站长）。

1960. 1—1984. 7　浙江农业大学土化系助教，1978 年晋升讲师，土壤教研组副主任，1983 年晋升副教授，系副主任，硕士生导师。

1984. 8—1988. 8　浙江农业大学科研处处长、1986 年破格 2 年晋升教授。

1988. 9—1993. 5　浙江农业大学土壤农化系、土地科学与应用化学系系主任、教授，1990 年国务院批准为博士生导师；兼任浙江农业大学校务委员会副主任，浙江省人大科工委委员等。

1993—至今，教授、所长，省重点实验室主任。

2. 主要兼职

省级群众性学术社团：

1981 年始　浙江省科学技术协会委员、常委

1960—1984　浙江省土肥学会秘书长、理事、常务理事

1985—1995　浙江省农学会理事、常务理事

1989 年，新建浙江省土地学会，副理事长

1992 年，新建浙江省土地估价师协会名誉理事长

省级行政性学术团体

浙江省农资商品技术顾问团团长、浙江省高新技术产业认定专家组成员，浙江省高级职称评定委员会委员，浙江省科技成果、优秀论文评审委员会委员，以及浙江省遥感中心副主任兼《遥感应用》主编（归属省科委、科委主任兼中心主任），浙江省高等院校遥感中心主任（归属省教委），《科技通报》编委会副主任；《浙江农业大学学报》副主编、主编；《浙江农业学报》副主编（归属浙江省农科院）等。

国家级群众性学术社团

1991—　中国环境遥感学会。理事、常务理事

1993—　中国地方遥感应用协会（后改名：中国遥感应用协会），理事、常务理事

1993—　中国自然资源学会理事

1990—　中国灾害防御协会理事

1990— 中国发明协会理事

国家行政性学术团体

1992 年起，国家自然科学基金地学部专家评审组成员

经常聘为：国家重点实验室及中期评审专家组成员

有时聘为：国家科学奖励评审委员会委员

3. 主要荣誉称号

1978 年 浙江农业大学先进工作者

1979 年 全国第二次土壤普查大会，我国南、北区的两个技术顾问之一，往后，聘为全国土壤普查技术顾问

1985 年 浙江农业大学优秀共产党员

1986 年 浙江农业大学优秀党支部书记

1987 年 浙江省人民政府授予“浙江省优秀中青年科技工作者”称号

1991 年 中华人民共和国国务院发给政府特殊津贴

1994 年 农业部全国土壤普查先进工作者

六、附件（6 个附件，除 1 外，均略）

附件 1. 中国科学院院士、浙江农业大学名誉校长朱祖祥教授的“推荐意见”

（一）王人潮教授在 20 世纪 50 年代后期从事低丘红壤和低产田改良研究，都取得很佳的成绩，其中低产田改良研究，取得了优异成果，推动了浙江省“以磷增氮”为特色的低产田改良运动。在低产田地改良工程技术领域有突出贡献。王人潮教授在全国第二次土壤普查中，任全国技术顾问，参与农业部组织 4 人小组编写《全国第二次土壤暂行技术规程》，负责起草全国第二次土壤普查的土壤工作分类方案。农业部还指定他负责我国南方十三省（市）在浙江省富阳县（王人潮试验基地）进行土壤普查试点及技术骨干培训工作。他还是浙江省第二次土壤普查的前期技术负责人和组织者。他在土壤调查研究、分类工程技术领域做出杰出贡献。

（二）通过 20 世纪 60 年代后期的土壤和作物营养诊断技术及其应用研究，以及随后，针对“肥多、粮多”的盲目过量施肥而进行的早稻省肥高产栽培技术研究，取得很大成绩。他提出了“作物营养综合诊断理论与技术”，及其“诊断施肥法”，在浙江省、全国推广，都取得了极大的省肥与增产效果，扭转了盲目施肥风气，在作物施肥工程技术领域，取得开拓性成果，有突出贡献。

（三）王人潮教授是我国最早（70 年代后期），开展卫星遥感技术在农业

中的应用研究者之一，并在土壤和土地资源遥感调查与规划，以及水稻遥感长势监测与估产等方面都取得了突破性的进展。基此，浙江省已批准建立浙江农业大学农业遥感与信息技术应用研究所，并正在批建浙江省农业遥感与信息技术重点研究（开放）实验室。在他的领导下，浙农大遥感与信息技术的教学与科研近年进展迅速。农业遥感与信息技术学科被浙江农业大学批准为校级重点扶持学科，现已毕业硕士生 15 名，现有在读硕士生 6 名（其中 4 名留学生）和博士生 8 名。为此，他开设了一系列新课，并主持国家攻关，国际合作和国家基金等四个项目的研究课题。他是我国农业遥感与信息技术领域的创始人和主要建设者之一。

（四）王人潮教授为了适应国家经济建设发展的需要，以及克服土化专业因统配困难停止招生、发展受阻的困难，领头创办了应用化学（农）和土地管理两个新专业。还分别承担“作物营养综合诊断技术”和“土地管理学导论”两门新课的教学任务。他还联合社会力量，创办了隶属国家土地管理局的“东南土地管理学院”。

鉴于以上种种业绩，以及他对事业具有特强的开拓、创新精神。我认真推荐王人潮教授为中国工程院院士候选人。

中国科学院院士
中国土壤学会副理事长
浙江省农学会理事长
朱祖祥
1994. 11. 7

第二次申报院士的资料选录（1998 年 12 月）

一、在工程技术方面的主要成就与贡献

1. 第一次申报内容摘录

（1）在作物施肥工程技术方面：取得突破性的成就与贡献。创建了作物营养综合诊断理论与技术，及其诊断施肥法，新创一个科学性的、综合性的“水稻省肥、节水、减药的高产栽培模式。推广效果极佳，获省部级科技进步二等奖2项，三等奖2项；《作物营养综合诊断及其应用》专著获全国优秀科技图书二等奖，新编我国第一部《诊断施肥新技术丛书》（13分册）。

（2）在低产田、红壤、泛酸田改良工程技术方面：取得突破性的成绩与贡献。推动了浙江省低产田改良运动。1966年，浙江省的粮食亩产在全国第一个省超“纲要”（400千克），达到437千克有积极作用。新建红壤利用改良试验站。

（3）在土壤调查、土壤分类工程技术方面：取得独特创新性成就与贡献。开创卫星遥感数据进行土壤调查与制图，攻克国际性难题，并制订出《航卫片土壤调查与制图技术规程》；研制出第一个完整的浙江省土壤分类系统，推动了土壤普查，其成果获浙江省科技进步一等奖。

以下为新增内容摘录

1. 在水稻遥感估产和红壤资源信息系统的研制与应用取得重大的创造性成果，为建设农业信息系统工程打下技术基础

（1）水稻卫星遥感估产受水耕栽培以及气候、耕作制度、水稻品种和地形田块等极其复杂的限制，卫星遥感估产的优势很难发挥，是国际性的大难题。他抓住遥感监测水稻氮素营养水平和群体数量为突破口的水稻遥感估产农学机理研究，在探明光谱变量与农学参数之间具有相关性的基础上，采取卫星遥感技术监测水稻长势，以及全面运用GIS和常规技术相结合的技术路线。坚持14年的研究，创造性的研制出4种稻田信息提取技术、4类7种单产估测模型。综合试验结果：绍兴县试验区的遥测面积和单产的精度均在95%左右；在嘉兴地区预测5次精度在85.3%~92.5%。这是国内外卫星遥感估测的最高精度。该成果充实了水稻遥感估产理论，也为开发水稻营养光谱诊断和仪器设计等高新技术产业化提供了科学资料。由李德仁、潘云鹤、陈述彭院士引领评审的结论：总体水平达到大区范围同类研究的国际先进水平，其中农学机理实验和遥感数据分析的成果，具有独到的贡献。1997年获农业部科技进步二等奖，1998年获国家科技进步三等奖（五级制）。目前正在主持国防科工委的五省区水稻卫星估产运行系统研究。

（2）浙江省红壤资源遥感调查及其信息系统研制与应用。经过8年研究，研制出由省级（1∶50万）、市级（1∶25万）和县级（1∶5万）三种比例尺集成的具有无缝嵌入和面向生产单位服务功能的红壤资源信息系统（RSRIS），并开发出RSRIS光盘。在遥感数据更新和集成技术，以及农业种植自动分区，

气温空间分布模拟5个模块的开发均有创新。其中研制出人工智能型的柑橘合理选址和玉米计量施肥两个咨询系统，在GIS和人工智能相结合走向实用化有重要进展。编著出版《浙江省红壤资源信息系统的研制与应用》是我国农业资源领域（也是农业领域）的第一部信息系统科技专著。由赵其国、辛德惠、潘云鹤等院士引领评审结论：这是一项丰硕的集成性、开创性科研成果，在同类研究中的总体水平达到国内领先和国际先进水平。2000年获浙江省科技进步二等奖。

另外，在土壤地面高光谱遥感研究有突出贡献，完成了“浙江省土壤数据库”和“全国主要土壤光谱数据库”，为土壤管理、开发利用、土壤调查及更新，以及科学研究提供了基础条件，也为申报国家新学科充实了条件。

2. 土地利用工程技术方面取得系统的创新成就和贡献

（1）土地分类工程技术。根据土地具有自然地理属性和社会经济属性，即资源和资产的双重性、双作用的特点，经过多地多年的研究，研制出由土地自然分类系统、土地资源分类系统和土地利用（现状）分类系统组成的土地分类体系。这个分类体系的建立，解决了具有科学标志的土地分类，长期存在混乱状态。对土地科学的发展及其工程技术开发都有很大的作用。例如，顺利完成《浙江省土地资源》著作的编写工作。研究成果获浙江省科技进步一等奖。

（2）土地利用（现状）及其变更调查工程技术。研制出先进准确的、运用卫星遥感数据进行土地利用（现状）调查及其变更调查技术，建成土地利用动态监测系统。现已成为土地利用现状调查、监测及其变更调查的常规技术。

（3）土地利用规划工程技术。在我国最早研发出杭州市土地利用总体规划信息系统。该系统具有土地数量优化配置、土地空间优化配置，及其系统更新和管理决策等功能；开发出“土地利用总体规划计算机辅助系统（ILPIS）”。它已是土地利用总体规划及其系统更新的常规技术。研究成果：“土地利用规划的技术开发与应用”获浙江省科技进步三等奖；论文：《论中国土地利用总体规划的作用及其实施基础》获中国管理学院特等奖。

（4）土地定级估价工程技术，经过系统研究，研制出城镇和农村两个土地定级估价体系及其信息系统，为正确发展土地市场解决了快速的关键技术。其中比较突出的是研制出用于确定土地等级划界的“综合性判断模型”，效果很好。它推动了土地定级估价工作全面推广。

（5）耕地总量动态平衡工程技术。耕地总量动态平衡是解决一要吃饭（生活）二要建设（国家）方针的落实。其实质就是保证有足够的耕地数量能生产出全国人民的吃、穿、用对农产品产出的需求量。我在找出耕地锐减的深层次原因以及耕层土壤价值的基础上，根据耕地数量变化因素、耕地质量变化因素、时代变化和区域变化对耕地总量平衡的影响因素等4个变量，研制出耕地总量动态平衡的函数模型。论文："论耕地总量动态平衡及其实施的技术基础"获中国管理学院一等奖。

（6）土地利用变化的驱动机制及其预测模型的研究。预测土地利用变化对国民经济发展具有重要影响。我们引进基于元胞自动机原理的SLEUTH模型。经过①利用不同的参数对模型控制系数进行调整；②结合驱动力的研究对模型的控制系数进行调整，研制出的新预测模型，在浙江省沿海发达地带试验区经过验证，预测的结果都比较好。其中城市扩张用地、耕地、林地和水面的预测结果，10年内的预测精度都在95%以上，具有应用价值。发表的三篇论文均被SSCI收录。

二、反映主要工程科技成就和贡献的有代表性的成果，论文和著作目录（新填内容）

1. 成果目录

（1）水稻遥感估产技术攻关研究，1998年 国家科技进步三等奖（五级制）；

（2）水稻遥感估产技术攻关研究，1997年 农业部科技进步二等奖；

（3）水稻遥感估产技术攻关（含前期）研究，1997年 浙江省科技进步二等奖；

（4）浙江土地资源详查研究，1998年 浙江省科技进步一等奖（合作）；

（5）土地利用总体规划的技术开发与应用，1999年 浙江省科技进步三等奖。

2. 代表性著作

（1）《浙江红壤资源信息系统的研制与应用》1999年2月，中国农业出版社出版，这是我国土壤资源领域（也是农业领域）第一部土壤信息系统科技著作。

（2）《浙江省土地资源》业务主编（主编由省土管局局长署名），1999年5月，浙江科学技术出版社出版。这是浙江省第一部内容全面的、运用高新技术的土地资源科技大著作，填补空白。获浙江省科技进步一等奖。

（3）代表性论文，共发表120多篇，提供20篇（略）。

三、教学工作（新增内容）

（1）主持开讲博士研究生的《农业遥感与信息技术研究进展》专题讲座。

（2）培养研究生：博士生7名、在读15名；硕士生6名（共培养21名，1995年停招）。

四、农业遥感与信息技术新学科建设（新增内容）

1994年，农业遥感与信息技术新学科被批准为校级重点学科。

1995年，发起组建中国土壤学会土壤遥感与信息专业委员会。因年老退让，任副主任，浙农大为挂靠单位。

1998年，浙江省首次重点实验室评估，本实验室被评为10个省级优秀重点实验室之一，获50万元奖金。

新出版专著《浙江省红壤资源信息系统的研制与应用》和《浙江土地资源》两册科技专著，新发表论文40多篇等（略）。

五、主要经历（略）

六、新增荣誉称号

1995年，列入英国剑桥传记中心名人录。

1998年，德国Dresden工业大学聘为客座教授和高级顾问。

七、附件（均略）

附件 1. 科技进步和全国优秀科技图书奖励证书复印件（7份）

2. 重要科技成果鉴定书复印件（3份）

3. 重要奖励证书和聘任函（4份）

4. 代表性论文20篇复印件（一册）

5. 代表性著作（正式出版的4部）

（1）水稻营养综合诊断及其应用（1982年）

（2）诊断施肥新技术丛书（共13分册、1993年）

（3）浙江省红壤资源信息系统的研制与应用（1999年）

（4）浙江土地资源（校样稿、1999年）

6. 正在主持研究的课题复印件

八、说明

这次申报院士是中国农业大学辛德惠院士推荐。他与我是同一个学科领域的。1997年和1998年，两次请他来我所主持科技成果鉴定会，期间考察了我主持的浙江大学农业遥感与信息技术研究所和浙江省重点研究实验室以后，提出支持我申报工程院院士。他说：“我不只是支持你个人，而是支持农业遥感与信息技术事业。1979年，中国开拓农业遥感技术应用的32位‘黄浦’*，只有你一人坚持下来了，有很好的发展，很不容易，现在已取得很大成果，国内只有你这里成气候，很有水平。我们中国农业大学也转向土地了。你们创建了一个全新学科。如果你退休，这个新学科的发展就有可能受阻，所以我要支持你申报院士，而且成功的可能性很大”。几乎与此同时，时任浙江大学主管科技的副校长（原浙江农业大学校长）程家安教授打电话给我说：“浙江大学在地学部没有院士，学校经过系统的材料筛查，认为你的条件比较好。朱祖祥先生申报院士的材料，与你的部分材料一样。你去申报的希望很大，学校建议你去申报”。我当时觉得创建的新学科，1986年学校虽已列为校级重点扶助学科，省教育厅也已同意，但国务院学位委员会还没有申批。我抱着试试看的心态，准备了一份如上所写的材料。想不到的是教育部第一轮通过公布了。后来听说是终审竞争没有通过。直到后来才知道，这与辛德惠院士病逝没有直接参加评审有关。这样的结果我已经很满意了。

第三次申报院士的资料选录（2000年12月）

一、在工程技术方面的主要成就、贡献及学风道德情况

（一）在工程技术方面的主要成就和贡献

1. 第一次申报内容的标题

（1）施肥工程技术方面：取得突破性的成就与贡献

（2）低产田地改良工程技术方面：取得突破性的成绩与贡献

---

* 1979年参加联合国粮农组织（FAO）、联合国开发总署（UNDP）和国家农业部共同举办的“卫星遥感在农业上的应用讲习班”的24个国家、省部属单位32位科技人员。因为是新开辟的学科领域，相互称为“黄浦”。

（3）土壤调查、分类工程技术方面：取得独特的创新成就与贡献

2. 第二次申报内容摘录

（1）水稻遥感估产工程方面：突破卫星遥感估产的关键技术，研究提出①4种稻田信息提取技术，②4类7种水稻单产估测模型，③气象卫星遥感估产模型，最终提出省市、地市、县市三种级别的水稻遥感估产技术方案。经由李德仁、潘云鹤、陈述彭、三位院士和著名农学、土肥等高级专家鉴定的结论是：总体研究水平达到国际先进水平，其中农学机理实验和遥感数据分析成果具有独到的贡献。获国家科技进步三等奖（五级制）和省部级二等奖3项。

（2）遥感土壤调查及其信息系统工程技术方面：研究完成“浙江省红壤资源调查及制图”，并提出遥感土壤调查及制图的技术规程。开创性地研制出由省级（1∶50万）、市级（1∶25万）和县级（1∶5万）三种比例尺集成的具有无缝嵌入和面向生产单位服务功能的红壤资源信息系统。经由赵其国、辛德惠两位院士和著名土壤学家等的鉴定结论是：总体水平达到国际先进，国内领先水平。这是开创性的创新成就与贡献，获浙江省科技进步二等奖。

（3）土地利用工程技术方面：在土地分类，土地利用现状及其变更调查，土地利用总体规划，土地定级估价，耕地总量动态平衡，以及土地利用变化的驱动机制及其预测模型研制等工程技术，都取得了国内第一次成功的、开创性的成就与贡献。“土地利用总体规划的技术开发与应用”获浙江省科技进步三等奖。

以下为新增内容的摘录。

（1）水稻卫星遥感估产工程技术方面：在“六五”的预试验，“七五”的技术经济前期研究和“八五”的技术攻关研究等取得成果的基础上，研制出浙江省水稻卫星遥感估产运行系统。其中具有创新意义的是：研究出与水稻发育及其产量形成相关的光谱参数，替代农学估产模式中的农调数据，建立起新的水稻遥感估产模型（Res-SRS模型），取得成功。1999—2000年两年，早稻、晚稻4次的估产结果是：①水稻播种面积的预测精度：89.83%~99.23%，变化幅度是4个百分点；平均预测精度是94.43%。②水稻总产的预测精度是88.34%~98.14%，变化幅度是9.8个百分点，平均预测精度是93.60%。这次试验取得的面积和总产的预测精度，每次测试的精度都较大地超过世界的最高记录。完成世界首个（唯一）有实用价值的、可实际运行的区域性水稻卫星遥感估产运行系统。但估产稳定性还不够理想，存在变动幅度偏大。再是水稻遥感估产的专用软件没有研发出来，影响向社会推广应用。

（2）土壤调查、分类工程技术方面：研制完成浙江省海涂土壤资源利用遥

感动态监测系统，①显明地重现出浙江省 1 600 年来的海涂围垦演变历史及其面貌；②提出三节（农业、工业、居民节水）四利（河水、雨水、废水、海水的有效利用）的用水方案；③研究提出基于 R/S 结构的耕地等级评价技术；④基于 WebGIS 的地图式海涂水稻施肥推广技术；⑤基于高光谱遥感技术研究土壤有机质含量反演和对盐碱土的特征评价技术获得成功；⑥基于协同克里特的盐碱土电化性质等空间变异特征和剖面采样技术等，都有突破或新发展。

（3）其他工程技术方面；由我指导的团队成员和博士、博士后为主的，完成的还有以下内容的信息系统，①农业灾害的预测、监测和评估等 4 个信息系统；②水资源合理利用及其区域性灾害监测与评价等 5 个信息系统；③农业环境生态监测与评价等 5 个信息系统；④农业生产管理技术咨询服务 2 个信息系统以及基础与应用基础研究 10 多项。

（二）反映主要工程技术成就、贡献的有代表性的成果和报告

1. 科技成果奖励（含全国优秀科技图书）

（1）国家科技进步三等奖：水稻遥感估产技术攻关研究（1998）。

（2）全国优秀科技图书二等奖：《水稻营养综合诊断及其应用》（1983）。

（3）省科技进步一等奖：浙江省土地资源详查研究（1999，合作）。

（4）省部级科技进步二等奖 6 项。

土壤植株养分速测技术的改进和大田简易诊断设备的研制（上报的名称是“作物营养与土壤诊断研究及其示范推广”），科技成果推广二等奖（1980）。

水稻遥感估产技术攻关研究，农业部科技进步二等奖（1997）。

水稻遥感估产技术攻关研究（含前期研究），省科技进步二等奖（1997）。

浙江省红壤资源遥感调查及其信息系统的研制与应用，省科技进步二等奖（2000）。

水稻“因土定产，以产定氮技术”的应用基础研究，省科技进步二等奖（1991）。

MSS 卫片影像目视土壤解译与制图技术，省科技进步二等奖（1987）。

2. 代表性著作（6 部，第一作者或主编）

（1）《水稻营养综合诊断及其应用》（22 万字），浙江科学技术出版社，1982。

（2）《诊断施肥新技术丛书》（共 13 分册），浙江科学技术出版社，1993。

（3）《浙江红壤资源信息系统的研制与应用》，中国农业出版社，1999。

（4）《浙江土地资源》，浙江科学技术出版社，1999（业务主编，主编由省土地管理局局长署名）。

(5)《水稻遥感估产》，中国农业出版社，1999（中华农业科教基金资助图书）。

(6)《农业资源信息系统》，（农业部“高校新编统用教材”和教育部“面向21世纪课程教材”），中国农业出版社，2000。

3. 代表性论文15篇（略）

二、教学工作（新增）

(1) 新开主持〈农业遥感与信息技术研究进展〉专题讲座（博士研究生）。

(2) 培养农业遥感与信息技术博士研究生（1998—2000年）13名，在读10名。

三、学风道德情况（摘自校领导的评价，实例是我加的）

王人潮知识渊博、研究面广、学风正派，特别具有改革开放思想、特强的敬业、创业精神和全局大局意识，以及极强的责任心和团队精神。他在各个不同岗位上，都能团结同事，发挥团队作用，共同协作做出很好的业绩。

我举三个例子说明之。

例1. 经过40多年的坚持，我带领团队，共同创建了一个全新的学科：农业遥感与信息技术。期间创建了浙江大学农业遥感与信息技术应用研究所、浙江省农业遥感与信息技术重点研究实验室（多次评为省级优秀重点实验室）。

例2. 担任系主任期间遇到土化专业毕业生分配受阻而停招学生的大困难。我带领全系教师开展一系列教学改革，创办了应用化学（农）和土地管理两个新专业，联合社会力量，创办一个隶属国家土地管理局的东南土地管理学院。既保护了土壤学和农业化学两个国内领先的国家重点学科的发展，又大幅度地发展了土壤农化系，改名为土地科学与应用化学系。1992年，获浙江农业大学有史以来第一个综合优秀奖，获奖励586微机一台和5 000元奖金。

例3. 担任学校科研处长时，我树立起科研处是“为教师科研服务”的观点，带邻全处同志开展一系列的科技管理改革。三年后的统计：全校科研总经费翻了一番；获得省部级以上的科技成果也增加一倍多，其中国家科技进步奖2项、国家发明奖1项。我还在医院病床上，完成李德葆副省长兼校长，交待编写的学校有史以来第一个《浙江农业大学科技发展五年规划》，并召开了第一次全校科学大会。

基此，我个人曾获浙江农业大学先进工作者（1978年）、优秀共产党员

(1985年)、优秀党支部书记（1986年）、农业部全国土壤普查先进工作者(1994年)、列入英国剑桥传记中心名人录（1995年）、德国Dresden工业大学聘为客座教授和高级顾问（1998年）、入编《中国科学技术专家传略》农学篇、土壤卷2（1999年）、浙江大学优秀教师（2000年）、以及浙江省优秀中青年科技工作者（1987年）等。

四、附件6个（目录，内容略）

附件1. 科技进步和全国优秀科技图书奖励证书复印件（11份）

附件2. 重要科技成果鉴定书和应用证明复印件（4份）

附件3. 重要奖励证书和聘任函复印件（4份）

附件4. 20余年来主持和指导农业信息技术重要（大）科研项目名录

附件5. 代表性论文17篇复印件

附件6. 代表性著作6部复印件（复印封面和页次，序言｛或前言｝和目录）

五、说明

这次申报院士，我做了系统准备，创建的新学科也已成熟（2002年国务院学位委员会批准了），条件比1998年好多了。想不到的是教育部一审就没有通过。与上次申报不同的是辛德惠院士病故，没有院士介绍；请校内唯一院士(原校长）推荐，也推说："这是行政干预不能做"。其实主要原因，还是当时的院士评审环境有关。我不愿做违规失德之事。

准备第四次申报院士的资料选录（2002年12月）

一、在工程技术方面的主要成就、贡献及学风道德情况

（一）在工程技术方面的主要成就和贡献

1. 第一次申报内容的标题

(1) 作物施肥工程技术方面：取得突破性的成就与贡献

(2) 低产田（地）改良工程技术方面：取得突破性的成绩与贡献

(3) 土壤调查、分类工程技术方面：取得独特的创新成就与贡献

2. 第二次申报内容摘录

（1）水稻遥感估产工程方面：研究提出县市-地市-省市三种级别的水稻遥感估产技术方案，取得突破性的成绩与贡献。

（2）遥感土壤调查及其信息系统工程技术方面：红壤资源信息系统取得开创性的成绩与贡献。

（3）土地利用工程技术方面：取得一系列的开创性研究成果，并已成为常规技术应用，具有重大贡献。

3. 第三次申报内容的摘录

（1）水稻卫星遥感估产信息系统工程技术方面：经过20年的系统研究，攻克国际性的多个难点，完成世界上第一个（唯一）有实用价值的、可以实际运行的区域性水稻卫星遥感估产运行系统。

（2）在土壤资源调查、分类工程技术方面：研制完成浙江省海涂土壤资源利用遥感动态监测系统。在6个方面有突破性的新进展。

（3）其他工程技术方面：包括①农业灾害、②水资源合理利用及其区域性灾害监测、③农业环境生态监测与评价、④农业生产管理与咨询等10多个信息系统，以及大量的农业遥感与信息系统应用的基础与应用基础研究等，都取得具有创新性的成绩，为创建新学科提供条件。

以下为新增内容摘录。

2000年获得省长基金资助，2001年和2002年两年的“系统”验证试验，经费10万元，验证结果与分析如下。

（1）2001年和2002年两年4熟（次）的验证试验结果：①水稻播种面积的预测精度：90.40%~93.57%、变幅是3.1个百分点，平均预测精度92.09%；②水稻总产的预测精度：89.80%~95.43%、变幅是5.6个百分点；平均预测精度91.74%。与1999年和2000年相比有进展，但大致相似。

（2）用1999—2002年四年8季（次）的预测结果；①水稻播种面积的预测精度：89.83%~99.23%、变幅是9.4个百分点，平均预测精度93.26%；②总产的预测精度：88.34%~98.14%、变幅是9.8个百分点；平均预测精度92.67%。与1999年和2000年相比较，也是大致相似。

（3）用MODIS代替AVHRR资料，经过2001年的晚稻到2003年的晚稻，3年5季（次）的试验估测。其预测精度是：①水稻播种面积的预测精度：94.1%~96.1%、变幅2个百分点，平均预测精度95.36%；②水稻总产的预测精度：86.3%~93.6%、变幅是7.3个百分点；平均预测精度90.76%。它与1999—2002年的4年8季（次）相比较，面积精度与总产精度都有明显提高，其中尤以播种面积的预测精度显著提高，而且变幅也降低 2 个百分点。但是，预测总产的精度稳定性还是不够理想，变幅还是大于 5 个百分点。加上水稻卫星遥感估产的专用软件没有开发出来，还是影响推广的。

“浙江省水稻卫星遥感估产运行系统及其应用基础研究”项目，在 2002 年经由陈述彭、潘云鹤、潘德炉三位院士和浙江省农业厅副厅长兼总农技师张鸿芳教授级工程师等引领的鉴定委员会的鉴定结论是：该项成果的总体水平达到同类研究的国际先进水平，其中多项技术综合集成和遥感定量化技术的应用研究成果有明显创新，具有独到的贡献。建议有关部门继续支持开展水稻遥感估产技术的深化应用研究和完善业务化运行，尽快在省内外推广应用。

以下是我对“运行系统”评为浙江省科技进步三等奖的两点说明。

第一，“浙江省水稻卫星遥感估产运行系统及其应用基础研究”成果是在国家“六五”至“九五”计划期间，经过 20 年的预试验、技术经济前期研究和技术攻关研究（期间包括国家“973”和“863”项目，以及国家自然科学基金项目等 10 多个），攻克一系列的特殊困难，取得了一系列创新性成果的基础上研制完成的。它在全球都是首创，技术水平达到国际先进，其中多项是国际领先的。特别它是国家需求的、具有国际影响的重大科技成果。但遗憾的是当时浙江省科技成果评审的风气不正（评委之间相互许诺、评前串联送礼、拉关系等），采用简单的举手方式表决，将国内外唯一完成的水稻卫星遥感估产运行系统，可以说是国际领先的、具有重大意义的科技成果评为省科技进步三等奖，失去了申报国家奖项的机会。

第二，2004 年，为了“浙江省水稻卫星遥感估产运行系统”科技成果不中断。我写了《中国水稻卫星遥感估产运行系统研制与实施》项目的可行性报告*，分别报送给国务院副总理回良玉、国家科技部部长徐冠华院士、浙江省茅临生副省长（管农业）、浙江省发改委主任毛光烈等。徐冠华部长批给高新技术产业化司“认真阅处”。司领导给我打电话说：“只要找到科技成果用户单位，并开具证明，就可以立项”。国务院回良玉副总理给农业部的的批示：“请宝文同志阅处”（宝文是农业部副部长）。农业部规划处领导打来电话，要我去农业部讨论落实回良玉副总理的批示。我带去详细资料和汇报材料。规划处领导听了项目介绍和详细汇报以后，很高兴。说这是我们农业部多年没有解决的大好事。我们共同写了《农业部科技成果用户证明书》。我真想不到，送到主管司的领导批盖农业部印章时，因“故”改开一张“关于‘中国水稻卫星遥感估产运行系统的研制与实施’项目证明”，不提“用户证明”。这就无法立项了。

* 详情可查:《王人潮文选续集》(退休后的工作与活动),中国农业科学技术出版社,2011,第28-66页。

(二)反映主要工程技术成就、贡献的有代表性的成果和报告

1. 见:第三次申报资料。

2. 新增内容:

(1)科技成果奖励:浙江省水稻卫星遥感估产运行系统及其应用基础研究,浙江省科技进步三等奖(见以上说明)。

(2)代表性著作:《农业信息科学与农业信息技术》,中国农业出版社,2003年3月(1999—2002年4年时间,三易其稿)。该书是国内外第一部比较系统地论述农业信息科学与农业信息技术的科技专著,它处于国内外学术前沿,是一部具有国际先进水平和中国特色的科技专著,也是具有时代意义的开拓性的科技著作。中国农业出版社列为重点科技图书出版。

二、教学工作

(1)见:第一、第二、第三,三次申报资料。

(2)主持修订农业部新编统用教材、教育部"面向21世纪课程教材"《农业资源信息系统》(第二版),中国农业出版社,2000。

(3)新增培养农业遥感与信息技术博士研究生7名(2001—2002年)总共培养研究生60名(包括2003—2006年的10名):其中博士36名(留学生3名)、硕士21名(留学生4名)和博士后3名(留学生1名)

三、创建一个新学科:农业遥感与信息技术(带领团队的集体成绩)

1. 见:第三次申报材料。

2. 新增内容

(1)2002年,农业遥感与信息技术新学科经国务院学位委员会批准,在我校国家一级重点学科:农业资源利用下面增设为二级学科。从此,我国正式建成第一个具有独立招收硕士、博士研究生和博士后及其学位授予权的新学科。

(2)浙江大学投资200万元,批准组建成立浙江大学农业信息科学与技术中心、并在研究所的外围、结合专业成立6个研究室。研究方向扩大为①农业遥感与信息技术基础理论研究;②农业遥感与信息关键技术研究;③农业遥感与信息技术应用系统开发研究;④农业遥感与信息技术集成、应用与示范研究;⑤农业生物信息技术与虚拟生物学研究等5个研究方向。学科带头人有12

位教授（研究员）。

四、学风道德情况

1. 见：第三次申报资料。
2. 新增内容（表达学风道德和学术水平）
2001 年，浙江大学优秀共产党员
2001 年，浙江省人民政府授予“浙江省农业科技先进工作者”称号
2002 年，浙江省高校系统优秀共产党员
2002 年，浙江大学研究生“良师益友“荣誉称号
2002 年，受聘国家农业信息化工程技术中心学术委员会委员

五、附件等其他内容（见；第一、第二、第三次申报资料的相关内容）

六、最后说明

中国科学院批设学部委员制时，首批学部委员数量不多，但土壤学科占有熊毅、候光炯、李连捷、李庆逵四位学部委员。相继又有几名当选学部委员，例如我系朱祖祥院士就是在 1980 年当选的。后来改为院士制，中国工程院也设院士制了。我国的院士数量大增。到 20 世纪 90 年代末，据不完全统计，除因高龄转为荣誉院士外，土壤学科还有 10 多位院士。但是，到 21 世纪 20 年代末期，随着老院士不断退休，土壤学科没有院士了。我 4 次申报院士失败或未成，这与多种原因有关。但我毫不泄气，2005 年退休后，直至 89 岁的老人了。我仍不忘学农的初心和使命，还在努力工作，为在我国落实党中央总书记习近平主席提出的，走出“新型农业现代化道路”和“现代农业发展道路”。我破解了国家重中之重“三农”工作老大难的关键环节，研制出并完成《网络化的融合信息农业模式》（信息农业）第一稿；针对农业生产特征；适应信息时代、中国特色社会主义新时代，发挥社会主义制度优势，综合配套提出：网络化的“四级五融”信息农业管理体系。现在，我还在努力推动我国现行农业模式转型为信息农业，促进我国农业可持续的快速发展，改变我国农业在国家经济发展中的“短板”状态；促进我国的农民转型为专业化的农业技术工人（农技工），农业转型为信息化、专业化的规模经营的科技型大农业，农村转型为因地制宜的具有农业农村特色的“三业”融合发展的城镇化的美丽乡村（新农村）。这也是为我校的“双一流”建设、“创新 2030”计划和实现“立足浙江、面向全国、走向世界、奔国际一流”的目标，而持续工作、尽最后的努力。

坚持25年申请入党37周年，我以幸福感激的心情，用《王人潮文选续集》2（促进现行农业模式转型为信息农业专辑），向建党98周年、建国70周年献礼！为我出生88周年，特幸与夫人吴曼丽结婚共同奋斗60周年、全家幸运生活在新时代而庆贺与感恩。

王人潮

2019年10月1日

于浙江大学